KB010329

몽골 고비 기행

주병구 지음

明文堂

차례

01. 고비 사막을 계획하다 6

02. 울란바타르에 도착하다 21

03. 고비 사막으로 향하다 38

04. 유목민과 차강소브라가 58

05. 처음으로 게르에 묵다 75

06. 흉노, 중원을 넘보다 94

07. 오랑캐, 야만의 인생을 살다 112

08. 읍느고비의 욜린암 125

09. 모래바람만 날리다 147

10. 홍고린 엘스 168

11. 바양작 가는 길 186

12. 바양작에서 마두금을 만나다 207

13. 고슴도치 녀석 225

14. 가슴속으로 스며드는 풀냄새 237

15. 바가 가즐링 촐루 259

16. 유목민과 양고기 272

17. 푸르른 테렐지, 그리고 밤하늘 284

18. 초원의 칭기즈칸 304

19. 울란바타르를 걷다 325

20. 모래와 바람의 땅 340

몽골 고비 기행

01

고비 사막을 계획하다

여행은 중독이다. 그래서 여행을 맛 들인 사람이 또 여행을 한다. 여행에 중독된 사람은 여행을 마치고 돌아오는 길에 다음 여행을 상상한다. 그렇다면 여행의 어떤 것들이 사람들을 중독시키는 것일까. 어떤 마력이 사람들을 자꾸만 여행하도록 만드는 것일까. 몸의 고단함을 이겨내고 또다시 길을 나서게 하는 어떤 힘이 여행에 숨겨져 있는 것일까.

우리가 날마다 보고 겪으며 지내는 일상은 뻔할 뿐만 아니라 때로는 지루하기까지 하다. 마치 아침에 먹은 음식을, 점심에도 먹고, 저녁에도 먹었다면, 한 번쯤은 다른 음식을 먹고 싶은 욕구가 생기게 마련이다. 매일매일 같은 일이 반복된다는 것, 그것은 시지프스가 당했던 것처럼 형벌이 될 수도 있는 것이다. 그런데 여행을 하면, 그것이 국내여행이든 아니면 국외여행이든, 환경은 극적으로 확 달라진다.

또한 여행을 통하여 의도적으로 다양한 환경을 경험해 볼 수도 있다. 지금의 무더위에서 홀연히 서늘한 고장으로 옮겨갔다면, 반대로 꽁꽁 얼어붙은 한국 땅에서 비행기로 서너 시간을 날아가 야자수 우거진 적도에 닿았다면, 얼마나 신기하고 극적인 변화인가. 여행은 의도적인 변화라는데 주목해야 할 것이다. 여행은 '변화를 즐기는 의도적' 행동이다.

때로는 여행을 통하여 전혀 보지 못했던 것들을 볼 수도 있다. 한국에서는 백 년을 살아도 사막이나 환초, 혹은 펭귄이나 혹등고래를 볼 수 없다. 말로만 듣던 그런 것들의 실물을 여행 덕분에 두 눈으로 똑똑히 본다는 것은 신나는 일이며 놀라운 일이기도 하다. 어디 그뿐인가. 여행을 통하여 색다른 것을 먹어볼 수도 있다. 그렇지만 먹거리는 매우 보수적이어서, 보통은 먹거리의 변화가 그다지 달갑지는 않다. 우리의 혀에 붙어있는 완고한 미각 기관들은 한 번만 놀라게 하는 정도로 그쳐야 한다. 또한 여행을 하게 되면 언어의 변화에도 주의하게 된다. 현지인이 건네는 말을 듣고 무슨 뜻인지 아리송할 때, 표정도 의사 표현에 동원되므로 표정을 통하여 상대방의 말을 대충이라도 알아들을 때, 이런 것도 여행의 재미이다. 여행은 '낯선 것을 즐기는' 행동이다.

그런데 환경의 변화는 겉으로 드러나는 변화일 뿐이다. 여행을 통하여 사고의 변화라는 내적인 변화를 바랄 수도 있다. 현재의 생활 터전을 벗어나면 나와는 다른 생각을 가진 사람들을 만날 수 있다. 우리가 늘 옳다고 믿어온 관습들이 얼음장이 깨지듯 쩍하고 금이 갈 때, 분통이 터지기보다는 이렇게 생각하는 사람들도 있다는 것을 알게 된다. 나도 옳다고 볼 수 없고, 상대방도 옳다고 볼 수 없는 중립의 지대에 설 수 있는 경험이 여행이다.

지금 살고 있는 곳에서는 사고의 변화를 기대하기란 쉽지 않다. 내가 가진 사고의 틀은 현재의 환경을 바탕으로 형성된 것이기 때문이다. 그러므로 여행은 굳은 관절을 말랑말랑하게 풀어주듯 '유연하게 생각하기'의 관문이다.

때로는 나의 완고한 고집을 버려야 한다. 내가 틀렸을 수도 있음을 인정해야 하는 것이다. 더욱이 나는 이방인이고 그들은 주인이므로, 어쩌면 나의 의견이 묵살당할지도 모른다. 여행은 그것을 각오하고 나서야 한다. 그리고 이런 상황을 통하여 다른 사람의 생각도 엿볼 수 있다. 묶어진 사회의 단위는 생각이 비슷한 사람들로 구성되는데, 나의 영역을 벗어나 타자의 영역으로 들어가는 것이 여행이기도 하다.

그런데 알랭 드 보통은 〈여행의 기술(The art of travel)〉에서 여행의 이유로 '생각의 유도'를 꼽는다. 그는 여행과 생각의 관계를 다음과 같이 설명하고 있다.

> 여행은 생각의 산파이다. 움직이는 비행기나 배나 기차보다 내적인 대화를 쉽게 이끌어내는 장소를 찾기란 쉽지 않다. 우리 눈앞에 보이는 것과 우리 머릿속에 떠오르는 생각 사이에는 기묘하다고 말할 수 있는 상관관계가 있다. 때때로 큰 생각은

> 큰 광경을 요구하고, 새로운 생각은 새로운 장소를 요구한다. 다른 경우라면 멈칫거리기 일쑤인 내적인 사유도 흘러가는 풍경의 도움을 얻어 술술 진행되어 나간다.

즉 여행은 생각하게 만든다는 것이다. 여행하는 것은 생각하기 위함이고, 새로운 생각을 위해서는 새로운 장소가 필요하다는 것이다. 일상을 벗어나면 생각도 달라진다고 말하고 있다.

* * *

네 명의 일행이 몽골을 여행하자는 이야기는 4월의 어느 술집에서 나온 이야기였던 것 같다. 저녁식사를 겸한 술자리에서, 일행은 여름에 어디라도 좋으니 함께 여행해 보자는 이야기가 나왔다. 동남아시아는 가깝기는 하지만 여름철에는 통닭이 될 것이라는 둥, 흰소리하다가 시원한 북쪽이라면 찜통 같은 한국의 더위도 피할 수 있겠다고 이야기되었다. 그래서 그 자리에서 몽골 여행을 결정하였다.

일행이 함께 여행한 것은 처음이 아니다. 일행은 몇 년 전에도 우즈베키스탄을 배낭여행했었다. 그래서 네 명은 서로 잘 알고 있는 사이이며, 어지간한 일들은 이해해 주고 넘어가는 사이이기도 하다.

그리고 그 자리에서 몽골에 대한 얕은 지식들, 비록 잘못된 정보들일지언정, 시답지 않은 이야기도 많이 오갔던 것 같다. 여행 국가에 관한 관심이 갑작스럽게 늘어났기 때문일 것이다. 그렇지만 일행 중에서 몽골을 다녀온 사람은 아무도 없었다. 그러니 그 자리에서 틀린 이야기를 했어도 바로잡아줄 사람은 없었다.

여행할 곳이 정해진다는 것은 마치 새로운 날이 열린 것처럼 지루한 일상을 통째로 뒤집어놓는, 흥분되는 일이었다. 그래서 다음번 모임에서는 여행 경로를 정하자고 약속하고 헤어졌다.

이전에는 몽골에 관한 관심이 별로 없었다. 몽골이라는 나라가 뉴스에 자주 나오는 것도 아니고, 몽골 사람이 주변에 있는 것도 아니기 때문이다. 그래서 몽골과 연관되는 단어는 막연하게 '게르'와 '칭기즈칸'이 거의 전부였던 것 같다. 물론 게르에 대해서도, 칭기즈칸에 대해서도 깊이 알지는 못하였다. 그렇지만 몽골이라는 나라가 여행지로 정해지자 몽골은 상상이 아니라 실제가 되었다. 그래서 몽골에 대하여 조사하기도 하고, 다른 사람의 여행담을 들어보기도 하면서 우리가 갈 몽골에 관한 정보를 쌓아갔다. 그런 중에 나는 〈몽골 비사〉를 읽었다.

이 책은 칭기즈칸의 일대기를 엮은 역사적인 자료일 뿐만 아니라 문학적으로도 꽤 가치가 있다고 생각한다. 처음에는 남의 나라 역사일 뿐만 아니라 등장하는 이름들도 낯설어서 약간은 더디게 읽혔다. 그런데 점점 흥미가 더해갔다. 그래서 이 책을 두 번이나 더 읽게 되었으니 같은 책을 연거푸 세 번이나 읽은 셈이다. 두 번째 읽을 때부터는 밑줄을 그어가며 읽었고 연필로 메모까지 하면서 읽었다. 부분적으로 운문일 때는 주석을 달아보았고, 산문임에도 내용이 시적일 때는 운문으로 바꾸어 읽었더니 재미도 쏠쏠하였다.

〈몽골 비사〉를 꼼꼼하게 읽고 나서야 '칼'과 '말(馬)'이라는 검정 색깔의 정복자 칭기즈칸에게, '사랑'과 '열정'이라는 붉은 빛깔이 더해졌다. 그만큼 이 책은 문학적이었다. 물론 몽골 여행이 코앞으로 닥쳤기 때문에 더 열심히 읽었을 것이다. 〈몽골 비사〉에는 재미있는 대목이 많이 있는데, 그중 한 꼭지를 소개하면 이렇다.

테무친의 할아버지인 바르탄에게는 네 아들이 있었는데, 맹게투 키얀, 네쿤 타이지, 예수게이, 다리타이였다. 어느 날 예수게이는 오논강 강가에서 매사냥을 하고 있었다. 그때 메르키드 부족 사람인 칠레두가 혼인하여 후엘룬이라는 신부를 데려오는 것을 보게 되었다. 예수게이가 엿보았더니 신부는 미모가 빼어난 귀부인이었다.

이에 예수게이는 흑심이 생겨 집으로 달려가 형과 동생을 데려왔다. 예수게이는 칠레두에게서 신부를 빼앗을 작정이었다. 예수게이 형제가 달려오자, 칠레두는 겁을 집어먹고 후엘룬 부인과 도망쳤다. 그렇지만 세 명의 날랜 용사들이 쫓아오는 것을 신혼부부가 따돌리기란 쉽지 않았다. 이에 후엘룬 부인은 신랑 칠레두에게 혼자 달아나라고 말한다.

> 수레의 앞방마다 처녀들이, 수레의 검은 방마다 귀부인들이 있어요. 당신이 살아만 있다면, 숙녀와 귀부인을 얼마든지 얻을 수 있어요. 다른 여자를 얻어 후엘룬이라고 이름 지어요. 우선 목숨을 돌보도록 해요. 내 냄새를 맡으며 가요.

대중가요를 흉내 낸다면, '세상의 반은 여자이고 그중에 예쁜 여자도 많을 겁니다. 그러니 당신이 정 나를 잊지 못하겠다면 한 여자를 골라서 나와 같은 이름으로 불러주세요. 내가 당신에 대한 사랑의 징표로 옷을 벗어줄 테니 내가 그리워지거든 이 옷으로 냄새라도 맡으세요.'라는 내용일 것이다. 그러면서 후엘룬 부인은 신랑 칠레두에게 그녀의 저고리를 벗어주었고 칠레두 혼자 말을 달려 도망쳤다.

예수게이 형제 셋이서 아주 멀리까지 칠레두를 쫓아갔지만, 붙잡을 수는 없었다. 이들은 돌아와 후엘룬 부인을 납치한다. 이에 후엘룬 부인이 서럽게 울며 말한다.

> 내 신랑 칠레두는
> 바람을 거슬러
> 머리칼을 흩트린 적도 없고
> 거친 들에서
> 배를 주린 적도 없었는데,
> 지금은 어찌하여 두 갈래 머리채를
> 한 번은 등 뒤로, 한 번은 가슴 앞으로 날리며
> 한 번은 앞으로, 한 번은 뒤로하며 가는가.

후엘룬 부인은 신랑인 칠레두가 자기를 버리고 도망가는 모습을 바라보며 탄식한다. 칠레두는 '바람을 거슬러 머리칼을 흩트린 적도 없이' 살았을 만큼 세상 풍파를 모르고 곱게 살았다. '거친 들에서 배를 주린 적도 없을 만큼' 유복하게 살아온 신랑 칠레두가 예수게이

형제의 추격을 피하여 말을 타고 황망히 도망을 치는데 그 모습이 '두 갈래 머리채를 한 번은 등 뒤로, 한 번은 가슴 앞으로 날릴'만큼 다급하게 도망친다.

그리하여 후엘룬 부인이 혼자 남은 그 자리에서 어찌나 서럽게 울었던지 '오난강 강물이 물결치도록, 숲이 울리도록' 큰 소리로 울었다고 〈몽골 비사〉는 기록하고 있다. 그렇지만 후엘룬 부인은 칠레두 대신에 새로운 남편 예수게이와 함께 살 수밖에 없었다. 더 놀라운 것은 예수게이에게는 이미 부인이 있었고, 아들까지 두고 있었다. 그것이 그들의 문화였고, 유목민의 삶이었다. 또한 후엘룬 부인의 운명이었다.

예수게이와 후엘룬 부인 사이에서 자식들이 태어나는데, 첫 번째 아들이 테무친이다. 테무친은 후에 칭기즈칸이 된다. 지금의 시각에서는 약탈이라는 매우 야만적인 혼인 형태이다. 더욱이 이미 혼인한 부인을 빼앗는 것은 우리의 문화에서는 패륜적인 행위이다. 하지만 〈몽골 비사〉에서는 칭기즈칸의 어머니인 후엘룬 부인이 겪은 모진 풍상을 숨김없이 고스란히 드러내고 있다. 그리고 후엘룬 부인의 슬픔을 시적으로 멋지게 표현한 데서 〈몽골 비사〉는 빼어난 문학작품이기도 하다.

* * *

한 달 정도 지난 뒤에 일행이 다시 만났다. 이미 몽골행 비행기표는 왕복으로 사두었으니 여행 날짜는 결정된 상황이었다. 이제부터는 몽골의 어디를 여행할 것인지 정해야 했다. 그렇지만 몽골에 대한 경험이 없었기 때문에 여행지를 정하기란 쉬운 일이 아니었다.

여행지는 세 곳으로 좁혀졌다. 첫 번째는 몽골의 수도 울란바타르와 가까운 테렐지 국립공원에서 게으르게 빈둥거리며 휴양이나 하다가 돌아오자는 의견이었다. 테렐지 국립공원은 날씨도 서늘하고 풍광도 좋다고 하니 한여름의 더위를 식히기에 이보다 더 좋은 호사가 없을 것이라는 의견이었다. 두 번째 의견은 경치가 멋지다는 몽골 서쪽의 홉스굴 호수 지역을 여행하자는 것이었다. 최종 목적지가 홉스굴 호수일 뿐이며, 그곳까지 가며 오며 몽골 사람과 부대낄 수 있는 체험도 많을 것이다. 홉스굴 호수는 대단히 크고 물이 맑다고 하니 구경해보자는 것이다. 가보지는 않았으나 호수라는 단어 때문에 가슴속에서는 푸르고 시원한 물결이 일렁였다. 세 번째 의견은 고생스럽더라도 고비 사막 지역을 체험해 보자는 것이었다. 우리나라에는 사막이 없으니, 과연 사막이 어떤지 체험해 보자는 것이다. 나는 고비 사막이라는 말에 목구멍으로 모래바람이 훅 밀려드는 느낌이 들었다. 그리고 따가운 햇볕에 빨갛게 익어버린 내 얼굴이 저절로 눈앞에 그려졌다.

각각의 여행 장소에 대한 불만도 있었다. 테렐지 국립공원은 너무 밋밋하다는 것이다. 우리 일행의 성향은 한 곳에 눌러앉아 경치나 바라보고 있을 성격들이 아니기 때문이다. 또한 홉스굴 호수나 고비 사막은 이동 거리가 너무 길고, 몽골은 도로 사정도 좋지 않다고 하는데 비포장도로를 한나절이든, 아니면 온종일 달린다는 것이 얼마나 힘들 것인지도 걱정되었다. 우리처럼 나이 든 사람들에게는 무리일 거라는 의견이었다.

테렐지는 너무 쉽다고 하고, 홉스굴 호수나 고비 사막은 너무 어렵다는 것이다. 이럴 때는 참 난감하다. 중간 수준의 난이도를 가진 여행지가 하나 더 있다면 그것으로 딱 고를 텐데, 그것이 없으니 가장 어렵거나 가장 쉬운 것 중에서 고르는 수밖에 없는 것이다.

일행은 이런저런 궁리 끝에 여행지를 고비 사막으로 결정하였다. 우리 앞에 놓인 날들 중에서는 지금이 제일 젊을 때라며, 고비 사막을 지금 가보지 않으면 언제 가겠느냐는 호기로운 말에 사람들의 눈빛에는 생기가 돌았다. 그래서 고생할 것을 단단히 각오하고 고비 사막에 가기로 마음을 굳혔다. 모래 먼지를 뒤집어쓸지언정 지금이 가장 젊은 때이고, 그리고 오늘을 즐기는 것이 가장 값진 인생이라고 생각하면서.

'고비'라는 말은 몽골어로 '거친 땅'이란 뜻이다. 고비라는 말속에 이미 사막의 의미를 지니고 있으므로 '고비 사막'이라고 하면 같은 의미가 중복된다. 고비는 아시아에서 가장 큰 사막이다. 봄철이면 우리나라는 해마다 황사 때문에 몸살을 앓는데, 황사의 발원지가 바로 고비이다. 황량한 고비의 벌판에 봄바람이 불면, 그 바람은 동아시아를 뒤덮고, 일본을 넘어 하와이까지 날아간다고 한다. 과연 그 땅이 얼마나 넓으면 동아시아를 몸살 나게 만드는 것일까. 그래, 그 고비 사막을 가보는 거다.

* * *

몽골은 땅덩이가 큰 나라다. 이 나라는 우리나라의 도道에 해당

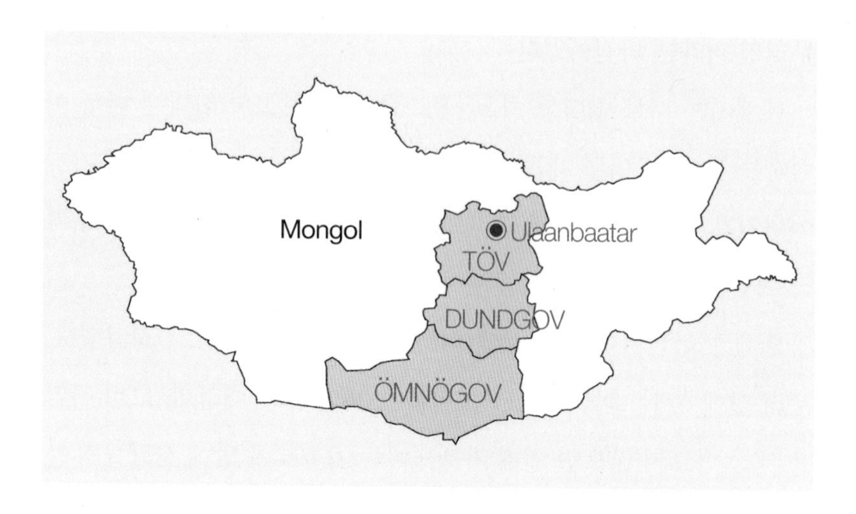

하는 지방의 행정 단위를 '아이막'이라 한다. 그러나 우리나라 행정 단위와 비교하기는 곤란하다. 아이막이라 하여도 사는 사람이 많지 않아 우리나라 도민의 수에는 훨씬 못 미치는데, 넓이는 미국의 주(state)나, 중국의 성省처럼 터무니없이 넓다. 그중에 수도인 울란바타르를 감싸고 있는 아이막이 '중앙'이라는 의미의 툽 아이막이다. 즉, 툽 아이막은 우리나라의 경기도에 해당한다. 우거진 삼림 지역, 그림처럼 아름다운 테렐지 국립공원이 툽 아이막에 속해있다.

우리가 가려고 하는 고비 지역은 돈드고비 아이막과 음느고비 아이막이다. 음느고비 아이막은 남한보다 1.5배나 큰 지역이라고 하니 고비가 얼마나 넓은지 상상하기란 쉽지 않다. 이런 지역을 먼지 풀풀 날리며 돌아다닐 생각을 하니 여행 계획이 옳은 것인지, 그른 것인지 그것조차 미심쩍었다.

여행지를 고비 사막으로 결정했다고는 하나 타고 다닐 차량이나 오가는 여정에 거치게 될 경유지, 그리고 가서 볼만한 여행지에 대해서도 아는 바가 전혀 없었다.

그래서 우리는 몽골의 여행사에 도움을 요청하기로 했다. 먼저 차량이 고민거리였다. 일반적으로 사막 지역과 비포장도로가 많은 몽골 여행은 옛날 소련 시대의 지프차를 개조한 푸르공이라는 차량을 이용한다. 사막의 거친 땅에서는 일반 승용차가 배겨내질 못하기 때문이다. 그렇지만 푸르공은 승차감이 좋지 않다고 했다. 열흘 가까운 여정에서 차량은 그럭저럭 버틸지 몰라도 우리가 배겨낼 자신이 없었다. 비포장도로를 털털거리며 다녀본 사람은 알 것이다. 30분만 달려도 오장육부는 뒤집히고 배도 아프다는 사실을. 그리고 몸을 가누느라 힘을 쏟다 보면 주변을 돌아볼 마음의 여유도 잃고 만다는 것을. 그래서 돈을 더 들이더라도 좀 더 승차감이 좋은 차량인 일본 토요타에서 만든 랜드크루저를 선택하기로 했다. 차량이 푸르공에서 랜드크루저로 바뀌자 마음의 평안이 저절로 찾아오는 듯했다. 그렇지만 몽골 여행의 멋은 푸르공을 타고 흙먼지를 날리며 초원을 질주하는 것이라고 했는데, 랜드크루저를 선택한 우리가 잘한 것일까.

그리고 여행 경로에 대해서도 여행사의 도움을 받기로 했다. 그 결과 여행사에서는 다음과 같은 경로를 추천해 주었다. 울란바타르에서 돈드고비 아이막의 차강소브라가를 거쳐 음느고비 아이막의 욜린암과 홍고린 엘스, 바양작을 구경한다. 그리고 울란바타르로 돌

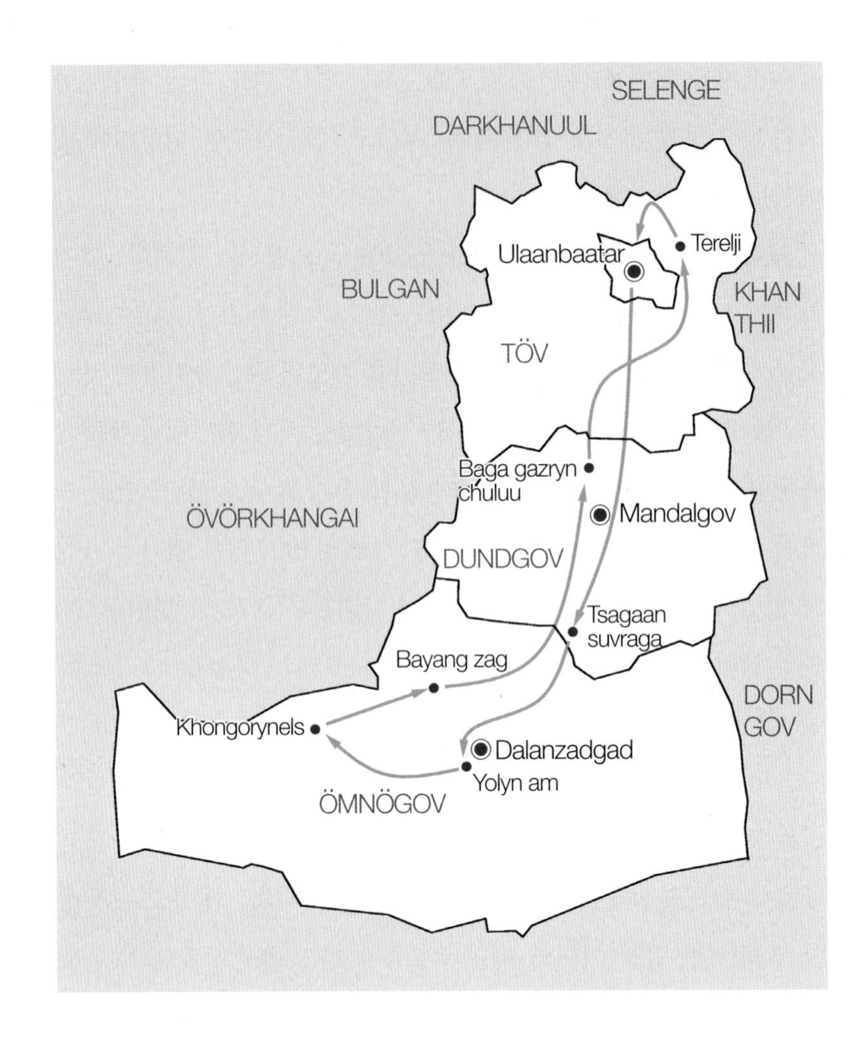

아오는 길에 돈드고비 아이막의 바가 가즐링 촐루와 틉 아이막의 테렐지 국립공원을 구경한다.

이렇게 계획을 세우니, 돌아다닐 여정이 무려 1,800여 킬로미터이다. 잘 상상이 되지 않는 거리여서 한반도의 길이와 비교해 본다. 애국가에는 우리나라가 '무궁화 3천 리'라고 하였다. 3천 리는 1,200

킬로미터인데, 실제 한반도의 육로 직선거리는 1,000킬로미터 남짓이다. 그러므로 대략 한반도의 2배 거리를 차량으로 이동한다는 것이다. 포장도로인지 비포장도로인지 알지도 못할 길바닥을.

* * *

여행은 계획하는 것에서부터 시작된다. 여행은 짐을 싸 들고 집을 나서는 것부터 시작되는 것이 아니라, 계획을 세우고, 상상하고, 꿈꾸는 일들에서부터 시작된다. 설레는 마음으로 여행에 대한 기대와 상상으로 풍선처럼 가슴이 부풀어 오를 때, 이미 여행을 시작하고 있는 중이다. 그렇다면 여행의 끝은 어디일까. 짐을 싸 들고 꼬질꼬질 땟국물 흐르는 차림으로 집에 도착한 것이 여행의 끝은 아니다. 시간이 한참 지난 뒤에도 여행의 추억이 아련하게 떠오른다면, 아직도 여행은 끝나지 않은 것이다. 여행은 몸이 하는 것이 아니라 마음이 하는 것이다.

계획을 세우며 조금 걱정은 되지만, 그래도 가슴은 부풀어 올랐다. 여행을 꿈꾼다는 것은 새로운 희망이 생겼다는 말과 동의어이다. 한성호는 〈몽골, 바람에서 길을 찾다〉에서 여행의 계획에 대해서 담담하게 다음과 같이 말하고 있다.

길을 떠날 수 있다는
희망이 있어야
길을 떠나지 않고 살아가는
날들을 견딜 수 있었다.

그렇다. 체중처럼 답답하게 정체된 오늘을 벗어날 방법은 훌훌 떨쳐버리고 무작정 길을 나서는 것이다. 그 길의 고단함을 미리 예견하지는 말자. 그런 걱정은 그때 가서 하면 될 일이다.

02

울란바타르에 도착하다

일찍 출국 수속을 밟았으므로 탑승 게이트에 도착하고 나서도 비행기 탑승까지는 시간이 넉넉하다. 기다리기 지루하여 커피를 마시며 바깥을 바라본다. 멀리로는 활주로에 아지랑이가 이글이글 피어오르고, 가까이에서는 짐을 나르는 차량들이 보이고, 몇몇 인부는 비행기 화물칸에 짐을 싣고 있다. 인천공항의 칠월 햇볕은 목을 조를 듯, 사천왕처럼 험상궂은 표정으로 바깥을 점령하고 있다. 바깥으로 나오면 누구라도 용서치 않겠다고 주먹을 망치처럼 움켜쥔 채 겁을 주면서.

내가 탈 비행기는 이름도 낯선 몽골 국적의 미아트(MIAT) 항공이다. 미아트라는 낯선 이름처럼 우리 앞에 펼쳐진 하늘길은 흔치 않은 경로를 지나갈 것이고, 그것은 흔히 여행하지 않는 국가로 향한다는 것을 말해주고 있다.

전염병인 코로나가 발생한 이후에 처음으로 나서는 외국여행이다. 그동안 우리는 얼마나 숨죽이고 살아왔던가. 전염병으로 인해 너나없이 감옥 속에 갇혀 지냈고, 하늘길은 고사하고 국내에서 기차를 타는 것마저 눈치가 보였었다. 그래서 어디를 가든 승용차를 이용하였다. 그뿐인가. 숙소를 잡기도 꺼림칙하니 당일치기로 다녀오는 수밖에 없었다. 코로나가 극성일 무렵에는 아무리 가까운 옆 사람일지라도 도둑놈처럼 의심스럽고, 믿을 수 없는, 고립무원의 외로운 세월이었고, 높직이 담을 쌓아두고 절대로 넘나들지 않던 시절이었다.

비행기에 오르자 기내는 어수선하다. 지정된 좌석을 찾은 뒤에는 여권 속에 비행기표를 끼워 통째로 주머니에 넣어둔다. 주머니 속에는 영문으로 된 코로나19 예방접종 증명서가 만져진다. 외국여행에서 예전에는 없던 서류가 추가되었는데, 그것이 이 예방접종증명서이다. 나는 이만큼 안전한 사람이니 제발 의심하지 말고 입국시켜주기 바란다는 탄원서처럼 느껴진다. 그리고 지갑과 휴대전화가 또 다른 주머니 속에서 만져진다. 모든 것이 제자리를 차지하고 있다. 이제 떠날 준비는 완벽하다.

그렇지만 어수선한 기내의 분위기는 한동안 이어진다. 꼭대기의 선반에 짐을 넣으려고 작은 키로 까치발을 딛고 서서 버둥거리는 사람이 있고, 이 사람이 탑승권을 들고 자리를 찾아가는 새로운 승객을 가로막고 있으며, 그 뒤에 또 다른 승객들이 줄지어 기다려야 하고, 그런 중에도 사람들이 자꾸만 밀려들어온다. 누구를 부르는 소리가 들리고, 이어서 여기라고 맞장구치는 사람이 있고, 자리가 바꿔었다며 탑승권을 보여주는 사람들, 자리를 확인하느라 주춤거리는 사람과, 선반의 짐을 다시 확인하는 사람들이 있다. 승객들은 좌석에 앉아서도 두리번거리며 일행을 찾느라고 분주하다. 손에 들었던 가방을 무릎에 올려야 하나, 의자 밑에 밀어 넣어야 하나 고민하는 사람과, 옆자리에 앉은 사람이 누구인지 슬쩍 눈치를 살피는 사람도 있다. 드러내지는 않지만 옆자리의 사람이 같은 나라 사람인지 아닌지 눈치를 살피는 것이다. 그렇지만 옆 사람이 몽골인인지 한국인인지는 구분하기 힘들어서 선뜻 말을 걸지는 못한다.

인천에서 출발하여 몽골의 울란바타르로 향하는 비행기이므로 승객은 몽골인이든가 한국인이든가 둘 중 하나다. 간간이 서양인도 눈에 띄기는 하지만 그리 많지는 않다. 몽골인과 한국인은 비슷해 보여서 내 옆자리의 사람도 분간하기란 쉽지 않다.

주변을 둘러보니 사람들의 얼굴은 한결같이 긴장한 표정이다. 항상 내디디고 살던 땅을 떠나, 굳건하게 버텨주던 땅을 떠나, 흔들리며 하늘을 날아간다는 두려움과 먼 거리를 여행한다는 설렘이 뒤섞이기 때문일 것이다. 때로는 체념한 듯 비행기가 이륙하기도 전에 지그시 눈을 감고 있는 사람도 있다.

어깨가 닿을 정도로 비좁게 앉은 채로 3시간 40분을 버텨내야 하는 것도 긴장되는 일이다. 자본주의를, 돈의 위력을 실감할 수 있는 곳 중의 하나가 비행기일 것이다. 앞쪽의 비즈니스 클래스를 지나치다 보면 자리도 널찍하고 앞뒤 간격도 넓어 의자를 뒤로 젖힐 수도 있는 여유가 부럽기만 하다. 그렇지만 이코노미 클래스의 좌석은 돈을 적게 냈다는 이유로 벌을 받으며 앉아있어야 한다. 연병장에서 사열을 준비하는 신병처럼 차렷 자세로 꼿꼿하게 버티고 앉아있어야 하는 것이다.

또한 우리 일행은 서로 떨어져 있어서, 이야기하면서 가기도 어려운 처지다. 설령 옆자리라 하더라도 이야기를 나눌 상태도 아니다. 우리는 기내에서 마스크를 쓰고 있기 때문이다.

* * *

비행기가 쿠르릉거리며 울란바타르로 향하는 동안은 비교적 짧은 비행시간이지만 잠깐이라도 잠을 자두려고 눈을 감는다. 그러나 머릿속은 오히려 더 맑아지는 듯하다. 자꾸만 낯선 땅 몽골에 관한 생각들이 떠오르기 때문이다.

몽골과 연관되는 첫 번째 단어는 칭기즈칸이다. 마치 몽골의 영웅이나 내세울 사람이 딱 한 명 칭기즈칸인 것처럼. 칭기즈칸은 엄연히 사람이지만 마치 무생물인 낱말처럼 느껴진다. 그 이유는 칭기즈칸이라는 이름이 '정복'과 동의어로 사람들의 입에 오르내렸기 때문일 것이다. 그래서 칭기즈칸에게서는 그다지 인간미가 느껴지지 않는다. 또 다른 서양의 정복자 알렉산더를 떠올려보면 그나마 인간적인 모습이 그려지게 되지만, 칭기즈칸에게서는 칼과 피의 냄새만 날 뿐이다.

이미지를 조작하여 사람의 이름이 단어로 바뀌는 경우가 종종 있다. 아메리고 베스푸치는 땅의 이름으로 바뀌었으니, 아메리카에 대하여 아메리고 베스푸치가 연관되는가? 알 콰리즈미도 마찬가지다.

숫자와 수식의 증명 과정으로 이루어진 알고리즘에서 알 콰리즈미라는 사람 냄새가 나는가? 마찬가지로 칭기즈칸은 정복의 또 다른 낱말이 된 듯하다. 그래서 '세계의 정복자'라는 수식어를 붙여야 인격체인 것처럼 느껴진다.

칭기즈칸은 몽골의 작은 씨족 집단들을 규합하여 거대한 몽골제국을 건설하였는데, 무엇 때문에 그는 이 세상을 그토록 헤집고 다니며 전쟁으로 일생을 보냈을까. 무엇이 그를 죽을 때까지 전쟁터로 이끌었을까.

이런저런 잡념 속에는 게르를 세우는 유목민도 등장한다. 한곳에 살면 될 일을, 그들은 왜 떠돌며 살아야 하는 것일까. 몽골인 전체가 한곳에 정착하기 싫어하는 역마살이 낀 사람들은 아닐 것이다. 몽골인들은 왜 이동해야 하는 삶을 택했을까. 그리고 그 고단함이 얼마나 클 것인가. 짐을 꾸리고 푸는 과정은 즐거움보다는 고단함이다. 가진 살림이 아무리 간소하다고 해도 이사 다니는 것이 얼마나 귀찮은 일일까.

그리고 그들이 사는 주거지인 게르는 어찌 생겼을까. 나는 게르의 실물을 직접 본 적은 없다. 그리고 천막을 치고 한겨울을 보내자면 얼마나 추울까. 몽골에서는 영하 40도까지 내려가는 혹한도 있다고 하였으니 말이다. 앞에서 나는 여행이란 낯섦을 즐기는 행동이라고 말하였다. 이 말은 '원해서' 떠난다는 의미이고, 이것과는 다르게 이사는 '어쩔 수 없이' 떠나는 행동이다. 즉 여행이 능동성이라면 이사는 수동성인 셈이다.

또한 몽골의 사막은 어떠할까. 전에 이집트와 우즈베키스탄에서 사막을 구경한 적이 있다. 그곳은 사람이 살기에는 어려운 지역이었다. 몽골의 사막도 전혀 사람이 살 수 없는 지역일까? 그런데 우리가 여행하기로 한 곳이 고비 사막이다. 그러면 우리는 어디에서 잠을 자야 하고, 또 어떻게 밥을 얻어먹어야 하는가.

* * *

옆자리에 앉은 사람이 한국 사람인지 몽골 사람인지 알 수 없어 잠자코 앉아있었는데, 기내 배식용 밀차를 끌고 온 스튜어디스 아가씨가 옆 사람에게 몽골어로 몇 마디를 주고받는다. 음식을 고르라는 것으로 보인다. 나는 옆 사람이 한국인인지 몽골인인지 분간하지 못했는데, 아가씨는 단박에 알아본 것이다. 그렇다면 이 아가씨에게 나는 어느 나라 사람으로 보일까. 짓궂은 생각으로 알아맞혀 보라는 듯 멀뚱멀뚱 아가씨를 쳐다본다.

"쇠고기를 드시겠어요, 닭고기를 드시겠어요?"

아가씨는 당연하다는 듯, 아무런 주저함도 없이, 나의 짓궂은 마음을 한마디의 말로 무찌른다. 이 아가씨는 한눈에 나를 한국인으로 알아본 것이다. 너무 쉽게 노출된 것이어서 나는 약간 당황스럽다. 내 이마에 '한국'이라고 쓰여있기라도 했다는 말인가. 몽골인과 한국인은 매우 닮았다. 그래서 나는 잘 구분하지 못하겠다. 그러나 이 아가씨는 한 번에 알아본 것이다.

"쇠고기요."

"앞에서 쇠고기를 주문하신 분들이 많아 다시 준비해 올 테니 잠시 기다리세요."

아가씨는 나에게는 볼 일을 다 보았다는 투로 다음 사람의 주문을 받는다. 오히려 내가 궁금해진다. 이 아가씨는 한국인일까, 아니면 몽골인일까. 이 아가씨는 한국과 몽골을 왕복하면서 얼마나 많이 몽골인과 한국인을 구분하며 생활했을까. 그리고 초보 시절에는 실수도 많았을 것이다. 한국인인지, 몽골인인지 국적을 물어야 하고, 그에 어울리는 언어로 식사 주문을 받았을 것이다. 이럴 줄 알았더라면 몽골어 몇 마디쯤은 익혀두어야 했는데 그러지 못한 것이 후회스럽다.

외국을 여행하며 언어가 통한다는 것은 크나큰 행운이다. 말이 통하면 여행지를 좀 더 잘 알 수 있고 여행하는 방법도 편하기 때문이다. 그러나 내가 구사할 수 있는 언어라고는 모국어인 한국어밖에 없다. 그러니 사실 외국여행이 나에겐 매우 불편하다. 영어라도 할 줄 안다면 참 좋겠지만 아는 것이라고는 화장실이 어디인지, 물건값이 얼마냐고 떠듬거리며 묻는 수준이다. 그래서 나를 대신하여, 나의 필요를 이야기해 줄 가이드가 필요한데, 지금처럼 가이드가 없는 배낭여행이라면 현지인을 만나는 것이 답답하기도 하고, 때로는 난처하기도 하다.

예전에 캄보디아를 여행하며 겪었던 일이 새삼 떠오른다. 나는 캄보디아 시엠립에 있는 앙코르와트를 구경하고 태국으로 들어가기 위하여 국경인 포이펫까지 버스를 타야 했다. 그런데 일이 잘못되어 버스를 놓치고 말았다. 태국에서 정해진 일정이 있어서 할 수 없이 국경까지 택시를 탔는데, 택시 기사는 얼굴이 새카만 캄보디아인이었다. 그 기사는 한국어를 할 줄 몰랐고, 영어도 할 줄 몰랐으니 나하고는 언어적인 공통분모가 전혀 없었다. 택시 기사는 시엠립에서 태국의 국경으로 대뜸 차를 몰았다. 그것도 뱃속이 몽땅 뒤엉클어질 정도로 거칠게 비포장도로를 내달렸다. 기사는 쉬지도 않고 한번에 국경까지 갈듯한 태세였다. 잠깐이라도 차를 멈추어야 기사도 쉬고 나도 화장실을 다녀올 것 같은데, 그럴 기미는 전혀 보이지 않았다. 할 수 없이 의사소통 방법을 찾아야 했다. 어찌했을까. 나는 종이에다 키 작은 꼬마를 대충 그린 후에 꼬마의 아랫도리에 고추를 달아주었다. 그리고 그 고추에서 쫄쫄쫄 오줌이 바닥으로 떨어지는 그림을 완성하였다. 긴장한 표정으로 눈을 부릅뜨고 앞만 보고 달리던 기사는 나의 그림을 보더니 빙긋 웃어 보였다. 아마도 기사의 표정이 바뀐 것은 그때가 처음이었던 것 같다. 그리고 급하게 길가에서 차가 멈추어 섰다. 아무것도 없는 허허벌판이었다. 나는 이유가 궁금했다. 그러나 금세 그 이유를 알아차렸다. 새카만 택시 기사는 차에서 내려 성큼성큼 들판 쪽으로 몇 걸음 가더니 허리춤을 풀었다. 나의 그림에 대하여 그는 몸으로 이곳이 그곳이라고 대답한 것이다. 나는 화장실을 가자고 하면 당연히 휴게소를 들를 줄로 알았다. 나의 머릿속에는 화장실은 휴게소에 있어야 한다는 생각이 틀어박혀 있었던 것이다. 어쨌든 나도 기사를 흉내 내어 아랫도리를 까내리고 벌판에다 오줌을 쌌다. 그리고 차는 계속 달렸다. 그렇지만 휴게소에 대한 미련은 버릴 수가 없었다. 그래서 또다시 그림을 그리기로 하였다. 이번에는 컵을 그린 후에 기다란 빨대를 꽂았다. 그림을 기사에게 보여주었더니 이번에도 기사는 고개를 끄덕였다. 잠시 후 허름한 가게 앞에 차가 섰고, 나는 거기에서 야자 주스를 마실 수 있었다.

이런 경험 이후에 의사소통의 문제는 하잘것없는 것이라고 생각했다. 그래서 영어회화 배우기를 게을리하였고, 몽골을 여행하기 전에 꼭 필요한 몽골어 몇 마디 정도는 익히고 가라는 이야기를 한 귀로 듣고 한 귀로 흘려버린 것이다.

* * *

아마도 몽골에서 돌아오는 기내에서는 나는 깊이 잠들어 있을 것이다. 틀림없이 그럴 것이다.

여행은 길을 떠나는 것이다. 신발 끈을 단단히 꿰고 집 밖으로 나서야 하고 허름한 지팡이 하나라도 아쉬울지 모르니 꼼꼼하게 챙겨야 한다. 내 집에서는 당연히 있어야 할 장소에 컵이 있고 수건도 있지만, 새로운 세상에서는 그것이 다른 곳에 있을 수도 있다. 또한 그것을 불만스럽게 생각할 게 아니라 수용해야 하는 처지이다.

그리고 내 방식대로 살아온 것을 일부는 허물어야 하는 일이기도 하다. 즉 여행은 나의 영역을 벗어나 다른 경계에 들어서는 일이다. 내가 유지해오던 생활방식에서 벗어나 다른 세상으로 들어가는 것이다. 다른 영역에 들어가기 위해서는 내 것만 주장할 것이 아니라 그들의 생활방식을 받아들여야 한다. 그러니 여행에는 용기도 필요하고 긴장이 따르게 된다. 유목민처럼 떠돌아다녀야 하는 것이 여행이다.

그러다 여행을 마치고 집에 돌아가는 길이라면 그것은 병장으로 전역하는 홀가분함일 것이다. 어머니의 품으로 돌아가는 아늑함, 고생을 마치고 이제 두 다리 쭉 뻗고 쉴 수 있다는 기대로 몸과 마음은 칼국수처럼 풀어져 어쩌면 나는 기내에서 혼곤히 잠들어 있을 것이다.

* * *

인천에서 출발한 비행기는 그리 길지 않은 비행을 마치고 어느덧 서서히 하강한다. 칭기즈칸 국제공항에 도착한 것이다. 몽골은 가까운 나라였다. 그런데 왜 우리는 멀다고 생각했을까. 그것은 아마도 정치 이념이 다르다는 이유로 나라 사이의 교류가 뜸했기 때문일 것이다. 일본은 예전부터 왕래가 잦았고, 중국과 베트남은 우리와 점차 가까워지고 있다. 이제 몽골도 차츰 가까운 나라가 될 것이다.

공항에 도착하니 오후 다섯 시 무렵이다. 아침부터 설쳐대며 천안에서 출발하여 저녁때가 다 되어서야 울란바타르에 도착한 것이다. 그다지 크지 않은 규모의 칭기즈칸공항은 사람들도 많지 않아 한산한 편이다. 그러니 입국 절차도 빨리 끝난다.

공항에서 할 일은 환전이다. 해당 국가에서 쓸 돈은 국내에서 미리 환전하는 것이 보통이다. 아니면 한국에서 달러로 환전하였다가 여행 국가에서 다시 환전해야 한다. 그렇지만 우리는 달러도, 몽골 돈도 환전하지 않았다. 오로지 한국 돈만 준비하였다. 몽골에서는 한국 돈을 몽골 돈으로 직접 환전해 준다고 했다. 한국과 몽골 사이의 교환에서 미국은 빠져있어도 되는 것이다.

몽골의 화폐 단위는 투그릭이다. 50만 원을 내고 117만 5천 투그릭을 받았으니, 환율로는 1원이 2.35투그릭인 셈이다. 몽골에서는 가장 큰 화폐의 단위가 2만 투그릭이므로 은행 창구에서 받아든 돈뭉치가 기분 좋게 두툼하다. 네 명이 쓸 돈이므로, 이 정도면 넉넉할 거라는 생각이 든다. 차량과 숙소, 그리고 식비를 포함한 여행경비는 1인당 120만 원으로 여행사에 계약해둔 상태다.

화폐에는 칭기즈칸의 초상화가 그려져 있다. 칭기즈칸공항에, 칭기즈칸의 화폐라니. 칭기즈칸이 상품화되어 버린 듯하다. 몽골이 가장 내세우고 싶은 인물, 가장 자랑스러운 인물이 현대의 경제체제가 낯설기 때문일까, 지폐의 한 장 한 장마다 약간 긴장한 표정으로 그려져 있다.

공항을 나오니 다시 한번 한 나라의 국제공항치고는 규모가 좀 작다는 느낌이 든다. 칭기즈칸 국제공항은 우리나라의 지방 공항 정도의 크기이다. 그렇지만 몽골의 인구수를 고려한다면 그럴 법도 하다.

* * *

칭기즈칸 국제공항에서 수도인 울란바타르까지는 한 시간 남짓 걸리는 거리다. 하늘을 쳐다보니 우중충하고 흐리다. 금세 비가 내릴 듯 하늘은 잔뜩 찌푸리고 있다.

공항에서 울란바타르 시내로 가는 차창 밖으로는 상상했던 것과는 다른 풍경이 펼쳐진다. 길의 양쪽으로는 산이 이어지는데, 나무는 찾아보기 힘들다. 군인들의 박박 깎은 머리처럼 풀만 낮게 자랄 뿐이다. 내심 공항에서 울란바타르까지는 많지는 않아도 간간이 건물들이 보일 것으로 상상했는데, 휑한 바깥 풍경이 낯설다. 나는 지금까지 이런 땅을 구경한 적이 없었던 것 같다. 세계의 어느 나라를 가든, 우리나라의 어디를 가든 길가에는 가로수가 있고 산에는 나무가 있었다. 가끔은 개울이나 강을 만나기도 하고, 옹기종기 집들이 모여있는 풍경이 지금까지 내가 보아온 세상의 풍경이었다. 그러나 차창 밖으로 보이는 것은 가끔 게르가 보이고 말이며 가축들의 방목지가 나타난다. 그것도 아주 드문드문.

따라서 바깥을 바라보고 있으면 허전한 느낌을 지울 수 없다. 처음에는 마중 나온 안내인의 차 안에서 마음이 들떠 이런저런 얘기들을 나누었으나 그것도 얼마 가지 못하고 어느새 조용해진다. 바깥 풍경 때문이다.

초원을 온종일 마주한다면 우울할 것 같기도 하다. 또한 저절로 슬픔이 밀려올 것 같기도 하다. 마치 바다를 마주한 듯, 후련하면서도 약간은 마음이 가라앉는 듯한 느낌이다. 더욱이 사람들의 인기척이라도 있으면 덜 하련만, 게르도 가뭄에 콩 나듯 어쩌다 나타날 뿐이다. 초원, 가끔 만나는 게르, 어쩌다 만나는 말이나 양 떼. 외로움이 스멀스멀 밀려오는 여기가 바로 몽골이다.

초원을 벗어나 울란바타르 시내에 들어서면서 우리는 다시 이런저런 이야기를 나누기 시작한다. 우리를 태우고 울란바타르까지 운전하는 사람은 공항의 출국 게이트에서 우리를 맞아주었던 사람이다. 현지 여행사 직원인데, 키가 훌쩍 크고 조금 마른 편인 삼십 대 초반의 젊은이다. 나는 이 사람이 한국 사람인 줄 알았다. 그만큼 한국어가 유창하기 때문이다. 그런데 자기는 몽골인이란다. 어릴 적부터 한국에서 생활하였고 고등학교까지 한국에서 다녔다고 한다.

울란바타르. '울란'은 붉다는 뜻이고, '바타르'는 영웅이란 의미이니, 울란바타르는 '붉은 영웅'이란 뜻의 몽골 수도다. 이름 속에 강렬한 색깔을 지닌 도시이지만 여느 도시와 별반 다르지는 않다. 높은 빌딩들이 서있고 복잡한 아파트가 총총하게 들어서서 어깨를 부대끼며 북적거리는 모습이다. 때로는 도시의 이름처럼 강렬한 색채의 건물들도 더러 볼 수 있다.

공항에서 흐리던 하늘은 울란바타르에 들어서자 마침내 비를 뿌리기 시작한다. 한국에서도 7월의 장마철을 보내며 지겹도록 비를 보았는데, 여기서도 비가 내리니 야속하기만 하다. 그런데 안내인은 몽골은 비가 귀한 나라라면서 손님이 올 때 비가 내리면 좋은 길조로 여긴다고 얘기해 준다.

비가 내린 탓에 도로에는 물이 넘친다. 울란바타르는 비가 드문 지역이라서 비에 대한 대비가 부족했기 때문이다. 이런 지역에서는 도로 옆의 배수로가 부실하기 마련이다. 적은 강수량에 맞추어 배수로를 만들다 보니 한꺼번에 폭우가 내리면 지금처럼 감당하지 못하는 것이다.

길가의 간판은 도대체 읽을 재간이 없다. 몽골에서는 러시아의 영향을 받아 키릴 문자를 쓰는데, 영문자에 익숙한 사람들은 매우 낯설다. 글자의 생김새는 알파벳과 비슷한 것도 있지만 전혀 다르게 읽기 때문에, 읽은 것이 맞았는지 틀렸는지 자신할 수도 없다. 그렇다고 러시아어를 쓴 것도 아니다. 몽골어인데, 다만 키릴 문자를 빌려서 썼을 뿐이다. 그러니 우리는 몽골에 와서 눈뜬 장님 꼴이 되어 버린다.

차창 밖으로 보이는 몽골인은 한국인과 대부분 비슷한 생김새다. 옷을 서로 바꾸어 입는다면 국적을 구별하기 어려울 것 같다. 운전하고 있는 안내인에게 한국인과 몽골인을 구분할 수 있겠느냐고 물으니 망설이지도 않고 그렇다고 대답한다. 그러면서 가장 두드러진 차이는 얼굴의 광대뼈라고 말한다. 몽골인은 광대뼈가 더 나왔다는 것이다. 그리고 어디라고 단정하기는 힘들지만, 분위기도 다르다고 말한다. 나라에 따라서 사람들의 분위기도 다르다는 것을 안내인의 말을 듣고 어렴풋이 이해한다. 오래된 생활 관습 때문에, 몸에 밴 특징들, 그것들이 고유한 분위기를 만드는 것은 아닐까.

안내인은 우리에게 몽골어로 한국인을 뭐라고 부르는지 아느냐고 묻는다. 머뭇거리자 '솔롱고스'라고 자기가 대답한다. '솔롱고'는 비가 그친 뒤에 하늘에 드러나는 무지개이며, 솔롱고스는 솔롱고의 복수형으로 '무지개가 있는 곳', 혹은 '무지개가 뜨는 나라'라고 멋지게 한국을 꾸며준다. 한국을 무지개가 뜨는 아름다운 나라라고 불러주니 얼마나 고마운가. 안내인의 말을 듣고 흐뭇해진다.

그렇지만 몽골제국 당시에는 고려를 '카울리'라고 불렀고, 고려 이북의 한반도 북부와 압록강 유역을 '솔롱카'라고 하였다. 그러므로 엄밀히 말해서 우리나라는 솔롱고스라는 아름다운 이름보다는 카울리가 맞다. 그렇다면 솔롱고스는 지금의 북한을 칭하는 이름이라고 해야 바를 것 같다.

공항에서 울란바타르의 호텔까지는 한 시간을 예상했건만, 비가 내리고 퇴근 시간까지 겹쳐 두 배로 늘었다. 흐린 날씨 탓에 날은 이미 저물었다. 숙소에 도착하니 뜻밖에도 너무 깔끔하다. 몽골의 숙소에서 이 정도까지는 기대하지 않았다. 게르에서 아직 잠을 자보지 않아 모르겠지만 오늘 밤은 특별한 손님 대우를 받는 느낌이다. 널찍한 방은 잘 정돈되어 있고, 방안에는 세탁기와 인덕션 레인지까지 갖추어져 있다.

* * *

우리가 묵을 호텔의 1층에는 식당이 딸려있는데, 아침에만 식사를 제공한다. 그래서 저녁을 해결하기 위하여 우리는 안내인에게 어떤 식당이 좋으냐고 물었더니, 호텔의 1층에는 또 다른 식당이 영업하는데 한식을 먹을 수 있다고 한다. 그렇지만 우리는 몽골에 왔고, 오늘은 첫날이니 몽골의 분위기를 느껴보자며 현지인들이 많이 찾는 식당에서 밥을 먹기로 한다. 그래서 울란바타르의 괜찮은 식당을 추천해 달라고 하니 '하드락'이란 식당이 호텔에서 가까운 곳에 있다며 가보라고 한다.

하드락은 호텔에서 걸어서 10여 분 남짓 떨어진 곳에 있다. 그런데 식당에 들어가자마자 실망스럽다. 몽골 현지의 전통 식당을 기대했는데, 서양식 펍일 뿐이다. 우리 안내인은 자기가 젊기 때문에, 그리고 그곳의 분위기가 멋있어 보이므로 우리에게 추천한 것인데, 우리는 서양식이어서 탐탁지 않다. 만일 우리가 더 젊었더라면 식당이 마음에 들지 않으면 곧바로 나왔을 것이다. 그러나 한번 들어간 식당은 비록 마음에 들지 않더라도 무언가 먹어주어야 한다는 의무감, 그리고 다른 식당을 찾아가기가 싫은 게으름, 혹은 현재 상황을 바꾸고 싶지 않은 완고함 때문에 그냥 음식을 주문한다. 맥주를 주문하고, 과일 샐러드와 튀김으로 저녁을 때워볼까 생각한 것이다. 그러나 간식, 혹은 술안주로 저녁을 때우는 한국인은 아마 없을 것이다.

하드락에서는 대충 술자리를 마무리하고 호텔로 들어온다. 우리에게도 나름대로 비장의 무기는 있다. 라면과 소주, 외국여행에서 이 정도는 지니고 다녀야 한국인이다. 소주와 라면은 어떠한 험로일지라도 꿰뚫어주는 힘이 있다. 라면을 끓이기 위해서는 냄비가 필요하다. 그것도 걱정할 필요가 없다. 내 여행 짐 꾸러미 속에는 전기냄비가 있으니 물을 붓고 콘센트에 플러그만 꽂으면 된다. 이리하여 조촐하지만 우리 나름의 식사 준비는 마무리된다.

젓가락이며 종이컵까지 준비해 왔으니 아쉬울 것 하나 없는 살림살이다. 이렇게 네 명이 방바닥에 앉아 라면과 소주로 저녁을 때운다. 어쩌면 이런 방식이 우리가 계획했던 여행 방법이었고, 우리에게 어울리는 여행일 것이다. 소주를 곁들인 라면을 먹으며 오늘의 바쁜 일정과 불투명한 내일의 일정을 이야기하다 보니 어느새 잠잘 시간이다.

방은 각자 하나씩 차지한다. 창문을 열어두었더니 한여름이라고는 하지만 서늘하다. 마치 우리나라 10월 초순의 날씨 같다. 온도계는 섭씨 22도를 가리키고 있다.

아침 일찍 서둘러 집을 나서고, 버스를 타고 인천공항으로 향하고, 그리고 인천에서 칭기즈칸 국제공항까지 비행하고, 다시 공항에서 호텔까지, 온종일 쉴 틈 없는 빡빡한 여정이어서 피곤할 법도 하건만 잠자리가 바뀐 탓인지 쉽게 잠은 오질 않는다. 그렇지만 자정을 넘겼으므로 내일을 위하여 억지로 잠을 청한다. 오늘 벌어졌던 일들이 새삼 머릿속에 떠오르기도 한다. 뒤척이다가 새벽녘이 되어서야 겨우 잠에 빠진다.

03

고비 사막으로 향하다

몽골에서 맞이하는 첫 번째 아침이다. 평소보다 조금 일찍 일어난 듯하다. 흐린 하늘에는 아침이 뿌옇게 밝아오고 있다. 엊저녁에는 천둥과 번개까지 내리치며 폭우가 쏟아졌다. 하늘의 으르렁거리는 소리에 두 번이나 잠에서 깨기는 하였지만 두툼한 이불을 덮고 편안하게 잠잘 수 있었다.

밤사이에 여름 날씨답지 않게 기온이 뚝 떨어져 가을 날씨처럼 서늘하다. 아침 일찍 눈을 떠 창밖을 내다보니 호텔 주변으로는 높다란 건물들이 빼곡하다. 엊저녁에는 어둠에 가려져 보이지 않았던 것들이다. 하늘에는 구름이 끼어있고, 바닥은 밤새 내린 비로 군데군데 물웅덩이도 생겼다. 간밤에 내린 비로 울란바타르는 눅눅한 아침을 맞고 있다.

이른 아침이긴 하지만 호텔 밖으로 나가 본다. 아직 부슬부슬 가는 비가 내리고 있다. 호텔 주변에는 새로 짓고 있는 높다란 건물들이 많이 보인다. 그중에는 앙상하게 골조만 올라간 것도 있다. 공터에는 건축 자재들이 널브러져 있고, 천막들이 너풀거린다. 울란바타르는 한창 도시 건설에 활기를 띠고 있으며, 도시 규모도 점차 커지고 있음을 알 수 있다. 그래서 주변이 정돈되지 않고 어수선한 느낌이다.

건물들은 늘 그렇듯 사각형의 반듯한 형태들이긴 하지만, 가끔 지붕을 얹은 빌딩들도 보이고, 지붕 밑으로 창이 달린 건물들도 있어 생소한 느낌이다. 이런 형태의 건물들 때문인지 이 도시는 아시아가 아닌, 조금은 유럽을 닮았다고 느껴지기도 한다. 혹시 러시아의 영향 때문은 아닐까. 건물 외벽의 색깔은 옅은 색깔이 많기는 하지만 가끔은 초록이나 진한 갈색, 혹은 진한 자주색도 있어 강한 느낌도 있다.

도로는 낡았다. 군데군데 아스팔트 포장이 벗겨진 곳도 보이고 그곳에는 엊저녁에 내린 빗물이 고여있다. 그리고 도로 한쪽으로는 온수 공급용 배관이 지나가기도 한다. 울란바타르에서는 겨울철이 되면 중앙에서 온수를 공급하는데, 그때 온수를 보내는 배관이다. 배관의 굵기가 터무니없이 커서 육중하면서도 투박하다. 마치 이 도시에 외톨이처럼 적응하지 못했으면서도 눈치 없이 완고하게 버티고 있는 듯하다.

울란바타르는 전체적으로 풍요로워 보인다. 몽골을 대표하는 수도로서 손색이 없다. 그리고 몽골 인구의 절반이 이곳에 밀집해 있다고 하니 조용한 느낌보다는 펄떡거리는 심장처럼 활력이 느껴진다.

그러나 이 도시는 애초의 예상 인구를 초과한 도시라고 하니, 과밀하다는 표현이 더 어울릴지도 모르겠다. 몽골의 국토 면적은 한반도보다 7배나 되고, 남한보다는 대략 16배가 크다. 그러면서도 몽골의 전체 인구는 330만 명 정도라고 하는데, 이는 우리나라 부산 사람의 숫자와 비슷하다. 울란바타르의 인구는 140만 명이다. 몽골 인구의 절반 정도가 수도인 울란바타르에 모여있는 셈이다.

어제 우리를 이곳까지 데려다준 안내인의 이야기에 의하면, 울란바타르의 외곽에는 가난한 사람들이 많이 살고 있고, 겨울철이 되면 이들이 연료로 태우는 석탄 때문에 공해가 무척 심각하다고 한다. 오죽했으면 여행안내 책자인 〈론리플래닛〉에는 '붉은 영웅'을 의미하는 울란바타르가 겨울철에는 '검은 영웅'이란 뜻의 하르바타르가 된다고 꼬집었을까. 울란바타르는 분지이기 때문에 겨울철에는 석탄을 태운 매연이 빠져나가지 못하고 도시 전체에 두텁게 뒤덮인다고 한다. 이런 매연은 강한 바람이 불어오기 전까지 겨우내 시내를 뒤덮어 시커먼 날들이 계속된다는 것이다.

겨울철에는 그렇다고 하지만 비에 씻긴 울란바타르의 오늘 모습은 찬물에 세수한 듯 말끔하다. 엊저녁에 내린 비로 하천에는 흙탕물이 거칠게 흐르고 있다. 몽골은 전체적으로 강수량이 많지 않은 나라다. 그런데 수도 울란바타르는 다른 지역에 비하여 물이 넉넉하다고 한다. 하천으로 물이 흐르는 것이 우리에겐 너무나 당연한 일이지만 몽골에서는 물이 흐르는 하천이 귀하다고 하니 오히려 이상하다.

* * *

바깥을 둘러보다가 방에 들어와 오늘의 일정을 살펴본다. 몽골 여행 첫날의 일정은 울란바타르에서 돈드고비 아이막의 남쪽 끝자락에 있는 차강소브라가까지 410킬로미터를 이동하는 것이다. 그중에서 포장도로가 350킬로미터이고, 비포장도로는 60킬로미터를 달려야 한다. 차강소브라가까지는 시간으로 따져도 예닐곱 시간이 족히 걸리는 거리이다. 아침 일찍 서둘러도 저녁 무렵에야 목적지에 도착할 수 있을 것 같다. 아마도 차 안에서 보내는 시간이 하루 여행의 전부일 것이다. 이제부터 본격적인 몽골 여행이 시작되므로 엊저녁 늘어놓았던 잡동사니를 챙겨 짐을 꾸린다.

일행 네 명이 같은 시간에 모이기는 어려울지도 모르니 아침식사는 각자 편한 대로 하자고 엊저녁에 약속하였다. 호텔의 구내식당에서 아침식사를 하는데, 뜻밖에 한식이다. 한국인이 이 호텔을 운

영하고, 투숙객도 한국인이 많기 때문일 것이다. 몽골에서 미역국을 먹고 김치를 먹는다는 것은 호사스러운 일이다. 그것도 억지로 한식을 흉내를 낸 것이 아닌, 한국에서 먹을 때와 똑같은 맛을 느끼면서. 어쩌면 이것이 몽골에서 먹는 마지막 한식일 수도 있다고 생각하니, 숟가락 위로 밥은 소복하게 올려지고 젓가락으로 잡히는 반찬이 큼직하다. 그러고 보니 엊저녁에는 식사가 부실하였다.

엊저녁에는 일행 중의 두 분이 한 잔 더 하겠다며 외출했다. 두 분은 아직 일어나지 않은 모양이다. 그리고 로비에서 만나기로 약속한 시각도 넘겨버린다. 마침내 퀭한 모습으로 나타난 두 분에게 엊저녁의 술자리가 얼마나 좋았느냐고 물으니, '하늘의 이야기는 바람처럼 날려보내고, 땅에 전해지는 이야기는 묻어버려야' 한다는 선문답 같은 대답이 돌아온다. 함께 따라가지 않은 나로서는 선문답을 해결할 재간이 없다. 무언가 내가 모르는 재미난 일이 있었을 것도 같은데, 꼬치꼬치 묻는 것이 결례인 것 같아 궁금증을 꾹 눌러 참는다. 그렇다. 여행하는 이유 중에는 정해진 틀에서 벗어나 일탈해 보는 즐거움도 빼놓을 수 없다.

어제 이곳 호텔까지 데려다준 안내인은 미리 와서 로비에서 우리를 기다리고 있다. 그리고 앞으로 우리와 함께 할 가이드를 겸한 운전기사를 소개해 준다.

몽골 사람인 가이드의 이름은 '툴가'이다. 툴가는 작은 체구이지만 짧은 머리에 다부진 몸매, 그리고 약간 배가 나왔다. 갈색이 들어간 안경을 끼고 있다. 나이는 40대 중반으로 보인다. 이름은 '뭉흐 툴가'인데, 줄여서 툴가라고 불러달라고 한다.

툴가의 차량은 랜드크루저이다. 이 차량은 원래 8인승이지만 뒷좌석은 짐을 실으려고 접어두었으므로 일행 네 사람 중에서 한 사람은 조수석에, 세 사람은 뒤에 앉기로 한다. 운전석 옆자리인 조수석은 넉넉하지만, 뒤에 앉은 세 사람은 서로 어깨가 닿을 정도로 좁다. 그렇다고 해도 승용차보다는 넓어서 참을 만하다. 일행의 짐과 툴가의 것까지 싣고 나니 짐칸은 틈이 보이지 않을 정도로 꽉 찬다.

* * *

이제 준비는 다 되었다. 툴가의 랜드크루저는 일행의 몸을 싣고, 호기심도 싣고 호텔을 빠져나간다. 아침 출근 시간이 이미 지났으므로 울란바타르 시내를 빠져나가기는 수월하다. 날은 점차 개고 있으며, 밤에 내린 비 덕분에 산뜻한 느낌이다.

울란바타르에서 출발하여 몽골의 가장 남쪽에 있는 음느고비 아이막의 주도인 달란자가드까지는, 우리나라의 서울과 부산을 연결하는 것처럼, 몽골의 대동맥에 해당하는 간선도로이다. 가끔 산을 돌아가기도 하지만 도로는 거의 일직선이다. 그렇지만 도로는 2차선이고 포장 상태도 좋지 않아서 차체가 심하게 요동칠 때도 있다. 툴가의 운전 실력이 좋아서 그나마 다행이다. 차창 밖으로는 몽골의 푸르른 초원이 끝없이 펼쳐진다.

운전수이자 가이드인 툴가는 아버지가 지어주신 자신의 이름에 큰 자부심을 가진 듯하다. 자기 이름을 소개하면서 몽골어 '뭉흐'는 '꺼지지 않는', 혹은 '영원한'이란 뜻이며, '툴가'는 그들의 주거지인 게르의 중앙에 놓이는 다리가 세 개 달린 '화덕'이라고 한다. 몽골에서는 화덕이 난방뿐만 아니라 음식을 조리하는 기구의 역할도 한다. 또한 그 안의 불씨는 꺼뜨리지 않고 대대손손 이어져야 하는 전통의 상징이기도 하다. 이는 우리나라도 마찬가지였다. 다만 몽골의 화덕과 같은 구실을 하는 것이 우리나라에서는 아궁이다. 그래서 옛날이야기에 의하면, 시어머니는 며느리에게 불씨를 전하며 집안의 정통을 이으라는 상징적인 의식을 행하기도 하였다. 영원히 꺼지지 않는 화덕, 즉 대대손손 오래도록 명맥을 잇는 사람, 이것이 툴가인 것이다.

툴가는 스무 살에 혼인하였다고 하니, 이른 나이에 장가간 셈이다. 몽골에서는 이쯤의 나이가 혼인 적령기라고 한다. 혼인한 툴가 부부는 갓 태어난 아들을 부모님께 맡겨두고 한국으로 돈벌이를 나섰는데, 우리나라의 의정부 지역에서 7년간 살았다고 한다. 한국으로 돈 벌러 온 외국인들이 다 그렇듯이 부부는 고생깨나 한 모양이다.

그렇지만 이들은 악착같이 돈을 모았고, 한국에서 벌어온 돈으로 울란바타르에 집도 장만하고 가게도 마련했다고 한다. 그래서 힘들었던 한국 생활이 보람되었다고 말한다. 울란바타르 시내의 시장에는 이들의 가방가게가 있는데, 장사가 신통치 않을 때면 지금처럼 한국인을 상대로 가이드를 한다. 이렇게 가이드를 하기 위해서는 차량이 필수적이어서 비록 중고이기는 해도 일제 랜드크루저도 장만하였다는 것이다.

툴가의 이야기를 듣고 있으면, 그가 얼마나 적극적으로 인생을 살고 있는지 짐작할 수 있다. 몽골의 제조업은 아직까지는 수준이 낮아서 가게에서 팔 가방을 중국 베이징에서 수입하는데, 툴가가 기차를 타고 직접 베이징에 가서 가방을 사다가 몽골에서 판다고 하니 규모는 작아도 이것은 엄연히 국제 무역이다.

툴가는 어지간한 한국어는 다 알아듣고 한국 문화에 대해서도 속속들이 잘 알고 있다. 처음 한국에 갔을 때는 김치가 너무 매웠지만, 지금은 김치가 그립다고 너스레를 떨 줄도 안다. 또한 한국에서는 술집도 곧잘 드나들었다고 한다. 한국 문화를 잘 알고 있다는 툴가의 말에 그가 더욱 친근하게 느껴진다. 우리가 외국인의 관점에서는 오해를 살만한 일을 저질러도, 툴가는 너그럽게 이해하고 넘어가 줄 것 같기 때문이다. 우리와 열흘 가까이 함께 돌아다닐 사람인데, 우리의 행동이 외국인의 눈에는 낯설게 보이기 마련이겠지만, 툴가는 우리를 잘 이해해 줄 것 같다. 더욱이 툴가는 마음씨가 좋아 보이는 몽골의 아저씨가 아닌가.

툴가는 아들 둘에 딸 하나를 두었다. 큰아들은 스물일곱 살이며 이미 장가가서 자식을 둘이나 낳았다고 하니, 사십 대 중반인 툴가는 이미 할아버지인 셈이다. 서른이 넘어도 혼인할 생각을 하지 않는 한국인들과 비교하여 이들은 스무 살 내외에서 결혼한다고 하니, 퍽 부럽다. 스무 살이면 남자구실을 하기에 부족하지 않은 나이이니, 일찍 결혼하여 가정을 꾸리는 것에 나는 적극 찬성한다.

그렇지만 한국은 한국 나름의 어려움도 많다. 학교를 졸업했어도 직장이 마땅치 않고, 집값도 터무니없이 비싸서, 이런저런 경제적 여건들을 생각하다 자꾸 나이만 먹게 된다. 어찌어찌하여 결혼했어도 아이를 낳으면 양육이 문제다. 맞벌이부부가 아기를 키우기란 여간 고단한 일이 아니다. 그러고 보면 한국은 껍데기는 화려해도 알맹이는 몽골보다 훨씬 팍팍한 사회이다.

* * *

울란바타르를 떠나 한 시간 남짓, 돈드고비 아이막의 만달고비에 이른다. 돈드고비는 '중간 고비'라는 의미이다. 그렇지만 이곳은 고비 중에서도 가장 북쪽에 위치한 아이막이다.

초원을 지나 도시에 들어왔으므로 분위기는 확연히 다르다. 만달고비는 돈드고비 아이막의 주도이다. 그러니 큰 도시답게 높은 건물들이 들어서 있고 여러 관공서도 있다. 만달고비에 들른 이유는 슈퍼마켓에서 우리가 사막을 떠돌며 먹을 간단한 요깃거리와 물을 사고, 침낭을 빌리기 위해서이다.

차에서 내리니 한여름이건만 부슬부슬 비가 내리고 바람까지 불어 반소매로는 썰렁하게 느껴진다. 몽골에서는, 특히 사막에서는 낮과 밤의 기온 차가 심하여 침낭이 꼭 필요하다고 한다.

슈퍼마켓에는 낯익은 한국 상품들이 많이 진열되어 있다. 한국의 라면이나 소주는 물론이고, 이름을 대면 누구나 알 수 있는 과자도 많이 보인다. 우리나라 상품은 수입품이니 몽골에서는 당연히 비싸다. 몽골에서 생산된 물건은 우리가 써보지 않아서 제품의 질을 알 수 없으므로 눈에 익은 한국산 물건들을 장바구니 담는다. 자잘한 간식거리도 담는다. 생수라거나 조리용품은 어쩔 수 없이 몽골 제품을 사야 하는데, 이 나라에서 만든 물건도 몽골 국민의 소득 수준과 비교한다면 비싼 편이다. 그렇다면 몽골인들도 경제적으로 어려운 상황이란 것을 짐작할 수 있다.

앞으로의 여정에 슈퍼마켓은 찾기 힘들 것이고, 슈퍼마켓이 아니면 물건 사기도 어렵다는 툴가의 말에 우리는 욕심껏 바구니를 채운다. 그랬더니 뜻밖에 25만 투그릭이다. 물과 간식 준비에 한국 돈으로 10만 원 가량을 지불한 셈이다. 공항에 도착하여 한국 돈 50만 원을 몽골의 투그릭으로 환전하였다. 이 정도 환전이면 넉넉하리라 생각하였다. 그런데 한 번에 이만큼이나 지출하였으니 투그릭이 부족할 것 같다.

* * *

작은 크기의 몽골 국기도 슈퍼마켓에서 팔아 기념으로 하나를 산다. 몽골의 국기는 내 등짐에 꽂고 다닐 작정이다. 몽골의 국기에는 소욤보가 그려져 있다.

소욤보의 맨 위쪽에는 과거와 현재와 미래를 상징하는 세 갈래 불꽃이 그려져 있다. 불은 생명을 이어가게 해주는 근원이다. 몸을 따뜻하게 해주고 음식을 익혀주는 고마운 존재이다. 이는 과거에서 미래에 이르기까지 몽골이 번창하기를 바라는 의미를 함축하고 있다.

그 아래에는 평화와 번영을 상징하는 해와 달이 그려져 있다. 해는 둥근 모양으로, 달은 초승달 모양으로 형상화하였다. 해는 몽골 신화의 천신天神을 의미하는 텡그리와 마찬가지로 하늘에 대한 상징이기도 하다.

그 아래에는 양쪽에 세로로 길쭉한 사각형이 성벽처럼 두툼하게 그려져 있다. 이는 다른 것보다 훨씬 안정된 굵기이다. 몽골 국민의 정직함과 정의를 뜻한다. 사각형을 위에서 아래로 길게 함으로써 위에서나 아래에서나, 즉 모든 국민이 정직하고 정의롭기를 바라고 있다.

사각기둥의 안쪽, 위와 아래에는 무기를 상징하는 역삼각형 모양이 그려져 있는데, 이는 화살촉을 형상화한 것이다. 위의 역삼각형은 안쪽을 향하는데, 이는 내부의 적을 무찌르는 것을 상징한다. 아래쪽의 역삼각형은 밖의 적을 무찌르고 있다.

또한 그 속에는 수평으로 단결과 힘을 상징하는 네모 모양이 가로로 그려지고, 그 가운데에 태극 문양이 있다. 태극 문양은 양과 음으로 상징되며 남자와 여자를 뜻하기도 한다. 음과 양이 어우러짐으로써 세상은 완전해진다.

상징 체계는 그 사회의 일원이 아니라면 사실은 이해하기가 쉽지 않다. 사회 구성원의 생각을 그들만의 기호로 나타낸 것이기 때문이다. 센덴자빈 돌람은 〈몽골 신화의 형상〉에서 상징 형상에 대하여 '상징 형상의 특징은 실체가 없는 추상적인 것이지만, 형상을 구체적이고 우리가 잘 아는 사물이나 형상으로 대체하여 묘사하는 데 있다'고 하였다. 몽골의 국기인 소욤보의 의미를 새기며 이들이 꿈꾸는 이상 세계를 들여다본 듯하다.

* * *

가도 가도 초원은 끝없이 이어진다. 가끔 산이 나타나기도 하지만 구릉이라고 불러야 할 만큼 높지는 않으며 나무도 자라지 않고 그저 풀로 덮여있을 뿐이다. 산이나 냇물이 길을 막지 않으니 도로는 곧게 뻗어있다. 길은 그 끝이 보이지 않을 만큼 곧게 펼쳐질 때도 있다. 그러나 운전사는 방심하면 큰일 난다. 군데군데 아스팔트가 팬 곳이 갑자기 나타나기 때문에 운전사는 한눈을 팔 수 없다. 그저 똑바로 앞을 바라보고 운전하는 수밖에 없다. 몽골의 겨울은 혹독하게 춥다고 한다. 그러다가 이렇게 여름이 되면 온도가 올라간다. 연중 기온 차가 심한 것이다. 그래서 도로에는 아스팔트에 웅덩이가 많이 보인다.

툴가는 가끔 기지를 발휘하여 포장도로를 벗어나 비포장 길로 빠져나가기도 한다. 비포장 길은 오히려 포장도로보다 더 승차감이 나을 때도 있다. 포장도로의 상태가 워낙 좋지 않으니 툴가가 샛길로 빠져나간 것이다.

길을 가로막는 동물도 있다. 도로 주변의 초원에는 가축들을 방목하는데, 가축들이 도로로 넘나들지 않도록 방책을 설치해둔 것도

아니다. 양 떼는 우리들이 가는 길을 막는다. 한국에서는 좀처럼 볼 수 없는 희한한 풍경이어서 우리는 신기한 눈으로 양 떼를 지켜본다. 운전사 툴가는 몽골에서는 이런 일들이 흔하다면서 양 떼들이 모두 지나갈 때까지 기다려준다.

성질 급한 사람은 자동차의 경적을 울려대며 어서 길을 내놓으라고 다그칠 것이다. 그러나 원래 이곳에는 포장도로가 없었다. 사람이 편하자고 아스팔트를 깔아 길을 만든 것이다. 땅은 사람만의 것이 아니라 동물들의 것이기도 하다. 그러므로 양 떼도 길을 횡단할 권리가 있다.

* * *

한 시간만 차를 타면 몸이 배배 꼬이기 마련인데, 툴가는 그렇지도 않은 모양이다. 오늘 가야 할 목적지가 멀기 때문에 툴가는 마음의 여유가 없는지도 모른다. 그렇지만 우리는 그리 서둘 일이 하나도 없다. 오늘 가다 못 가면 내일 가면 될 일이다. 툴가에게 쉬었다 가자고 했더니 몽골에는 길가에 휴게소가 없다고 한다. 간선 도로인데도 휴게소가 없다는 말에 반신반의하면서도 지나온 길을 생각해보니 정말 그런 것 같다. 여기까지 오면서 그 흔한 커피 장사 한 명 만나질 못했던 것이다. 길가에 과일이나 음식을 파는 허름한 노점상도 없었다. 그러니 휴게소에서 화장실을 다녀오고 커피라도 한 잔 마시고 싶지만 실망스럽기만 하다. 툴가는 우리들의 눈치를 알아차렸는지 조금만 더 가면 어워가 나타날 것이고, 그곳에서 쉬었다 가자고 한다. 조금을 더 달리니 정말 어워가 나타나고 툴가는 차를 세워준다.

어워는 차를 타고 달리다 보면 도로 옆에서 흔히 볼 수 있다. 몽골의 어워는 우리나라의 서낭당처럼 민간신앙의 한 형태이다. 우리나라에서는 예전에 사라진 민간신앙이지만, 몽골에는 비슷한 형태의 어워가 지금까지 남아있다는 것이 흥미롭다. 어워는 길가에 있다는 것과 돌무더기 형태를 이루고 있는 것, 그리고 나무가 세워져있다는 것이 서낭당과 매우 유사하다. 다만 우리나라에서는 살아있는 고목을 중심으로 서낭당이 형성되지만, 나무가 없는 몽골의 초원에서는 인위적으로 기둥을 세웠다는 점이 다르다. 그렇다고는 하지만 서낭당의 위치와 구성은 어워와 일치한다. 서낭당은 당나무가 있고 나무 주변에 천이나 종이를 걸어두기도 했었는데, 어워도 마찬가지로 주

변에 색색의 천을 매달아 놓았다.

예전에 우리나라에는 서낭당이 있었다. 먼 길을 떠나는 사람은 서낭당에 돌을 얹으며 가는 길의 평안을 기원했다. 지금이야 교통이 발달하여 먼 길을 떠나는 여행이 즐거움이고 설렘이지만, 예전에는 걷거나 말을 타고 몇 날 며칠을 여행한다는 것이 결코 쉬운 일은 아니었을 것이다. 고된 여행길에 병을 얻기도 하고, 때로는 도적 떼를 만나 고역을 치르기도 했을 것이다. 여행길에 먹고 자는 것도 지금과는 비교하기 힘든 어려움이 따랐을 것이다. 그러니 길을 떠나는 것이 조심스럽고, 영적인 대상에게 앞길의 무사평안을 기원하고 싶었을 것이다. 이런 기원의 장소가 서낭당이다. 서낭당은 길 떠나는 두려움을 삭혀줄 기원의 장소였다.

그랬던 서낭당이 산업화와 더불어 이제는 우리나라에서 모두 사라져버렸다. 우리의 앞길을 편안하게 해줄 것이라 믿었던 신앙이 미신이라는, 비과학적이라는 이유에서다.

그렇지만 몽골에는 길 떠나는 사람이 치러야 할 풍속이 지금까지 남아있다. 몽골 지역에서 길을 떠난다는 것은 우리네와는 차원이 다르다. 우리는 아무리 멀더라도 한두 시간이면 마을을 만나고 사람도 만날 수 있다. 그러나 광활한 몽골에서는 종일 길을 가더라도 사람을 만나지 못할 수 있다. 그러니 여행하는 사람들이 주변 사람에게서 도움을 받기란 쉬운 일이 아니었을 것이다. 만일 사막에서 물을 구하지 못한다면 죽음으로 이어질 수도 있는 일이며, 삼림 지역에서는 늑대의 밥이 될 수도 있는 일이다. 척박한 지역이기 때문에 겪게 되는 어려움은 한둘이 아니었을 것이다. 그 끝을 알 수 없는 여정을 떠나며 사람들은 걱정이나 두려움을 느꼈을 것이다. 그러니 길을 떠나는 사람은 어워에 무사안녕을 기원하였다. 한성호는 〈몽골, 바람에서 길을 찾다〉에서 어워를 지나는 사람이 치르는 기원의 의식을 다음과 같이 말하고 있다.

> 몽골에서 먼 길을 떠나는 자는 누구나 이 돌탑(어워)을 둥글게 거쳐간다. 길을 떠나기 전 돌탑을 세 번 돌고, 세 번 흰 우유를 뿌리며, 세 번의 안녕을 기원한다.

돌무더기의 가운데에는 나무가 세워지고 주변으로는 하닥이라는 이름의 각종 헝겊이 매달려 바람에 펄럭인다. 어워 주변에는 천만 매단 것이 아니다. 길이라거나 걸음걸이와 연관된 물건들도 놓여있다. 대표적인 것이 신발이다. 그리고 운전하는 것도 길을 가는 행위이기 때문에 자동차 바퀴나 핸들을 가져다 놓기도 한다. 길을 가는데 장애물이었던 목발을 어워에 던져두는 사람도 있다. 그러다 보니 어워는 성스러운 기원의 장소이지만 여러 가지 잡동사니들이 곳곳에 흐트러져 있어서 어수선하다.

기원하는 방법은 어워 주변을 세 바퀴 도는 것이다. 그러나 차를 운전한다면 어떻게 해야 할까. 요즈음에는 차에서 내려 돌지 못할 형편이라면 경적을 세 번 울린다거나 전등을 세 번 깜박인다고 한다. 어워를 그냥 지나치는 것보다는 그렇게라도 기원하고 길을 가는 것이 마음 편하다면 그렇게 하는 수밖에 없을 것이다.

과학과 기술이 발달한 현대에 이르러 인간은 자연을 지배하고 있다고 믿지만, 과연 그럴까. 과거의 현상에 통달하고 현재를 정확하게 파악하며, 미래에 대한 예측도 뛰어나다고는 하지만, 우리가 믿고 있는 그런 것들이 정말로 정확한 믿음일까. 머리카락의 10만분의 1밖에 되지 않는 크기를 바라보는 마이크로의 세계로부터 달을 넘어 화성을 탐색하는 매크로의 세계까지 세상을 속속들이 다 알고 있는 것처럼 현대인들은 자랑하지만, 사실은 알고 있는 것보다 모르는 것이 훨씬 더 많다는 것쯤은 누구나 다 아는 사실이다. 그러니 우리가 자랑하는 과학은 티끌만한 크기의 지식에 불과할 뿐이다.

과학 문명이 발달했다고 자부하는 오늘날의 현대인들이 이럴진대, 과거의 사람들은 어땠을까. 인간은 누구나 천둥이 내려치면 무서워한다. 가문 여름날이면 속수무책 하늘만 바라보고 있어야 하고, 거센 비바람에 하염없이 쓸려 내려가는 지푸라기 같은 인생이었을 것이다. 그러니 비바람과 추위에 맨몸으로 노출되었을 원시인들은 자연이 경외의 대상이었을 것이다. 또한 자신의 약함을 막아줄, 마음을 의지할 대상이 필요하였고 신성을 구체화시켜 나갔을 것이다. 그리고 그것이 점차 종교로 발전해 나갔을 것이다. 그러니 나약한 인간은 신에게 기원하여 신을 기쁘게 해드려야 하고, 신이 노했을 때는 신에게 제물을 바쳐 노여움을 풀어드려야 했다. 제임스 조지 프레이저는 〈황금가지(The golden bough)〉에서 다음처럼 이야기하고 있다.

> 나는 자연의 운행과 사람의 인생을 지시하고 통제한다고 믿는, 인간보다 우월한 힘에 대한 회유 내지 비위 맞추기로 종교를 이해한다. 이렇게 정의할 때, 종교는 이론과 실천의 두 가지 요소, 곧 인간보다 우월한 힘에 대한 믿음과 그 힘을 달래거나 기쁘게 하려는 시도로 구성된다. 만약 종교가 세계를 지배하는 초자연적인 존재에 대한 믿음과 그 존재의 호감을 사려는 시도를 내포한다면, 그것은 명백히 자연의 운행이 어느 정도 탄력적이거나 가변적이라는 것, 그것을 통제하는 힘 있는 존재를 우리가 설득하거나 유도하여 다른 경로로 진행될 사건의 흐름

을 우리에게 유리하게 변화시킬 수 있다는 것을 가정하고 있는 셈이다.

길에도 신이 있다. 길을 가는 사람이 신을 받들지 않으면 신은 노하여 그 사람에게 벌을 준다. 그 벌은 길에서 넘어져 다치게 할 수도 있고, 발병이 나게 할 수도 있으며, 짐승에게 물리게 할 수도 있다. 심하면 길의 신은 사람을 죽일 권한까지 쥐고 있다. 몽골의 길은 특히 길고도 거칠다. 따라서 길의 신을 거스르는 일은 목숨을 내놓아야 할 정도의 대가를 치러야 한다. 그러니 길의 신이 어찌 무섭지 않겠는가.

따라서 길의 신에게 다소곳이 경배드리고 나약한 인간임을 고백하며 도움을 요청해야 한다. 제발 해코지하지 말아달라고 간곡하게 기원해야 하는 것이다. 그것이 몽골의 어워라는 생각이 든다.

길을 떠나는 사람은 가진 것 없는 맨손이다. 그래서 드릴만 한 것이라곤 길가에서 흔히 찾을 수 있는 돌멩이뿐이다. 그리니 돌멩이를 어워에 헌납한다. 미리 하닥을 준비했다면 나무에 천을 묶어 길의 신에게 경배한다는 것을 표현한다.

세상은 논리적으로 계산되지 않는 일들이 너무나 많은데, 신앙이나 종교도 마찬가지인 것 같다. 길에도 신이 있다고 믿는 사람들은 반드시 길의 신을 경배해야 마음이 편하다. 경배하는 행위만으로도 자신의 불안함을 누그러뜨릴 수 있다. 그래야 마음이 편하다면 그렇게 해야 한다.

바람이 거칠다. 불어대는 바람에 어워에 걸린 천 조각이 세차게 나부낀다. 어워를 천천히 세 바퀴 돌면서 이런저런 생각에 잠긴다. 비록 다른 나라의 원시 신앙이고, 미신 같은 행위이지만 그들에게 굳게 뿌리내린 전통이라면 나도 존중한다. 그리고 나는 또다시 길을 나선다.

차창 밖으로 보이는 풍경은 점차 초록빛을 잃어간다. 우리는 점차 사막 지역으로 들어가고 있기 때문이다. 푸른 빛의 풀 대신에 자갈과 돌 투성이인 드넓은 대지가 서서히 모습을 드러낸다. 그러나 사막이라 하여 모래와 자갈만 있는 것은 아니다. 군데군데 한 줌의 풀이 자라고, 양 떼며 말 떼가 그것들을 뜯어먹는다. 가축들이 살아가기에는 좋지 못한 환경이다. 그러나 전혀 못 살 곳도 아니다. 가축이 적으면 게르도 띄엄띄엄 떨어지기 마련이어서 한참을 달려도 어쩌다 겨우 만날 뿐이다.

04

유목민과 차강소브라가

가도 가도 끝이 없을 것 같은 길을 달린다. 처음에는 시원하게 뚫린 평원을 달리며 감탄하기도 하고, 가슴속으로는 후련함을 느낀다. 그러나 그 길이 계속 이어지면 슬슬 지루해지기 시작한다. 점심식사 후에는 나른하게 졸음마저 밀려든다. 일행은 조용히 앉아, 툴가가 틀어준 몽골 가요만 잠자코 듣고 있을 뿐이다. 그러나 그마저도 시들하다. 우리에게는 익숙한 음악이 따로 있기 때문인지, 몽골의 노래는 우리와는 리듬이 다르고, 언어가 달라 받아들이는 느낌도 다르다. 그래서 우리는 소금 맞은 배추처럼 서서히 지쳐간다.

그럴 즈음, 나른한 졸음을 확 깨우듯, 차량은 마침내 포장도로에서 벗어난다. 달란자가드까지 이어지는 간선도로를 벗어나 비포장길로 들어선 것이다. 이제부터는 비포장 길 60킬로미터를 터덜거리며 달려야 오늘의 목표 지점인 차강소브라가에 다다를 수 있다. 아스팔트 길이 조금 편하기는 했지만 비포장이라 하여도 크게 불편하지는 않다. 흔들림이 조금 심해졌을 뿐이다.

그런데 이상하다. 우리는 몽골의 유명한 관광지인 차강소브라가를 찾아가는데, 비포장 길이라는 것이 뜻밖이고, 비포장이라 하여도 도로의 흉내 정도는 내었어야 하는데, 그것도 아니다. 길이 없다. 이정표도 없다. 그렇지만 길이 전혀 없는 것도 아니다.

이를테면 이런 상황이다. '대략 저기쯤에' 차강소브라가가 있다고 하자. 어떤 사람이 차를 끌고서 겨우 그곳을 찾아간다. 그러면 땅에는 그가 지나간 차바퀴 자국이 남는다. 다음 사람은 그곳을 찾아가기가 이제 조금 수월하다. 앞사람이 이미 지나갔으므로 그 길을 따라가면 된다. 그 길이 지름길인지는 아무도 모른다. 그렇지만 앞사람이 지나간 길을 따라가면 확실하게 목표 지점에는 다다를 수 있다. 그렇게 여러 사람이 자꾸 왕래하면 마침내 길이 아닌 것이 길이 된다.

어떤 사람은 앞사람이 지나간 길이 마음에 들지 않을 때도 있다. 그러면 또 다른 길이 새롭게 만들어진다. 이렇게 하여 차강소브라가까지 가는 길은 어디서는 4차선이 되었다가, 때로는 8차선까지 늘어나기도 하고, 가끔 2차선으로 줄어들기도 한다. 이곳에서는 길이 없으면 만들어서 간다. 그러니 우리 앞에는 여러 갈래의 길들이 하나로 모였다가 다시 흩어지기를 어지러이 반복한다.

길은 비포장이므로 먼지가 엄청나게 날린다. 차량이 달리면 그 뒤로 뽀얀 먼지가 크게 일고 꼬리가 길게 따라붙는다. 그래서 차가 지나가면 아무리 먼 거리라 하여도 그것을 쉽게 알아볼 수 있다. 이런 비포장 길을 툴가는 요리조리 핸들을 틀어가면서 야무지게 운전한다. 우리의 몸은 차량의 흔들림에 따라 이리저리 기우뚱거린다.

여기서도 게르를 만나기는 쉽지 않다. 게르를 만나고 또 다른 게르를 만나기까지 그 사이의 거리가 10킬로미터인지 20킬로미터인지 감이 잡히질 않는다. 여기서는 '멀리'와 '가깝게'의 개념은 무의미하다. 킬로미터라는 거리의 단위가 드러내는 구체성과 세밀성은 이미 사라져버린 지 오래다.

한숨 돌리기 위해 가던 길을 멈추고 또다시 어워 앞에 선다. 일부러 몸을 한 바퀴 돌려 주변을 둘러보았더니 거칠 것이 하나 없는 광활한 대지뿐이다. 높은 산도 없다. 시야를 가리는 것이 하나도 없다. 까마득하게 지평선만 나를 넓게 감싸고 있다. 지평선이 마치 널따란 감옥의 담장이라도 되는 것처럼.

여기에서 사는 사람들은 퍽 외로울 것 같다는 생각이 든다. 저쪽 끝이 너무 멀어서 아무리 크게 외친대도 내 얘기를 들어줄 사람도 없거니와 들리지도 않을 것 같다. 설령 그곳에 사람이 사는 것을 알고 있어서 찾아가고 싶어도 여간해서는 마음먹기도 쉽지 않을 것이다. 그러니 이곳에서 산다면 혼자의 세계, 외로움의 세계, 혹은 고독의 세계에 갇혀버리지는 않을까 생각된다. 아무것도 없는 공허의 세계에서 살 것만 같다. 그러므로 설령 저 먼 곳에 사람이 산다고 해도, 어쩌면 나와는 무관하기 때문에 살지 않는다고 생각하는, 역설적인 상상이 머릿속에서 그려진다.

그 끝을 알 수 없는 텅 빈 대지에는 바람이 스치듯 불고, 간간이

모래 먼지가 날린다. 도대체 이 땅에 자갈과 돌을 제외하면 무엇이 있다는 말인가. 이 땅에는 바람만이 대지를 쓰다듬듯 스쳐 지나갈 뿐이다. 나는 이곳 사막의 한가운데에서 '일망무제一望無際'라는 단어를 떠올린다. 이곳은 바다라고 불러도 어울릴 것 같다. 배를 타고 망망대해에 떠서 파도에 흔들리고 있는 듯한 느낌이다. 사막에서 바다를 연상하다니, 이 또한 얼마나 역설적인가. 그래서 고비는 생텍쥐페리가 〈어린 왕자〉에서 그렸듯이 낯선 행성에 온 느낌도 든다. 나는 이렇게 드넓은 사막을 지금까지 본 적도 없고 들어본 적도 없다. 끝이 보이질 않는다.

사람이 사람을 그리워하고, 사람만이 사람을 미워한다지만 그 대상이 까마득히 먼 곳에 있다면 그리워함이나 미워함도 아무런 소용이 없을 것 같다. 싸움을 걸어야 할 상대도, 맞받아쳐내야 할 상대도 없다. 그러니 선악의 구별도 없어지고 음양의 자연 이치도 사라진다. 세상천지와 인연이 모두 끊어진 절대 고독의 상태에서, 양과 음의 대척점이 사라진 상태에서, 꼼짝도 하지 않고 침묵 속에서 그저 미세한 태동을 기다리는 태극의 상태가 이런 것은 아니었을까.

눈물. 눈물은 슬픔의 대명사만은 아니다. 사람들은 기쁠 때도 눈물을 흘리고 외로워도 눈물을 흘린다. 감정의 극한점에 이르면 어떠한 희로애락일지라도 눈물이 되는 것이다. 고비에 서면, 세상에 존재하는 것이라고는 아무것도 없는 고비에 서면, 외로움 때문에 누구라도 저절로 눈물이 날 것만 같다. 그 대상조차 불투명한, 이유를 알 수 없는 '사무치는 외로움'이다.

이런 곳에서 혹시 혼자라면 두렵지 않을까? 그렇지는 않을 것 같다. 사실 우리의 삶에서 거추장스러운 존재는 주변 사람들이다. 우리가 사람과 함께 살아가자면 옆 사람이 싫어하는 짓은 눈치껏 그만두어야 한다. 여러 사람의 무리 속에서는 나름대로 지켜야 할 규칙이 있다. 규칙을 어기면 그 무리에서 배척당한다. 그것이 우리가 살아가는 사회이다.

그런데 이곳 고비처럼 주변에 사람이 없다면 그런 제약들이 사라질 것 같다. 이 사람 저 사람 눈치 볼 필요 없이 놀고 싶으면 놀고, 자고 싶으면 자면 된다. 그리고 먹고 살 만큼만 일하면 된다. 목청껏 노래를 부른다고 흉볼 사람도 없다. 사람이 없으므로 인사치레도 불필요하다. 추우면 옷을 걸치면 되고 더우면 벗어던질 뿐, 멋지게 차려입을 필요도 없다. 즉 도덕이니 규범이니 하는 사회적인 굴레를 벗어던질 수 있는 것이다.

그래서 나를 쳐다보는 사람이 하나도 없다면 로빈슨 크루소처럼 살아도 무방하지 않을까. 이런 곳이라면, 아무도 보는 사람이 없다면 빤쓰 한 장만 달랑 걸치고 살아도 된다. 수염이 덥수룩하게 자라나도 면도할 필요가 없다. 물론 머리카락을 자를 필요도 없다. 그저 자라는 대로 내버려두면 된다. 물건을 교환할 필요가 없으므로, 돈도 필요 없다. 물론 명예라는 허울은 아무런 의미도 없다. 내 멋대로, 내가 하고 싶은 대로 해보는 삶을 바라는 것은 지금까지 살아온 나의 인생이 남들의 눈치를 살피며 살아왔기 때문일 것이다. 나는 가끔 엉뚱하게도 이런 세상을 꿈꾼다. 바로 이런 외딴 사막에 둥지를 꾸린다면 자유인이라고 불러야 하지 않을까. 거미줄 같은 사회적 관습에서 벗어나는 것이 내가 생각하는 자유인이다.

다만 외롭다는 것이 문제다. 나의 마음속에서는 자꾸만 어떤 물체를 찾아 나선다. 하다못해 나무 한 그루라도 있다면 위로가 될 것 같고, 커다란 바위라도 있다면 그것과도 이야기를 나눌 수 있을 것만 같다. 지금까지 남들과 복작거리며 살아왔으므로 갑작스럽게 찾아온 적막이 낯설기 때문일 것이다. 혼자가 아닌, 여러 무리 중의 한 사람으로 살아온 지금까지의 삶으로 자꾸만 회귀하고자 하는 것 같다. 그러니 어워에 펄럭이는 천 조각들조차도 반갑다. 앞서 지나간 행인이 남겨둔 이야기가 어워에 맴돌고 있다가 나에게 펄럭거리며 말을 걸어오기라도 하는 듯한 느낌이다.

* * *

다시 길을 떠난다. 그리고 지나는 길에 우연히 유목민을 만난다. 유목민을 가까이에서 만나는 것은 처음이므로 잠시나마 그들의 삶을 들여다보기 위해 차를 세운다. 이곳에서 만난 유목민은 말을 키우고 있는데, 말의 숫자가 적지 않다. 마침 지하수를 끌어올려 말들에게 물을 먹이고 있어 그 모습을 한참 동안 구경한다. 펌프에서 쏟아지는 물은 맑기도 하려니와 시원한 느낌이다. 이렇게 많은 말들을 한꺼번에 구경하기는 처음이다. 가볍게 부는 바람에 말들은 갈기를 날리며 구유에 머리를 처박은 채 물을 마시고 있다. 어찌나 먹음직스럽게 물을 마셔대는지 목구멍으로 물이 넘어가는 소리까지 들린다. 물이 귀한 사막에서 펌프로 길어올린 물은 동물들에게는 생명수나 마찬가지다.

말들에게도 서열이 있는 모양이다. 힘이 세어 보이는 녀석들이 먼저 물을 마시고, 서열이 밀리는 녀석들은 끄트머리로 밀려난다. 때로는 힘센 녀석이 약한 녀석을 험악하게 몰아붙이기도 한다. 내가 말들에게 너무 가까이 다가갔는지 툴가는 조금 더 떨어지라고 주의를 준다. 말의 뒷발로 채이면 큰일이 벌어지기 때문이다.

말을 돌보는 유목민은 작은 키에 몽골의 전통 복장인 델을 입고 있다. 한여름인데도 델은 소매가 손등을 덮고도 남을 만큼 늘어져 있다. 델은 상의와 하의로 나뉘지 않고 한데 이어져 있다. 마치 두루마기나 서양식 코트처럼 무릎 아래까지 길게 늘어진다. 그리고 가운데 허리 부분에는 넓은 띠를 두른다. 델의 소매가 손을 가릴 정도로 긴 이유는 추위 때문이다. 한겨울에는 긴 소맷자락을 장갑처럼 이용할 수도 있다. 그리고 델이 무릎 아래까지 길이가 늘어지는 것도 같은 이유 때문이다.

전통 복장에 어울리는 신발은 고탈이다. 그러나 고탈은 중요한 의식이 있을 때나 신는 것이고, 평상시에는 이 유목민처럼 가죽 장화를 신는다. 아무래도 가죽 장화가 값이 싸고 활동하기에 편리하기 때문일 것이다.

유목민은 햇볕에 그을려 얼굴이 새카맣다. 그렇지만 가까이에서 보니 키는 작지만 가슴이 벌어져 다부진 몸매다. 거친 사막에서 말을 키우자면 고생은 이만저만이 아니었을 것이다. 길들여지지 않은 말들을 다루자면 어지간히도 힘들었을 것이다. 무리를 벗어난 말을 뒤쫓아야 하고, 올가미를 던져 낚아챈 뒤에는 바둥거리는 녀석을 힘으로 제압해야 했을 것이다. 때로는 거친 말을 달래기도 하고, 아픈

말을 보살필 때도 있었을 것이다. 한겨울이면 추위에 떠는 말들을 바라보며 노심초사 걱정하기도 했을 것이다.

몽골은 예로부터 유목민의 나라였다. 특히 광활한 대지에서 유목생활을 하려면 말은 꼭 필요한 가축이다. 몽골에 오기 전에 몽골에서 유행하는 노래를 찾아보았더니, 단연 〈나의 아버지는 말치기〉라는 노래가 많이 나타났다. 유목민에게는 말을 돌보는 것이 일상으로 흔한 일이기 때문에 노랫말로도 짓지 않았을까 생각한다. 이 노래는 몽골에서 매우 유명한 노래인 듯하다. 툴가에게 이 노래를 들려주었더니 잘 알고 있는 노래라며 흥얼흥얼 따라 부른다. 예전부터 유행하던 몽골의 대표적인 노래라는 것이다. 〈나의 아버지는 말치기〉의 노랫말은 이러하다.

사랑하는 나의 아버지는
말 초지에서 노래를 부르시던 분
그분의 노래를 들으며 자랐는데,

아름다운 목소리를 가진 가수였네.
아버지는 노래하는 사람
나의 아버지는 말치기.

거친 말의 가녀린 머리에
올가미를 던져 잘도 붙잡으시던
사랑하는 나의 아버지는
이름난 가수였네.
아버지는 노래하는 사람
나의 아버지는 말치기.

말발굽 소리로 나를 달래 재워주시던
얼굴이 까맣게 탄 말치기.
장가長歌를 불러 내게 감동을 주시던
아버지는 훌륭한 가수였네.
아버지는 노래하는 사람
나의 아버지는 말치기.

몽골에서 이 노래를 부른 가수는 한 명만이 아니다. 여러 명의 다른 가수가 같은 노래를 불렀다는 것은 대중적인 노래이기 때문일 것이다. 마치 우리나라의 〈돌아와요 부산항에〉나 〈목포의 눈물〉처럼.

이 노래의 영상을 보면 넓은 초원을 배경으로 말이 달리기도 하고, 전통복인 델을 입은 가수가 맑은 음색으로 유려하게 노래를 부른다. 음률이 우리와는 다르고, 다소 느린 가락은 쳐지는 듯한 느낌도 있지만, 잔잔한 슬픔이 노래의 여운으로 깔린다. 몽골과 우리는 문화가 다르지만 애잔한 그리움을 표현하는 것에서는 그리 큰 차이가 없는 것 같다.

사람이 느끼는 희로애락의 감정은 낳은 땅에 따라서, 혹은 먹는 밥에 따라서 달라지는 것이 아니라 보통은 비슷하다. 그렇기 때문에 사랑하는 사람과 헤어지면 슬프고, 헤어졌던 사람을 다시 만나면 행복하다. 즉 희로애락의 감정은 환경에 반드시 얽매이지는 않는 것이 인간의 심리인 것이다. 따라서 언어는 달라도, 무대의 배경은 달라도 말치기인 아버지에 대한 그리움을 표현했다는 것은 누구나 이해할 수 있다.

어머니를 주제로 한 노래는 많다. 어머니의 다정다감, 그리고 부드러움과 포근함은 영원히 잊히지 않을 생명의 시원이기 때문이다. 또한 아버지를 해에 비유한다면 어머니는 달이 되고, 강렬한 해님보다는 은은한 달님이 바라보거나 부르기가 더 쉽기 때문이기도 하다.

그런데 흔치 않게도 이 노래는 어머니가 아닌, 말치기인 아버지에 대한 그리움의 노래다. 그런데 몽골의 노래이기 때문에 아버지는 말치기일 뿐이다. 만일 농촌이었다면 노래의 대상은 농부였을 것이고, 광산 지대였다면 광부일 것이며, 바닷가라면 어부의 노래였을 것이다. 따라서 이 노래는 우리 모두의 아버지, 한 가정을 어깨에 짊어지고 힘겹게 살아가야 하는 가장의 노래에 해당한다고 볼 수도 있을 것이다.

우리가 만난 유목민에게서 이 노래가 떠올랐다는 것은 이 사람이 바로 말치기였기 때문이다. 말치기와 사진을 함께 찍은 기념으로 무언가 보답을 해야 할 것 같은데, 우리는 가진 것이라고는 변변치 못하다. 머뭇거리다가 짐꾸러미 속에 우리나라에서 가져온 소주가 들어있다는 것이 떠오른다. 그래서 짐꾸러미를 뒤져 소주 한 병을 찾아내어 말치기 아저씨에게 건넨다. 아주 소소한 선물이다. 이 사람의 표정을 보았더니 아주 살짝 입가에 미소를 지었다가는 이내 무덤덤한 모습으로 돌아간다. 작은 일에도 호들갑스럽게 감사를 표현하는 섬나라 사람들의 방정맞은 인사법과는 상당히 대조적이다.

* * *

우리는 한 뼘의 땅조차 내 것과 네 것으로 악착같이 가르려고 한다. 그리고 농부라면 손바닥만 한 땅일지언정 놀려서는 안되기 때문에 무언가를 꼭 심는다. 사람이 겨우 다닐 좁은 논두렁에도 콩을 심는다. 한 뼘밖에 되지 않는 울타리에도 해바라기를 심는다. 마당가의 자투리땅에는 뭐라도 심어야 직성이 풀린다. 우리에게 땅은 곡물을 심어야 하는 대상이다. 그것이 농부의 마음가짐이라고 가르친다.

그런데 도시 지역에서는 땅의 용도가 달라진다. 농촌 지역의 땅의 가치가 작물을 심는 것이라면, 도시 지역은 돈벌이 수단으로 변질된다. 그리고 가격도 농촌에 비하여 훨씬 비싸다. 그러니 땅은 한 치도 양보할 수 없는 자산이 된다. 이런 환경에서는 토지는 '모두의 것'이라는 생각이 자리 잡기란 쉽지 않을 것 같다.

그런데 몽골에서는 다르다. 드넓은 초원에서 네 것과 내 것의 경계는 세울 수도 없는 일이고, 설령 경계를 세웠다 해도 지킬 수가 없다. 애초에 땅은 주인이 없었다. 그러므로 네 것 내 것이 아닌 우리 모두의 것이라고 생각하는 이들이 어쩌면 더 바람직하다는 생각을 해본다.

유목민은 풀을 찾아 이동할 뿐, 땅에 대한 소유권을 주장하지는 않는다. 내가 양 떼를 몰고 지나간 자리를 다음 사람이 지나간다 해도 아무런 상관이 없다. 존 K 페어뱅크는 〈동양문화사(East Asia, tradition and transformation)〉에서 유목민의 이동에 대하여 다음과 같이 말하고 있다.

> 유목민의 이동은 맹목적인 방랑이 아니라 계절을 기준으로 하여 이루어졌으니, 양이나 소, 말의 무리를 광활한 평원에 있는 여름 목초지에서 산간 계곡과 같이 좀 더 아늑한 겨울철 목초지로 이동시키는 일을 되풀이하는 것이 보통이었다. 유목민의 기본적인 권리는 경작을 위한 토지 점유가 아니라 목초지를 찾아 이동할 수 있는 권리였다.

유목민에게도 규칙이 있다. 아무렇게나 이동하는 것이 아니다. 이들은 여름에 생활하는 게르와 겨울에 생활하는 게르가 다르다. 길을 가다 보면 담장 형태의 둥그런 둘레를 돌로 쌓은 것을 볼 수 있는데, 사람이 사는 것 같지는 않다. 바로 겨울 야영지여서 여름에는 비워두기 때문이다. 겨울 야영지는 매서운 칼바람을 막아야 하기 때문에 조금 움푹 들어간 곳에 게르를 세운다. 겨울에는 벌판에 풀도 자라지 않기 때문에 겨울 야영지에 잇대어 가축우리를 만들고 가축들은 건초로 겨울을 난다.

그에 비한다면 여름은 가축들에게 풍요로운 계절이다. 여기저기에 싱싱한 풀이 자라서 가축들은 그것을 뜯어 먹으며 이동한다. 유목민도 초지를 찾아 이동하면 그만이다. 그러니 이들에게는 땅이 내 것도 아니고 네 것도 아닌 모두의 것일 뿐이다.

* * *

운전하면서 툴가는 잠시 후에 다다르게 될 차강소그라가에 대하여 말뜻을 설명해 준다. 몽골어 '차강(tsagaan)'은 '하얀'이란 뜻이며, '소브라가(suvraga)'는 '불탑佛塔'이란 의미라고 한다. 즉 '하얀 불탑'이란 뜻인데, 아직 우리가 차강소브라가를 보지 않은 상태에서는 무엇이 하얗다는 것인지, 무엇이 불탑을 닮았다는 것인지는 알 수 없다.

문득, 몽골어인 '차강'이 '하얀'이라는 색깔을 의미한다는 이야기를 듣고 '차강'과 하얀색을 뜻하는 '하양'이 발음에서 많이 닮았다는 생각을 해본다. 몽골어와 한국어의 닮은 점은 자료를 조금만 찾아보면 수두룩하게 드러난다. 언어학적으로 몽골어와 한국어는 어순이 같고 문법에서도 유사하다. 특히 단어의 유사성은 눈여겨볼 점이 많은데, 한국어로 '아비'는 몽골어로 '아바'이고, '어미'는 '에메', 그리고 '물'은 '무어'다. 한국어인 '말'은 몽골어로 '머르'이다. 한국인은 대체적으로 몽골인과 외모도 많이 닮았다. '몽골 반점'으로 드러나는 신체적 유전도 특별하다.

울란바타르와 만달고비에서는 흐리던 하늘이 푸른 얼굴을 드러내기 시작한다. 이리저리 차량과 흔들리며 비포장도로를 달렸더니 피곤이 쌓인다. 그래서 엉덩이가 아파 고쳐 앉기를 여러 번 반복한 후에야 겨우 차강소브라가에 도착한다. 해는 중천을 한참 넘었건만 햇볕이 따갑다. 몽골의 유명한 관광지라고 하여 사람들로 붐빌 것으로 예상했지만 여행객들은 그다지 많지 않다. 차강소브라가를 구경하러 온 사람들이래야 기껏 스무 명 남짓일 것 같다.

여행안내자료에는 차강소브라가를 협곡으로 소개하고 있다. 그러면서 미국의 그랜드 캐니언과 견준다. 그런데 직접 와서 보니 협곡이라는, 비좁고 깊은 계곡이라는 표현은 잘 맞지 않는 것 같다. 차강소브라가의 지형은 드넓은 평지가 각각 두 개의 층으로 이루어져 있는데, 높은 층이 비바람에 깎여 절벽을 이루고 있다. 그러므로 협곡이라기보다는 절벽이라고 해야 옳을 것 같다.

높은 층의 침식은 현재에도 진행되고 있다. 그래서 절벽은 점차 뒤로 밀려나고 있으며, 아래로 깎인 흙은 바람에 날려 어디론가 흩어지고 결국에는 낮은 층이 되어버린다. 아래쪽에는 무너져 내린 흙더미가 군데군데 무덤처럼 흔적이 남아 있다.

주변의 토질은 무른 사암이거나 모래가 섞여 있어 푸석푸석하다. 그래서 땅은 쉽게 부스러진다. 빗물에 의한 침식은 적을지라도 고비의 드센 바람이라면 두 개의 층 사이에 드러난 흙덩어리를 조각하기

에 충분할 것 같다.

급할 것도 없는 바람은 아주 천천히 조각해 나갈 것이다. 또한 퇴적된 지층은 단단한 층과 무른 층이 시루떡처럼 켜를 이루고 있어 깎이는 정도가 다르므로 자연의 조각을 더 멋지게 만들어줄 것이다. 드물게 비가 내리면 좁은 틈 사이로 빗물이 폭포처럼 흘러내릴 것이다. 그러면 예리한 칼로 조각하듯이 차강소브라가는 새롭게 모습을 바꿀 것이다.

위에서 바라보는 것보다는 아래에서 구경하는 것이 나을 것 같아서 조심스럽게 밑으로 내려간다. 깎인 절벽의 면은 저녁 햇빛에 하얀 색깔이다. 모양은 동상을 닮은 것 같기도 하고, 집을 닮은 것 같기도 하다. 또는 오래된 유적처럼 보이기도 한다. 아래에서 바라보는 형태가 하얀 불탑처럼 보이기도 하므로, 왜 차강소브라가라는 이

름을 붙였는지 알 수 있다. 인간이 만드는 작품보다는 자연의 손길이 만든 작품이 더 위대하다. 차강소브라가는 빗물이 깎고 바람이 다듬은 자연의 예술 작품이다.

그렇지만 차강소브라가의 규모는 예상했던 것보다는 작다. 높이는 60미터이며, 너비는 400미터 정도이다. 둘레를 한 바퀴 돌아보는데 30분 남짓 소요된다. 자연의 멋진 예술품을 구경했다고는 하지만 약간은 아쉽다. 이것을 보기 위해 아침 일찍 울란바타르를 떠나, 하루 종일 털털거리며 차를 타고 여기까지 왔나 싶게 허탈한 기분이다.

05

처음으로 게르에 묵다

차강소브라가를 둘러보는 것으로 오늘의 일정은 끝이다. 이제 오늘 남은 일은 주변에 있다는 숙소를 찾아가 짐을 풀고 잠을 자는 것이다.

차강소브라가를 보기 위해 울란바타르에서 여기까지 410킬로미터를 달려왔다고 생각하니 터무니없다는 생각이 든다. 그렇지만 울란바타르를 떠나 몽골의 가장 남쪽인 음느고비 아이막의 달란자가드까지는 거리가 멀어 하루에 다다르기 어려운 거리이므로, 중간에서 한번 쉬어가는 셈으로 치면 그나마 마음이 편할 듯하다. 우리가 돌아다니며 구경하기로 작정한 곳은 고비 사막이다. 그러므로 오늘 구경한 차강소브라가나 욜린암은 덤이라고 생각하면 그나마 서운함은 줄어들 것 같다. 거칠고 황량한 사막을 여행하며 뜻하지 않게 생긴 구경거리였다고, 차강소브라가는 덤이었다고 서운한 마음을 다독인다.

우리의 랜드크루저는 8인승이지만 짐을 싣기 위하여 뒷자리는 접어두었으므로, 실제로는 다섯 사람이 탈 수 있는 승용차다. 앞쪽에는 운전석과 조수석이 있다. 그리고 뒤쪽은 3인용 의자가 놓여있다. 다른 차량에 비하여 랜드크루저가 그나마 넓은 편이라고는 하지만 뒤쪽에 남자 세 명이 앉기에는 비좁다. 가까운 거리라면 그나마 버티겠지만 온종일 차를 타고 이동해야 한다면 얘기는 달라진다. 그래서 앞쪽의 넓고 편안한 조수석을 번갈아 앉기로 한다. 돌아가는 주기는 한나절이다. 그리고 순번은 나이순으로 정한다. 이렇게 정하고 보니 내가 꼴찌이므로, 앞쪽에 앉으려면 세 번의 한나절이 지나가야 한다. 그러려면 내일 오후나 되어야 앞자리는 내 차지가 될 것이다. 그때까지 나는 털털거리는 승용차 안에서 내 순번이 돌아오기를 기다리며 짐짝처럼 이리저리 굴러다녀야 한다.

차강소브라가에서 게르 캠프를 찾아가는 길도 비포장도로다. 또한 이정표도 없다. 그저 앞사람이 지나간 차바퀴의 흔적이 우리가 따라가야 할 길일 뿐이다. 그렇지만 앞서간 차들이 한 곳으만 지나간 것은 아니다. 가끔은 전혀 다른 방향으로 향하고 있으므로 어떤 것이 바른지는 아무도 모른다. 그저 이 길이 맞을 것이라고 추측하며 달리는 수밖에 없다. 가는 길이 설령 틀렸다면 되돌아오면 될 뿐이다.

이런 사막은 경험자만 통행할 수 있을 것 같다. 낯선 사람은 길도, 이정표도 없는 이곳이 꽤 당황스러울 것 같다. 툴가에게 이곳을 자주 오느냐고 물었더니 2년 전인가, 3년 전에 왔었다고 한다. 그만큼 툴가도 낯선 길이다. 그렇지만 툴가가 누구인가. 몽골인이며 우리의 가이드가 아닌가. 툴가는 용감하게 길을 잘도 찾아서 운전한다. 그의 핏속에 흐르는 유목민의 기질이 우리에게는 든든한 이정표인 셈이다.

오늘부터 우리는 앞으로 남은 일정 동안 계속 게르 캠프에 묵게 된다. 그런데 툴가가 캠프의 위치를 당연히 알고 있을 줄 알았는데, 그렇지 않은 모양이다. 툴가는 운전하랴, 캠프를 찾으랴 고개를 빼고 이리저리 둘러보느라 바쁘다. 캠프에 전화해 보면 어떻겠느냐고 했더니, 그곳에는 전화가 없다고 대답한다.

그러다가 지나가는 길가에 어떤 유목민의 게르가 있어 차를 세우고 길을 묻는다. 주인은 무성의하게 '저기쯤'에 있을 것이라고 건성으로 말하고 돌아선다. 툴가는 알았다고 대답하고 다시 길을 찾아 나서는데, 사막을 아무리 달려도 우리가 묵을 게르 캠프는 보이지 않는다. 툴가를 너무 믿은 우리가 잘못일까. 그렇지만 설령 툴가가 캠프의 위치를 모른다 해도 우리는 뾰족한 방법이 없다. 그저 툴가를 믿고 의지하는 수밖에 없다. 저쯤일까 기대하고 달려가지만, 여전히 캠프는 보이지 않는다.

이쯤 되면 슬슬 걱정이 밀려오기 시작한다. 이제 해는 서편으로 많이 기울었다. 차 안에서는 모두가 목을 빼고 사방을 기웃거리며 게르 캠프를 찾아본다. 그러나 게르 캠프도 드물 뿐만 아니라 겨우 찾아내도 툴가는 그곳은 아니라고 고개를 내두른다. 사막에서 오늘 저녁을 지낼 게르 캠프를 찾는 것이 마치 서울에서 김 서방 찾기다.

차 안에는 불안감이 징그러운 벌레처럼 스멀스멀 기어다닌다. 툴가는 때로는 길을 잘못 들어왔다며 후진하기도 한다. 그러다가 차량은 곤두박질칠 듯이 급하게 멈추어 서기도 한다. 길의 흔적이 끊길 때도 있다. 갑자기 도랑을 만나기도 한다. 사막에 비가 내리면 평지에도 물길이 만들어지고 도랑처럼 움푹 패는데, 그것이 길을 끊어버린 것이다. 우리 차량이 거기에 처박힐 듯 위태롭게 멈춰 설 때도 있다. 그럴 때면 툴가는 핸들을 급히 돌려 겨우 위기를 면하곤 한다. 그럴 때마다 우리는 몸이 꺾어질 듯 한쪽으로 쏠리고, 머리카락은 쭈뼛거리며 선다. 그리고 움켜쥔 손에서는 진땀이 난다.

* * *

해는 뉘엿뉘엿 서쪽으로 더 기운다. 그러기를 한 시간쯤이나 하였을까. 저기다. 툴가는 반가움에 큰 소리로 외친다. 가까스로 게르캠프를 찾은 것이다. 그러나 내 눈에는 여전히 지평선만 보일 뿐이다. 그런데도 툴가는 우리가 묵게 될 캠프를 찾았다는 것이다. 반신반의하면서 더 가까이 가자, 그제야 아득히 먼 거리에 캠프가 조금씩 윤곽을 드러낸다. 온전한 게르 캠프의 모습을 보고서야 저절로 안도의 한숨이 나온다. 우여곡절 끝에 겨우 도착하니 우리가 묵을 게르 여남은 동이 모여있다.

몽골인들이 실제 거주하는 게르는 한 채나 혹은 두 채가 모여있지만, 우리가 묵을 게르는 여러 채가 한데 모여있는 일종의 게스트하우스이다. 이곳에서는 이런 형태를 게르 캠프라고 부른다. 줄여서 캠프라고 부르기도 한다.

몽골 고비 사막의 여행자용 캠프는 스무 개 정도의 게르가 줄을 맞추어 세워지고 한 팀마다 게르 한 개씩 배정된다. 툴가는 여행사에서 예약한 캠프가 맞는지 관리인에게 거듭 확인한다. 만약에 그렇지 않다면 정말 낭패다. 넓고 넓은 사막에서 해는 저물어가는데 다시 캠프를 찾아 나서야 하는 것이다.

게르를 이처럼 가까이에서 보기는 처음이다. 하얀색의 두툼한 천막으로 둥그렇게 감싸고 있고, 가운데는 약간 높다. 바깥은 천막을 고정하느라 얼기설기 끈이 조여져 있다. 게르라는 유목민의 주거 형태가 궁금하여 꼼꼼하게 살펴본다.

출입구는 '하그득'으로 불리며 허름하게 나무로 문을 달았는데, 높이가 낮아 고개를 숙여야 한다. 잘못하면 상인방에 이마를 찧을 수 있다. 하그득은 언제나 남쪽에 있다.

우리에게 배정된 게르에 들어서니 빛이 잘 들어오지 않아 안은 침침하다. 그렇지만 조금 지나자, 게르의 내부가 서서히 눈에 들어온다. 내부의 높이는 예상했던 대로 낮다. 둥그런 벽의 높이는 사람의 키 정도에 불과하고, 가운데라 해도 손을 뻗으면 천장이 닿을 듯하다.

게르의 천장 가운데에는 지름이 1미터 정도의 둥그런 구멍이 뚫려 있다. 그곳으로 빛이 들어온다. 게르의 천창天窓이라고 불리는 구멍이다. 물론 천창의 구멍은 채광뿐만 아니라 환기구의 역할도 한다. 천창인 둥그런 테두리를 몽골어로는 '터언'이라고 하는데, 하늘을 신성시하는 몽골인들은 천창도 신성하게 생각한다. 천창은 하늘과 인간을 연결하는 통로의 역할을 하기 때문이다. 그뿐만 아니라 모든 복은 천창을 통해서 들어온다고 믿는다. 그래서 몽골인들은 이사 갈 때도 천창을 가장 높은 자리에 둔다고 한다.

천창에는 '차그탁'이라는 주황색 끈을 매달아 바닥의 중앙에 단단히 묶어둔다. 이렇게 끈으로 묶어두면 사막의 거친 바람으로부터 게르를 온전히 보호할 수 있다.

천창 가운데는 기둥 두 개가 받치고 있다. 이 기둥을 '바흔'이라고 하는데, 집 전체의 무게를 중앙에 집중하여 받쳐주는 역할을 한다. 게르의 내부에 있는 기둥이라고는 바흔밖에 없다.

천창 중심의 둥근 나무 테두리 주변으로 서까래가 방사형으로 펼쳐진다. 서까래를 몽골어로는 '우니'라고 부른다. 천창에서 시작한 서까래는, 벽을 두른 격자 모양의 나무 끄트머리에 생긴 V자 모양의 홈에 걸쳐둔다.

벽의 역할을 하는 것은 접고 펼 수 있는 격자 모양의 나무다. 나무 살의 교차점은 가죽끈으로 연결된다. 몽골어로는 이것을 '한'이라고 한다. 한은 규격화가 되어 있으며, 작은 게르는 4개부터 시작하여 숫자를 늘릴수록 게르는 커진다. 한에는 창문이 없다. 즉, 벽에는 창문이 전혀 없다. 채광이나 환기는 오로지 천창인 터언만을 이용할 뿐이다.

안에는 좁은 1인용 침대 네 개가 벽면을 따라 놓여있다. 그리고 북쪽에는 식탁 한 개와 의자 네 개가 놓여있다. 바닥에는 장판을 깔았다. 게르의 내부는 작기는 하지만 아늑하다. 네 사람이 잠자기에 적당한 크기다.

그런데 내부의 시설은 생각보다 허름하다. 서까래에는 엉성하게 전선을 늘여서 형광등을 달아놓았다. 전선을 이은 곳이 그대로 드러나서 잘못하면 감전될 지경이다. 스위치는 있으나 전등이 들어오지 않는다. 지금은 전기가 끊긴 탓이다. 이곳에서는 외부에서 전기를 끌어다 쓰는 것이 아니라 자가발전을 하는데, 종일 발전할 수는 없고 시간을 정하여 전기를 만든다고 한다. 그래서 날이 더 어두워질 때까지 기다려야 한다. 그마저도 저녁 아홉 시면 발전을 멈춘다니 형광등 불빛에 의지하는 것도 그때까지다. 아홉 시 이후에는 칠흑 같은 어둠 속에 갇혀 지내야 한다. 게르 안에서 콘센트를 찾아보니 아예 없다.

저녁을 먹기 전에 씻기라도 할까 했더니 그마저도 안된단다. 공동으로 이용하는 샤워장이 있기는 하지만 펌프로 지하수를 퍼 올려야 하고, 전기가 없으면 펌프도 돌리지 못한다는 것이다. 이곳에서는 오로지 전기에만 의존하는 생활이다.

그렇다면 전기를 만드는 발전기는 어떻게 생겼을까 궁금해진다. 발전기는 샤워장 근처의 땅바닥에 있는데, 연료로 엔진을 돌려 전기를 얻는 내연력 발전이다. 발전기는 언제 만든 물건인지 매우 낡았고 덕지덕지 녹이 슬었다. 그래서 발전기가 정상적으로 돌아가는지 의심스러울 뿐이다. 전선을 연결하거나 늘여놓은 꼴도 기가 차기는 마찬가지다. 그렇지만 이 발전기나마 있어서 이곳에서는 불을 밝히고 물을 얻을 수 있는 것이라서 귀중한 물건이다.

전등이야 없어도 된다. 전등 대신에 다른 것으로 불을 밝힐 수 있다. 사막일지라도 마른 삭정이는 구할 수 있고, 가축의 배설물을 말리면 훌륭한 땔감이 된다. 아니면 모닥불을 피울 수도 있다. 그러나 물은 다르다. 사막에서 물을 구하기란, 지금처럼 전기를 이용한 펌프가 없다면, 멀리에서 힘들게 길어와야 한다. 그러나 그 거리를 생각하면 물을 구하는 노정은 험난할 게 뻔하다.

* * *

칭기즈칸은 몽골제국의 바탕을 다진 후에 '예케 자사크'라는 성문법을 만들었다. 예케는 '크다'라는 뜻이고, 자사크는 '법'이라는 의미이니, 예케 자사크는 지금으로 친다면 가장 상위법인 헌법 정도가 될 것이다. 그런데 36개조로 이루어진 예케 자사크에는 물과 관련된 조항이 무려 세 개나 된다.

> 제4조, 물과 (불씨가 남아있는) 재에 오줌을 눈 자는 사형에 처한다. 제14조, 물에 직접 손을 담가서는 안 된다. 물을 쓸 때는 반드시 그릇에 담아 써야 한다. 제15조, 옷이 완전히 너덜너덜해질 때까지 빨래해서는 안 된다.

물에 오줌을 누면 그 물은 더러워져서 마실 수 없으므로 모두 버려야 한다. 물이 귀한 몽골에서는 이런 행위가 여러 명이 마실 물을 못 쓰게 만드는 짓이기에 엄청난 죄에 해당하고, 이는 죽음으로써 죗값을 갚아야 마땅하다는 것이다. 물이 풍족한 강가에서 살아온 사람들은 상상하기 어려운 일이겠지만 이곳에서는 물은 곧 목숨이나 마찬가지다. 대야나 양동이에 손을 씻어서도 안 된다. 그렇게 되면 전체의 물을 버려야 한다. 그렇다면 어떻게 써야 할까. 바가지로 물이 쫄쫄 흐르도록 조금씩 따라 쓰라는 것이다. 그래야 최대한 물을 아낄 수 있다.

손을 씻으러 샤워장에 다녀온 김 선생님이 이야기한다. 수도꼭지에서 나오는 물이 감질난다며 "손을 씻으려고 수도꼭지를 돌렸더니 '눈물'을 보태줘야 할 지경"이라고 푸념이다. 저수탱크에 남아있던 물이 수도꼭지로 떨어질 때, 그 꼴이 주삿바늘에서 방울방울 주사액이 떨어지는 정도였을 것이다.

* * *

오늘 저녁은 우리가 손수 밥을 지어 먹어야 한다. 물이 없어서 씻을 수 없다면 차라리 저녁식사 준비하는 것이 더 나을 것 같다. 저녁식사 준비를 하는 중에 날은 점차 어두워지고 마침내 게르에는 흐릿한 밝기의 형광등이 켜진다. 이제 자가발전을 시작한 것이다.

오늘 저녁은 삼겹살 파티다. 이것은 몽골의 여행사에서 제공하는 서비스인데, 삼겹살과 상추는 툴가가 울란바타르에서 차에 실어둔 터였다. 그리고 휴대용 버너와 불판도 준비되어 있다. 여행사에서 싸준 짐꾸러미 속에는 보드카도 한 병이 들어있어 일행은 환호성을 터트린다.

몽골에서는 돼지고기를 구하기란 쉽지 않다고 한다. 소나 양은 방목하는 데 비하여 돼지는 우리에서 키워야 하므로, 이동하며 생활하는 유목민들에게는 돼지 키우기가 만만치 않은 일인 것이다. 특히 돼지가 먹는 것들은 사람이 먹는 것과 같다. 그래서 돼지는 식량이 부족한 지역에서는 키우기가 어려운 가축이다. 그러니 돼지는 정주민에게나 어울리는 가축인 셈이다. 상추와 같은 채소도 몽골에서는 구하기 힘든 재료다. 몽골은 사막기후이고, 초원이라 하여도 상추의 재배에는 적합하지 않기 때문이다. 그래서 상추는 중국에서 수입하거나 특별한 재배 시설에서 키운다고 한다.

몽골의 전통주는 아이락이다. 그런데 몽골인들은 보드카도 즐겨 마신다. 소련과 우호적인 관계를 유지하던 몽골에는 그 영향으로 보드카가 유행하였다. 더욱이 겨울철의 혹한에서는 독한 술이 몸을 따뜻하게 덥혀주기 때문에 몽골인들은 도수가 약한 술보다 보드카를 더 좋아한다.

여기로 오기 전에 우리는 만달고비의 슈퍼마켓을 들렀다. 거기에서 몇 가지 식품도 사두었는데, 그중에는 즉석밥도 있고 양파와 마늘까지 있다. 그제야 우리가 한국에서 준비해 간 고추장과 풋고추가 생각나서 짐을 뒤져보았더니, 없다. 지난밤 울란바타르의 호텔에서 라면을 끓여 먹을 때 반찬 삼아 이것을 꺼냈었는데 잘 보관하자는 생각으로 냉장고 속에 넣었고, 아침에 짐을 꾸릴 때 까맣게 잊어버린 것이다. 아쉽지만 어쩔 수 없는 일이다. 어쨌든 이쯤이면 구색은 갖추어진 밥상이다. 보드카가 부족하면 소주를 마시면 된다. 문제는 상추 씻기다. 물이 귀한 이곳에서 상추를 씻으려면 많은 물이 필요한데 여의찮으니 돈을 주고 산 생수로 대강 씻는 시늉만 한다.

불판에서 삼겹살이 지글지글 익는다. 고기 익은 냄새가 게르 주변으로 번져간다. 노릇하게 잘 구워진 고기 한 점을 상춧잎에 올리고, 마늘과 양파를 얹어, 상추잎으로 감싸서, 입을 집어넣으면, 얼마나 꿀맛인가. 한국인이 가장 즐기는 대표적인 먹거리를 몽골의 사막에서 먹는 호사스러움이라니. 거기에 소주라도 한 잔 곁들여 마신다면 또 어떠한가. 우리는 이렇게 회식 자리 같은 저녁을 먹는다. 종일 차를 타고 돌아다니느라 고생한 것에 대한 보답이다. 그러니 이내 독한 보드카는 동나고 맥주와 소주를 섞어 기세 좋게 술을 마신다.

씻어놓았던 상추를 다 먹어 더 씻어야 한다. 처음에는 상추를 씻는 시늉이라도 내었으나 물도 부족하고 씻기도 귀찮아진다. 그래서 씻지 않고 그냥 먹기로 한다. 다른 사람들도 그러자고 고개를 끄덕인다. 사막에서 하루를 떠돌며 우리는 쉽게도 야생에 길들여진다.

양파나 마늘도 젓가락으로 집기 귀찮으면 손으로 덥석 집어먹는다.

문제는 게르 안이 금세 삼겹살 구운 연기로 자욱해졌다는 것이다. 게르의 천창을 활짝 열어두었고 출입문도 열었지만, 냄새와 연기를 감당하기에는 버거운 것 같다. 또한 삼겹살은 구워 먹기는 좋아도 냄새가 옷에 쉽게 밴다. 그렇다고 바깥으로 나가기도 어렵다. 게르의 안에만 전등이 켜져 있기 때문이다. 날이 완전히 저물면 캄캄할 텐데 바깥에는 외등도 없다. 그렇지만 우리는 위기에서 벗어나야 한다.

하는 수 없이 식탁을 게르 바깥으로 옮긴다. 바깥이 훨씬 시원하다. 실내보다 바깥으로 자리를 옮긴 것은 잘한 일이다. 다만 날이 더 어두워져 침침해질 즈음에 게르 안의 전등 불빛을 이용할 속셈으로 출입구 앞으로 자리를 잡는다. 날은 점차 어두워져 별이 뜬다. 그렇지만 달은 뜨지 않아 여전히 어둡다. 불편하긴 하지만 이것이 우리가 할 수 있는 최선이고, 이 정도는 '낭만'이라고 살짝 둘러댈 수 있을 것 같기도 하다. 몇 잔씩 마신 술에 취기가 서서히 오르면서 마음도 풍선처럼 둥실둥실 떠오른다.

몽골 여행 첫날이 이렇게 지나가고 있다. 여행이라면 볼거리가 무엇인가에 관심을 두게 마련이지만, 이곳 고비에서는 생각을 바꾸어야 할 것 같다. 종일 터덜거리며 차를 타고 이동하여 차강소브라가 하나를 보았다.

그러니 이곳에서는 모래와 바람을 살갗으로 느낀다거나, 풀 냄새를 맡아보는 것도 좋을 것 같다. 때로는 양이나 말의 노린내도 거부하지 말아야 할 것이다. 강렬한 햇볕에 허덕일 때도 있겠지만 그것도 여행의 과정으로 감내해야 할 것이다. 그런 것들을 보고 느끼는 것이 사막을 여행하는 목적이라고 생각해야 한다. 지평선에서 아침 해가 떠오르고, 서쪽 하늘을 온통 물들이며 떨어지는 저녁해도 빠트릴 수 없는 구경거리가 되겠지만 사막에서 느끼는 외로움과 쓸쓸함도 여행자가 느껴야 할 감정이다. 한밤중의 별 무리를 바라보는 것은 얼마나 근사한 경험인가. 또한 어워에 걸려 펄럭이는 헝겊 조각을 바라보며 아득한 옛날의 신화 세계를 느껴보는 것도 좋지 않겠는가. 이런 것을 보고 느끼기 위해 몽골의 고비 여행을 선택했다고 생각하면 그것으로 족하다. 지금처럼 사막의 별빛 아래서 술 한 잔 마신다면 더없는 행복일테고.

* * *

술도 얼큰하게 오르고 라면까지 끓여 먹었으니 배가 부르다. 술자리와 겸한 저녁식사도 파장에 가까워진다. 설거지는 내일 아침으로 미루어 둔다. 핑계는 물이 없다는 것이다.

이제 몸을 씻을 일이 걱정이다. 그렇지만 더는 미룰 수 없어서 작은 손전등을 챙겨들고 샤워장으로 향한다. 땅거미가 내리고 하늘에는 부지런한 초저녁별이 떠있다.

이곳에서는 엔진 발전기를 돌려 전기를 얻는다. 당연히 연료는 기름인데, 그나마 기름이 부족한지 오토바이가 한번 다녀갔다. 기름을 배달하는 아저씨가 타고 온 오토바이이다. 그런데 배달한 기름의 양이 겨우 2리터가 들어갈 것 같은 작은 플라스틱 통 하나였다. 어느 것 하나 넉넉한 것이 없는 게르의 살림살이다. 그러니 발전기가 멈추기 전에 얼른 씻어야 한다.

샤워장은 어설프기만 하다. 화장실과 샤워장이 이어져있는데, 남녀를 구분하여 입구를 달리 낸 것이 그나마 다행이다. 세면기며 샤워꼭지는 시장에서 가장 저렴한 것들만 모아서 설치한 듯하다. 샤워장의 칸막이 안에는 옷걸이가 없어서 벗은 옷을 문의 꼭대기에 걸쳐 놓아야 한다. 그러므로 샤워하느라 물이 튀면 옷이 젖을 것 같다. 그래서 꼭지를 바닥으로 향하게 하려고 하였더니 꼭지를 붙잡는 받침이 고정되어 있어서 그럴 수도 없다. 그러나 그것은 쓸데없는 걱정이었음이 금세 드러난다. 수압이 낮아 꼭지에서 흘러나온 물은 앞으로 뻗지를 못하고 곧바로 바닥으로 뚝뚝 떨어진다. 그나마 다행이라면 따뜻한 온수가 나온다는 것이다.

이 정도의 물로는 씻기도 어려운 상황이다. 몸에 비누칠했다가 물이 끊기기라도 한다면 무슨 꼴이 되겠는가. 이런 난감한 상황을 상상하니 씻어야 하나 말아야 하나 망설여진다. 그렇다고 씻지 않고 잠을 잔다는 것도 찜찜하다. 하는 수 없이 최대한 서두르기로 한다. 그러기 위해서 비누는 칠하지 말아야 한다. 후다닥 물을 끼얹는다. 그러고 나서도 비록 적은 양이지만 물이 계속 흘러나온다. 그제야 여유를 가지고 온몸 구석구석을 다시 씻는다. 머리까지 감고 나니 하루의 피로가 말끔하게 씻겨 내리는 듯하다.

샤워를 마친 후에도 도사리고 있는 걱정거리는 하나가 더 있다. 그것은 세면장에서 게르까지 어떻게 갈 것이냐 하는 문제다. 게르와 세면장 사이는 모래밭이다. 세면장까지는 슬리퍼를 신고 왔다. 깨끗이 씻은 몸이 잠자리까지 그대로 이어졌으면 좋겠는데, 모래 때문에 어려워진 것이다. 어쩔 수 없는 일이다. 조심조심 걸어본다. 그러나 게르에 도착하니 발에는 모래가 덕지덕지 묻어있다. 그냥 쓱쓱 문지르고 견디는 수밖에 없다. 몽골의 사막에서 너무 유난을 떤 것이 죄라면 죄다.

* * *

잠자리에 들기 전에 바깥으로 나가본다. 해는 이미 떨어져 밤이 되었다. 하늘에는 별들이 점차 더 많이 나타난다. 서늘한 기운이다. 다행히 바람은 잦아들었다. 바람이 분다면 약간 한기를 느낄 것 같은 날씨다. 해는 떨어졌어도 지평선으로 이어진 서쪽 하늘에는 구름이 오랫동안 붉게 물들어 있다. 검붉은 핏빛이다.

하루를 쉼 없이 하늘을 내달린 해나, 하루를 쉼 없이 내달려 여기에 이른 나나 피곤하기는 마찬가지일 것이다. 그러면서 지친 해는 각혈하듯 서쪽 하늘을 물들이고 땅속으로 숨었고, 나는 그것을 넋 놓고 바라보고 있다. 저녁놀을 바라본 것이 언제였던가. 그것이 언제쯤인지 기억조차 나질 않는다. 바쁜 일상을 보내면서 나는 저녁해에 눈길을 줄 여유조차 잃은 채 바둥거리며 살아왔다. 어쩌면 쫓기듯 살았다는 것이 더 맞는 표현일지도 모른다. 그러면서 내가 얻은 것은 무엇이었던가. 명예를 얻었던가, 아니면 부를 쌓았던가. 시계추처럼 똑딱거리는 반복된 일상일 뿐 감동이 없는 하루하루였다. 인생을 그렇게 허무하게 살았다. 그리고 그다지 중요하지도 않은 자잘한 일에 정신이 팔려 쓸데없는 일에 힘을 쏟으며 살아오지는 않았던가.

저녁놀은 한국에서도 볼 수 있건만, 마음을 풀어놓으니 몽골의 고비에서 더욱 선명하게 보인다. 해가 진 저녁은 바람이 소슬하니 차갑다. 서쪽 하늘에서 눈을 돌려 하늘의 가운데를 올려다본다. 어둠은 깊어져 하늘은 잿빛으로 변하였고 점점이 하늘에 박힌 별들이 더욱 선명해지고 있다.

* * *

밤이 깊어 게르로 들어와 자리에 누우니 잠자리가 낯설어서인지 쉽게 잠이 오질 않는다. 일행 중에는 이미 깊은 잠에 빠진 분도 있다. 게르의 가운데에 있는 천창으로는 별이 몇 개 보인다. 그러면서 생각은 〈몽골 비사〉에 나타나는 천창으로 이어진다.

〈몽골 비사〉의 시작은 칭기즈칸의 뿌리, 즉 칭기즈칸의 시조에 대해서 말하고 있다. 그런데 칭기즈칸의 시조는 놀랍게도 늑대이다. 그리고 그 늑대의 부인은 사슴이다. 〈몽골 비사〉는 처음을 이렇게 시작한다.

> 지고하신 하늘의 축복으로 태어난 부르테 치노(잿빛 푸른 늑대)가 있었다. 그의 아내는 코아이 마랄(흰 암사슴)이었다. 그들이 텡기스를 건너와 오난 강의 발원인 보르칸 성산에 터를 잡으면서 태어난 것이 바타치 칸이다.

그들이 건넜다는 텡기스는 바다, 혹은 바다처럼 큰물이라는 뜻이다. 이 내용은 큰 호수, 또는 바다를 건넜다는 해석도 가능하지만 텡기스는 고유 명사인 강의 이름으로 해석하는 것이 일반적이다. 그리고 오난 강의 발원이라고 했는데, 오난 강은 현대 몽골 지도에서는 오르혼 강으로 나타난다. 이 강은 몽골의 북동부를 흐르다가 러시아 땅으로 들어간다. 그 오농 강의 발원인 보르칸 성산에 늑대인 부르테 치노와 사슴인 코아이 마랄이 부부가 되어 터를 잡는다. 이들에게서 태어난 첫 번째 인간이 바타치 칸이다.

바타치 칸으로부터 여러 대의 후손들이 이어져 도본 명궁에 이른다. 아마도 도본은 원래의 이름일 것이며 활을 잘 쏘았기 때문에 명궁이라는 특별한 재주가 이름에도 따라붙었을 것이다. 도본 명궁은 알란 미인과 혼인한다. 알란 미인의 이름도 마찬가지로 매우 아름다

웠기 때문에 미인이라는 특징이 이름에 붙었다. 이들 사이에서 부구누테이와 벨구누테이가 태어났다. 그렇지만 도본 명궁은 처자식을 남겨두고 일찍 죽는다.

도본 명궁이 죽은 후에 그의 아내 알란 미인은 남편도 없이 세 아들을 낳았다. 그러자 도본 명궁에게서 태어난 두 아들은 어머니가 없는 데에서 수군거렸다. 어머니가 외간 남자를 만났다고 흉본 것이다. 두 아들의 수군거림은 마침내 어머니 알란 미인의 귀에도 들어간 모양이다. 그러자 알란 미인은 다섯 아들을 나란히 앉혀놓고 화살 한 대씩을 꺾어보라며 나누어 준다. 다섯 아들 모두 화살 한 대는 문제 없이 꺾을 수 있었다. 그러자 이번에는 다섯 개의 화살을 한꺼번에 꺾어보라고 한다. 다섯 아들 중에는 누구도 그것을 꺾을 수가 없었다. 그러면서 알란 미인은 남편 없이 어떻게 아들들을 낳았는지 해명한다.

> 밤마다 밝은 노란색의 사람들이 게르의 천창이나 문 틈새로 빛처럼 들어와 내 배를 문지르고, 그 빛은 내 배로 스며들었다. 달이 지고 해가 뜨는 새벽 무렵에 그것이 나갈 때는 노란 개처럼 기어나갔다.

즉, 아비 없이 태어난 세 아들의 아버지는 모호하게도 '빛'이었다고 주장한다. 실제 세계에서는 믿지 못할 허황된 주장일지도 모른다. 그러나 신화의 세계에서는 이런 주장이 때로는 가능하다.

알란 미인은 다섯 아들 모두 한 배에서 나왔음을 말하고, 다섯 개의 화살처럼 다섯 아들이 하나씩 떨어지면 누구에게든 쉽게 꺾이는, 패배하는 처지가 되지만, 한마음으로 묶이면 누구도 꺾지 못함을 역설한다. 알란 미인은 아비가 누구인지 묻지 말고 자식들끼리 힘을 모으라고 강변한 것이다.

침대에 누우면 천창이 똑바로 보인다. 반쯤 열린 천창으로는 별빛이 보인다. 코 고는 소리가 잔잔하게 들려오는 밤이다. 두툼한 이불을 목까지 끌어올려 덮는다. 알란 미인은 밝은 노란색의 사람이 천창으로 들어왔다고 했다. 밝은 노란색. 어떤 사람이 밝은 노란색을 띨까. 밝으면서도 노랑 빛깔을 띠려면 천상의 기품 있는 신선들일까. 쓸데없는 생각에 몸을 뒤척인다. 혹시 이 밤에 천창으로 어여쁜 아가씨라도 넘어오지 않을지 허황된 기대를 해보며 오늘의 고단한 하루를 마무리한다.

게르의 바깥에서는 지나가는 바람 소리가 아련하게 들려온다. 바람 소리는 마치 자신들의 영역으로 수상쩍은 놈이 들어왔다고 투덜거리는 듯하다.

06

흉노, 중원을 넘보다

아침에 일어나니 한여름이건만 기온이 뚝 떨어져 마치 초가을처럼 서늘하다. 반소매 차림으로는 으슬으슬 추워서 짐 꾸러미 속에서 긴팔을 꺼내 입는다. 낮에는 해가 떠서 기온이 오르지만, 밤이 되면 뚝 떨어진다. 이렇게 일교차가 큰 지역이라면 쉽게 감기에 걸릴 수 있다. 여행하는 동안에 병이라도 난다면 큰일이다. 그러니 건강에도 신경을 써야 할 것 같다. 일행 중에는 일찍 일어나 산책을 다녀온 분도 있다. 사막에서 산책이라니. 왠지 어울리지 않는 것 같다.

오늘 일정은 차강소브라가를 떠나 음느고비 아이막에 있는 욜린암을 거쳐 두 번째 캠프에 도착하는 것이다. 캠프는 지난밤을 보낸 것과 같이 게르를 여러 개 세운 것으로 게스트하우스의 역할을 한다. 오늘의 이동 거리는 총 220킬로미터다. 이 중에는 어제와 마찬가지로 비포장 길이 60킬로미터이다. 이동 시간은 서너 시간이 걸린다고 하니 어제보다는 짧아서 그나마 다행이다.

아침에 일어나 바깥으로 나가보니 설거지를 하지 않고 방치해둔 그릇들이 수북하다. 저녁을 먹고 미루어 두었던 그릇들이다. 라면 찌꺼기와 삼겹살을 구워 먹은 흔적들이 어지럽다. 그렇지만 오늘도 설거지할 처지는 아니다. 세수하기에도 부족할 판인데, 설거지할 물이 어디 있겠는가. 물론 우리에게는 어제 슈퍼마켓에서 사둔 식수가 있다. 식수는 몽골 지역이 사막이라서 그런지 용량이 큰 것도 있다. 우리나라에서는 0.5리터나 1리터짜리 용기이지만 이 나라에서는 5리터짜리 대용량도 판다. 우리에게는 5리터 식수가 세 개 정도 있지만, 돈을 주고 산 식수로 설거지를 하기에는 돈이 아깝다는 생각이 든다. 설거지를 하지 않았으니 쓸만한 그릇도 없다. 그러니 라면이나 즉석밥을 가지고 있다고는 하지만 지어 먹을 수도 없다. 차라리 아침은 사 먹기로 결정한다.

다행히 여기에서 가까운 거리에 '솜'이 있다고 한다. 솜은 우리나라의 군에 해당하는 몽골의 행정 단위이다. 아이막이 도 단위라면 솜은 군 단위인 셈이다. 솜 정도의 크기라면 사람도 많이 살고 틀림없이 식당도 있을 것이다. 그래서 서둘러 그릇에 남은 음식 찌꺼기를 비우고 기름기는 휴지로 대충 닦은 뒤에 짐을 꾸린다. 하룻저녁을 보낸 게르를 뒤돌아보니, 불편하기는 하지만 그럭저럭 사람이 살 만한 거주지임을 알 것 같다. 그리고 다시 출발한다.

인근에 식당이 있다고 하여 10분 정도면 도착할 줄 알았다. 가까운 거리인 줄 알았더니 게르에서 식당까지는 족히 30여 분 거리다. 몽골에서는 이웃의 개념이 우리와는 터무니없이 다르다는 것을 이제 알겠다. 땅은 넓은데 사람들이 살지 않으니 옆집이라고 해도 몇 킬로미터씩 떨어져 있기가 다반사인 것이다.

도착한 솜 지역의 길가에는 음식점이 두어 군데가 있다. 우리는 그중에서 한 식당으로 들어간다. 만두를 파는 음식점이다. 허름한 식당의 내부에는 열다섯 명 정도가 앉을 식탁이 마련되어 있다. 우리보다 앞서 자리를 차지한 손님들이 새로 들어온 우리를 유심히 쳐다본다. 우리는 자리를 차지하고 앉아서 이 식당의 주된 음식인 만둣국을 주문한다.

앞선 손님들은 몇 가족이 나들이하는 모양이다. 할머니와 할아버지 예닐곱 명이다. 이들은 나들이 전에 아침식사를 하려고 주문한 음식을 기다리는 눈치다. 그런데 할아버지들은 한결같이 배가 나왔고 거동도 약간 불편해 보인다. 우리도 이들을 살펴보고 있지만, 이들도 우리가 외국인이라서 그러는지 우리의 일거수일투족을 감시하는 듯한 눈빛으로 살핀다.

노인들이 보온병에서 음료를 따라 마신다. 툴가에게 이분들이 마시는 음료가 무엇이냐고 물었더니 수태차라고 대답한다. 수태차는 몽골의 대표 음료라고 들었다. 그렇지 않아도 마셔보고 싶었는데 아직까지 기회가 없었다. 궁금해하는 우리들의 눈치를 알았는지 할머니 한 분이 내게 한 잔을 따라준다. 그제서야 우리 일행은 용기를 내어 모두가 할머니에게 빈 잔을 내민다. 우리는 이분들이 수태차를 집에서 가져온 것으로 알았는데, 여기서 파는 것이라는 얘기를 듣고 공짜로 얻어 마신 일이 민망하기만 하다. 사서 드시는 것을 우리는

눈치도 없이 나눠달라고 한 셈이다. 그래서 우리도 한 병을 더 주문하여 노인들에게 보답한다.

수태차는 우유에 찻잎과 소금을 넣고 끓인 음료다. 한 모금을 마시니 맛이 훌륭하다. 짭짤하면서도 찻잎 냄새가 어우러진 우유의 고소함이 입안으로 가득 느껴진다. 무엇보다 따뜻해서 좋다. 계절이 여름이긴 하지만 아침에는 썰렁한 탓이다. 그래서 일행은 만둣국을 먹기 전에 거푸 두 잔씩 수태차를 마신다.

우리가 주문한 만둣국도 나온다. 만둣국 이외에 다른 반찬은 아무것도 없다. 우리는 단품 요리가 익숙하지 않은 한국인이다. 우리나라에서는 무슨 음식을 주문하건 간에 김치 정도는 나오고 단무지도 곁들여 차려지지만, 이곳에서는 야박하게 주문한 음식만 달랑 내주고 만다. 거기에 수저 하나만 밥상 위에 얹어진다.

만두의 속은 양고기로만 채워져 있다. 채소라거나 당면 같은 재료는 하나도 없다. 오로지 양고기로만 푸짐하게 꽉 채웠을 뿐이다.

국물도 양의 뼈를 고아서 만든 것 같다. 그리고 고명으로 얹은 것도 양고기 편육이다. 처음 만둣국을 받아들고는 푸짐한 고기 인심에 마음이 흡족해진다. 그러나 두어 번 숟가락으로 떠먹어보니 느끼해서 입맛이 가셔버린다. 이럴 때 딱 필요한 것이 채소라거나 김치인데, 이곳에서 그것을 바라는 것은 연목구어나 마찬가지다. 꾹 참고 먹어보지만, 그릇을 다 비우지 못하고 음식을 남긴다.

몽골 사람 툴가는 다르다. 아침식사가 그의 식성에 맞는지 만족스러운 표정이다. 그렇지만 우리에게는 있어야 할 것이 빠진 것만 같다. 툴가는 우리들의 불만을 에둘러서 '동물은 풀을 먹어야 하고, 사람은 고기를 먹어야.' 한다며 우쭐댄다.

* * *

아침도 먹었으니 이제 다시 출발이다. 음느고비 아이막의 주도인 달란자가드 가까이에 욜린암이 있다. 울란바타르에서 달란자가드까지는 몽골의 간선도로다. 길은 곧아서 끝이 보이지 않을 것처럼 아득히 멀다.

차창으로 내다보이는 도로 양편은 분위기가 조금씩 달라져, 이쯤에서는 울란바타르와 전혀 딴 세상이다. 남쪽으로 내려올수록 사막에는 풀이 드물다. 그렇다고 완전한 황무지도 아니다. 한 움큼씩 풀이 자라고, 그것을 양이나 소 떼가 뜯어먹고 있다. 풀이 많지 않으니 방목하는 가축들도 드물어진다. 사막이라 하여도 같은 사막이 아니다. 돈드고비 아이막과 음느고비 아이막은 같은 고비라는 이름이 붙었지만 약간 다르다. 돈드고비에서는 사막이라고 하기보다는 풀이 많아 초원에 가까웠다. 그러나 음느고비 아이막은 풀이 듬성듬성 자라고 자갈이 더 많이 보인다. 울란바타르에서 음느고비까지 우리가 지나온 거리도 만만치 않은 길이다. 그러니 환경이 변하는 것도 당연하다.

몽골에서 살아보지 않았으니, 이 지역의 세세한 기후나 자연환경은 알 수 없다. 다만 긴 겨울에는 혹독한 추위가 밀어닥쳐 온 세상을 꽁꽁 얼게 한다는 것, 그리고 봄철이면 바람이 많이 불어 고원의 모래바람이 극성스럽다는 것, 여름이면 그나마 풀이 돋고 꽃이 핀다는 것 정도이다. 특히 겨울은 길고 엄청나게 춥다고 들었다. 그러나 이런 자연환경은 내가 사는 지역이 아니면 가늠하기란 쉽지 않다.

특히 이곳의 겨울은 우리가 겪어보지 못한 혹독한 추위라고 하였다. 황량하게 펼쳐진 사막이나 초원에는 바람도 매우 거칠고, 고비의 거친 바람은 초봄에 황사를 일으키며, 바람을 타고 우리나라까지 먼지바람을 실어 나른다. 이렇게 황량한 기후에서 이들이 선택한 삶의 방식은 유목이다. 존 K 페어뱅크는 〈동양문화사(East Asia, tradition and transformation)〉에서 몽골의 유목민과 관련한 경제적인 측면과 이들의 생존 방식에 대하여 다음과 같이 설명하고 있다.

> 유목민이나 반유목민은 모두 축적된 자원이 없었기 때문에, 교역의 증대를 원하였을 뿐만 아니라 군사적 팽창에 대한 유혹을 주기적으로 받지 않을 수 없었다. 유목민들은 오랜 옛날부터 가난한 사람들이어서, 인구가 밀집된 농경 지역의 사람들에

비해 언제나 빈궁하였다.

생산의 손실이 없이는 농지를 떠날 수 없었던 농경민과는 달리, 초원에서 목축과 수렵 생활로 살아가는 사람들은 언제나 신속하게 동원될 수 있었다. 어렸을 때부터 그들은 말의 안장 위에서 생활하였다. 그들의 힘은 가축을 보호하거나 사냥할 짐승을 추적하는 일에서, 적을 무찌르는 일로 순간적으로 전환될 수 있었다.

몽골인들은 기후 등의 환경적인 이유로 인하여 어쩔 수 없이 유목생활을 하였고, 이들에게 자원의 축적은 어려웠다. 이들이 유목으로 얻을 수 있는 것은 한정되어 있었고, 물자는 대부분 부족하였다. 따라서 부족한 자원을 얻기 위해서는 정주민과 지속적으로 교역해야 했다. 그러나 정주민이 교역 조건을 까다롭게 내세울 수도 있었다. 그렇다면 유목 민족의 대응 방식은 무력의 동원, 즉 전쟁을 통한 약탈의 유혹을 받게 되었다. 더구나 유목민의 대표적인 이동 수단인 말은 빠르고 강력한 군사력에 동원될 수 있었다. 그런데 유목민이 정주민을 공격하는 것은 결코 일회성으로 그칠 일이 아니었다. 오늘 약탈한 물건이 1년 후에도 여전히 남아있는 것이 아니라 소진하게 되고, 그러면 또다시 필요해졌다. 그러니 몽골로 대표되는 유목민들은 중국으로 대표되는 정주민을 침략하고 약탈하는 것이 역사가 되어버린 것이다.

* * *

울란바타르 시내를 지나며, 훈누(Hunnu)라고 쓰인 간판이 있어서 눈여겨 봐두었다. 몽골의 항공사 이름에도 훈누 항공이 있다. 훈누는 우리가 훈족이라고 불리는 종족일 것이라고 생각은 했다. 그래서 툴가에게 훈누에 대하여 질문해 본다. 툴가는 몽골의 역사 시간에 훈누에 대하여 배운다고 대답한다. 그리고 그의 대답에서는 훈누에 대한 자긍심마저 느껴진다.

훈누의 한자 표기는 흉노匈奴가 된다. 우리 역사에서도 등장하는 흉노가 툴가가 말하는 훈누인 것이다. 나중에 훈누는 서쪽으로 이동하여 동유럽 지역을 차지하는데, 이들이 바로 유럽을 공포에 몰아넣었던 훈족이다. 물론 훈족은 북방 유목민의 피와 유럽인의 피가 섞였을 것이다. 고고학계에서는 흉노는 몽골계가 아닌 튀르크계라는 학설이 지배적이다. 따라서 훈누와 몽골인이 같다고는 볼 수 없다. 몽골 지역을 스쳐간 민족은 다양한데, 그중 하나가 훈누였다.

훈누는 지금의 몽골 지역인 중국 북쪽 지역에서 기원전 4세기경부터 기원후 1세기 무렵까지 살았던 민족이다. 즉 몽골의 초원 지역을 다스리던 유목 제국의 이름이다. 훈누를 중국에서는 한자로 나타내기를 흉노라고 하였다. 흉노라는 한자의 흉匈은 오랑캐라는 뜻인데, 떠들썩하고 말이 수선스러울 때 쓰는 표현이다, 노奴는 종이나 노예, 혹은 포로를 뜻한다. 즉 흉노는 훈누를 비하하고 멸시하는 표현이다. 중국은 오래전부터 중화 민족이 아닌 변방에 살았던 민족을 업신여겼는데, 중국과 적대적인 관계였던 북방 민족인 훈누에 대해서는 특히 심하였다.

유목민인 흉노는 정주민이었던 중국과는 삶의 방식이 전혀 달랐다. 뿐만 아니라 중국은 이들에게 혹독하게 시달렸다. 중국으로서는 그칠 줄 모르는 시련이었다. 그러니 북방 민족의 침입을 막는 것에 정주민이었던 중국은 사활을 걸게 된다. 또한 그들을 막기 위해 중국에서는 북방에 성을 쌓기 시작하는데, 진시황은 흉노를 토벌하고, 개별적으로 쌓았던 성을 서로 연결하여 띠처럼 길게 연결하였으니, 간쑤성(甘肅省)에서 랴오뚱(遼東)에 이르는 장성長成이 되었다. 이것이 우리에게 잘 알려진 만리장성萬里長城이다.

훈누의 전성기에는 동쪽으로는 시베리아의 남부에서 중국의 내몽골 자치구와 만주까지 그 세력이 이어졌고, 서쪽으로는 중국의 간쑤성, 신장웨이우얼자치구에 이르기까지 그 강역이 중국보다 더 넓었던 제국이다. 그리고 그 세력은 중국을 포위하여 짓누르듯 길고 두터웠다. 따라서 흉노는 중국 한漢나라와 군사적 충돌을 피할 수 없었다. 이 때문에 두 제국은 조공무역이나 결혼 동맹 등의 복잡한 관계를 이어갔다.

실제로 중국에서는 이들을 달래기 위하여 많은 공물을 보냈다는 기록이 남아있다. 한나라의 고조高祖 유방은 중원을 통일한 후에 흉노와 여러 차례 전쟁을 치렀고, 번번이 패배하였다. 오죽했으면 고조는 '흉노와는 전쟁하지 말라'는 유언을 남겼을까. 중국으로서는 그들이 힘에 부치는 적대 세력이었다. 따라서 중국에서 흉노를 비하한 이면을 들여다보면, 흉노가 두려웠던 존재임을 반어적으로 나타낸 표현이었다.

한나라와 흉노의 관계는 둘 사이에 맺은 화친 조약을 통해서도 알 수 있다. 화친 조약을 살펴보면, 다음과 같다. 첫째, 한나라는 공주를 흉노의 선우單于에게 시집보낸다. 둘째, 한나라는 매년 술과 비단, 곡물을 포함한 공물을 흉노에게 바친다. 셋째, 한과 흉노는 형제의 맹약을 맺는다. 넷째, 만리장성을 경계로 양국이 서로 상대의 영토를 침범하지 않는다. 이 내용으로 볼 때 한나라가 흉노에게 굴종적인 자세였음을 누구라도 알 수 있다. 역사에서는 흉노를 한없이 비하하였건만 사실은 한나라가 흉노의 기세에 눌려 있었던 것이다. 한나라는 화친 조약의 첫째와 둘째 항목을 실천함으로써 셋째와 넷째 항목의 비굴한 평화를 택한 것이다. 이 시기의 중국은 흉노의 속국과 같은 존재였다. 이러한 조약은 상대방의 왕이 변할 때마다 새로운 혼인으로 동맹을 갱신하였다고 한다.

흉노의 황제를 선우라 하였는데, 이는 하늘의 아들이란 뜻이다. 즉 중국식의 표현을 빌리면 천자天子와 마찬가지인 셈이다. 그러나 역사서에 나타난 선우는 흉노의 족장이라고 하였으니, 작은 무리의 우두머리쯤으로 격을 낮추어 나타내고 있다. 역사적으로 흉노는 한나라와 대등하거나 우월한 집단이었는데도 말이다.

땅의 크기로 나라의 강소를 따지기에는 무리가 있다. 하지만 고대의 지도를 보면 한나라보다 흉노의 강역이 훨씬 넓다. 또한 흉노는 실질적으로도 중국보다 힘이 센 집단이었다. 그러므로 중국 한나라의 우두머리를 황제라고 한다면, 흉노의 선우도 족장이란 칭호 대신에 황제라고 칭하여야 마땅하다.

* * *

흉노의 강성함을 간접적으로 드러낸 중국의 시문이 있다. 바로 왕소군王昭君에 대한 시이다. '봄은 왔으나 봄 같지 않다'라는 글귀는 우리에게도 낯익은 표현이다. 왕소군은 본래 한나라 원제元帝의 궁녀였다. 미모가 빼어나 중국인들은 서시, 양귀비, 우희와 더불어 왕소군을 중국의 4대 미녀라고 평한다.

기원전 1세기 무렵, 한나라가 흉노에게 공주를 바친다는 화친 조약에 따라 궁인이었던 왕소군은 흉노의 호한야呼韓耶 선우에게 시집가서 연지가 된다. 연지는 선우의 부인을 일컫는 말로, 선우가 황제라면 연지는 황후인 셈이다. 거기서 왕소군은 호한야 선우와의 사이에서 아들을 낳았다. 이후에 호한야 선우가 죽자, 호한야 선우의 아들인 복주류약제復株棨若鞮 선우의 아내가 되어 또한 딸을 낳았다. 비록 친아들은 아니지만, 왕소군은 남편의 아들에게도 시집을 간 것이다. 유목 민족인 흉노에서는 아들이 아버지의 처첩을 물려받는 것이 관습이었다. 그렇지만 중국의 유교적 관점에서는 도저히 받아들일 수 없는 패륜이었기에, 이것도 왕소군의 비극으로 묘사되고 있다.

원래 한나라의 원제는 흉노에게 보내는 후궁을 선택할 때 초상화 중에서 가장 추한 여성을 선택하였다고 한다. 그런데 초상화를 그린 화공은 뇌물을 주지 않은 왕소군을 가장 보기 흉하게 그렸다. 그런 이유로 왕소군은 흉노의 선우에게 시집가게 된 것이다. 왕소군이 흉노로 떠나기 전, 이별을 알리는 자리에서 원제는 왕소군의 아름다움에 넋을 빼앗기고 말았다. 그러나 왕소군은 어쩔 수 없이 흉노로 떠나야 했다. 이후에 원제는 왕소군을 추하게 그린 화공의 목을 쳤다고 한다.

후일 당나라의 시인이었던 동방규東方虬는 왕소군이 흉노의 선우에게 시집가는 그때의 일을 〈소군원昭君怨〉이란 제목으로 시를 지었다.

漢道方全盛(한도방전성)
朝廷足武臣(조정족무신)
何須薄命妾(하수박명첩)
辛苦事和親(신고사화친)

掩涙辭丹鳳(엄루사단봉)
銜悲向白龍(함비향백룡)
單于浪驚喜(선우랑경희)
無復舊時容(무부구시용)

胡地無花草(호지무화초)
春來不似春(춘래불사춘)
自然衣帶緩(자연의대완)
非是爲腰身(비시위요신)

중국은 나라가 넓고도 커서

조정에는 무신들로 가득하건만
하필이면 박명한 첩에게
화친의 힘든 임무를 감당케 하네.

단봉 땅 하직할 때 눈물이 가로막고
백룡으로 향할 때는 억장이 무너졌건만
선우가 나를 보고 너무나 기뻐하니
옛 시절로 다시 돌아가기는 어렵겠네.

오랑캐 땅엔 꽃도 피지 않으니
봄이 왔건만 봄 같지 않네.
허리띠가 저절로 늘어지니
이는 몸매를 가꾼 탓이 아니라네.

이 시에서 단연 압권은 마지막 부분에 드러난다. '오랑캐 땅엔 화초도 없다'라고 하였다. 몽골 지역은 봄이 되어도 중국처럼 꽃이 화사하게 피지 않는다는 사실적인 표현이기도 하고, 꽃으로 대변되는 행복이라거나 즐거움이 없다는 정서적 의미도 지니고 있다. 흉노와 한나라 사이의 화친 조약에 따라 왕소군은 억지로 흉노의 선우에게 시집을 갔으니 행복했을 리 없을 것이다. 그러므로 희망과 새로움으로 상징되는 봄이 왔지만 '봄 같지 않다'라고 잘라 말하고 있다.

화사하게 꽃이 피는 봄은 사랑의 계절이기도 하다. 그러나 흉노에 묶여있는 왕소군의 처지에서는 사랑을 느낄 계제도 되지 않는다. 왕소군은 흉노에 붙잡혀 답답하고 처량하며 우울한 봄날을 보내고 있다. 그런 왕소군이 시름에 젖어 몸은 점차 야위어 허리띠가 '저절로' 늘어지건만, 남들은 속도 모르고 선우의 환심을 사기 위해 '몸매를 가꾼다'고 오해한다.

흉노로 시집간 왕소군은 그림으로도 많이 그려졌다. 절색이라는 표현에 걸맞게 아름다운 왕소군은 우수에 젖어 먼 곳을 바라보고 있다. 그 먼 곳이란 흉노를 벗어나 중원을 향하는 아련한 눈길일 것이다.

비극적 여인의 상징인 왕소군은 동방규 외에도 이백李伯이 시를 지었다.

昭君拂玉鞍(소군불옥안)
上馬啼紅頰(상마제홍협)
今日漢宮人(금일한궁인)
明朝胡之妾(명조호지첩)

왕소군이 말안장 떨쳐
말을 타니 붉은 두 뺨으로 눈물이 흐르네.
오늘은 중국의 궁인이지만
내일이면 오랑캐의 아내가 된다네.

이러한 중국의 시에서는 왕소군이라는 아름다운 여인을 '빼앗겼다'라는 측면에서 피해의식이 녹아있다. 그래서 애절하고 비통한 표현들이 대부분이다. 그러나 흉노의 시인이었다면, 어떻게 시를 썼을까. 상황은 정반대로 나타났을 것이다. 흉노의 처지에서는 한나라의 미인을 '빼앗았다'라는 승리감과 아울러 자랑스럽고 호기롭게 시를 쓰지 않았을까. 그들은 웃음 지으며 행복하게 사는 모습의 왕소군을 그리고 싶었을 것이다.

아쉽게도 흉노에는 왕소군의 일을 시로 쓴 사람이 없다. 유목 민족인 흉노족의 문화는 음풍농월보다는 말을 타고 바람처럼 초원을 질주하는 야생을 즐겼기 때문이다. 그래서 내가 흉노를 대신하여 왕소군에 대한 시를 쓴다면 아마 이럴 것 같다.

꽉 막혀 답답하던 궁중을 벗어나
드넓은 평원을 말 타고 달리네.
살갗은 비록 검게 그을었어도
가슴도 탁 트이고 숨소리도 새로워라.

화공의 미운 그림 덕분에
다행히 천한 궁인 신세를 벗어나
늠름한 선우를 사내로 맞았으니
이 또한 여인의 경사가 아니랴.

달빛 아래로 고향은 만리
남쪽으로 날아가는 철새에게 이르나니
이곳에도 산해진미가 가득하다고
그곳의 부모님께 소식 전하길.

금은보화는 품어야 내 것이던가
오랑캐 땅이라고 걱정했더니
말을 타고 장성만 훌쩍 넘으면
중국의 보화는 모두가 내 것이라네.

내가 이렇게 쓴 글을 중국인들이 읽는다면 발끈하고 화를 낼 것이다. 그러나 한쪽의 면만을 강조할 것이 아니라 상대의 문화와 입장도 존중해야 평형추는 균형을 잡을 수 있지 않겠는가. 사실 우리는 중국 위주의 문화에 익숙해 있다. 중국의 위치에서는 우리나라도 외진 변방의 동이東夷족임에도 불구하고, 중국이 이르는 대로 남만南蠻이니 북적北狄이니를 그대로 따르고 있다. 중국의 생각을 그대로 따른다면, 우리는 사대주의라는 그물에서 결코 벗어나기 어려울 것 같다.

* * *

동양문화에서 중국은 이것저것 모든 것을 집어삼키는 용광로를 닮았다. 황하 유역의 작은 문명에서 시작하여 지금처럼 비대해진 중국을 보면, 중국이라는 늪에 빠지면, 모든 것이 중국의 것이 되는 것 같다. 흉노의 숟가락을 중국 땅에 떨어트리면, 그것은 흉노의 것이 아닌 중국의 숟가락이 된다.

중원의 문화가 우월했다고 하기보다는 다른 문화를 끌어들여 중원화한 것이, 지금처럼 중국이 비대해지는 원인이 되지 않았을까 생각한다. 중국은 민족조차 흡수해 버린다. 강성하던 흉노는 흔적도 없고, 돌궐, 거란, 여진족은 자취를 감추었다. 몽골은 한때 중국을 지배했었다. 그러나 오늘날의 중국에서 원나라의 자취를 찾기란 쉽지 않다. 존 K 페어뱅크는 중국과 몽골의 문화적인 관계를 다음과 같이 설명하고 있다.

> (몽골인들은) 압도적으로 수가 많은 중국의 복속민들 한가운데서, 침입자들은 중국 문화의 여러 요소를 -음식, 의복, 이름 심지어 언어까지- 빌려 쓰기 시작하였다. 그 궁극적 결과는 흡수되거나 축출되는 것이었다. 이 모든 양상이 몽골의 정복 시기 중에도 나타났다.

다시 과거로 돌아가 보자. 한나라는 굴종적이던 태도를 바꾸어, 한나라 무제武帝 때에는 흉노와 맺은 조약을 파기한다. 그리고 한나라와 흉노 사이에는 전쟁이 벌어진다. 무제는 강력한 힘으로 흉노를 공격하였다. 황하 서쪽 지역을 공격하여 비단길을 통제함으로써 흉노는 점차 약화되어 갔다. 중국과 흉노의 전쟁으로 흉노는 막대한 손실을 입었으며 세력도 서서히 줄어들었다. 그리고 이들은 점차 서쪽으로 밀려나기 시작하였다.

4세기 이후, 유목 민족의 군주들은 선우라는 호칭을 거의 쓰지 않았다. 선우 대신에 한이라거나 칸이라는 명칭을 사용했다. 흉노의 시대가 서서히 저물어간 것이다.

07

오랑캐, 야만의 인생을 살다

어느 민족이건 간에 공통적으로 자기 민족에 대한 우월감을 가지고 있다. 그러므로 이민족에 대해서는 고유의 이름 대신에 경멸하는 이름, 멸칭을 쓰는 경우가 많다. 내 민족은 우수하지만 다른 민족은 열등하다는 상대적인 우월감의 표현이 이민족에 대한 멸칭으로 나타난 것이다. 만일 다른 민족의 침략을 받아 우리 민족이 수모를 겪었다면 그 민족에 대한 멸칭은 혐오에 가까워진다. 또한 이것은 민족주의가 강할수록 더 심해진다. 더욱이 민족주의는 이것을 부추기는 면도 있다. 우리나라에서는 중국인을 되놈이라거나 떼놈이라고 멸시하고, 일본인에 대해서는 왜놈이라고 깔본다.

오랑캐도 멸칭이다. 그렇다면 우리는 어떤 민족을 오랑캐라고 부를까. 오랑캐라는 말속에는 험악하고, 모지락스러우며, 극성맞다는 의미가 들어있다. 그리고 오랑캐는 무례하고 혐오스러우면서도 우리의 안위를 위협하는 두려운 존재이기도 하다. 그러니 오랑캐는 우리 민족에게는 부정적인 이민족의 대명사다. 오랑캐는 반드시 무찔러야 할 우리의 적군이다.

지역적으로, 오랑캐는 북쪽에서 온 외적이다. 6·25전쟁에서 중공군이 북쪽에서 침공해 들어왔을 때, 우리는 중공군을 오랑캐라고 불렀다. 사실은 중국은 우리나라의 서쪽에 있지만, 중공군이 서쪽의 바다를 통해서 들어온 것이 아니라 북쪽의 육로를 타고 침략했으므로 오랑캐라고 부른 것이다. 우리나라의 군가에도 오랑캐는 중공군을 가리킨다. 군대를 다녀온 사람이라면 '동이 트는 새벽꿈에 고향을 본 후'로 시작하는 〈행군의 아침〉이라는 군가를 모르는 사람은 없을 것이다. 이 군가의 2절에 오랑캐가 등장하고, 여기에서 오랑캐는 중공군이다.

그런데 사실은 오랑캐와 중공군은 같지 않다. 이영산의 〈지상의 마지막 오랑캐〉에 의하면, 오랑캐는 몽골의 '오리앙카이' 부족에서 유래한 이름이다. 이 부족은 매우 호전적이면서도 용맹하여 예전부터 전사로서 이름을 떨쳤던 모양이다. 이영산은 오리앙카이 부족에 대하여 다음과 같이 설명하고 있다.

> (오리앙카이 부족은) 칭기즈칸의 정복 전쟁 시대부터, 몽골이 청나라로부터 독립하기 위한 전쟁을 할 때까지 활약한 몽골의 기마병 중에서도 가장 용맹했던 부족의 후예이다. 중국인들은 전쟁 때마다 선봉에서 달려오는 오리앙카이 부족 때문에 이만저만 곤란한 것이 아니었다. 저주와 분노의 뜻을 한껏 담아

오리앙카이는 '오랑캐(兀良哈 또는 烏粱海)'가 된다.

오랑캐는 중국인이 아니라 중국을 괴롭힌 몽골의 여러 부족 가운데 하나였다. 중국인들이 중화사상에 의하여 북쪽의 이민족을 멸시하여 붙인 북적北狄이 오랑캐였다. 그런데 우리에게는 중국인으로 잘못 알려져 있는 것이다.

중국에서건 우리나라에서건 간에 오랑캐는 두려우면서도 멸시의 대상이다. 보잘것없는 이들의 문화를 깔보았고, 짐승 같은 이들의 행동을 경멸하였다. 그렇다면 오랑캐의 생활이 어떠했기에 우리나라에서는 이들을 그토록 꺼렸을까. 오랑캐가 속하였던 몽골인들의 생활에 대하여 존 K 페어뱅크는 다음과 같이 나타내고 있다.

> 몽골인들과 그들이 정복한 사람들을 비교할 때 두드러진 차이점은 언어와 신분만이 아니었다. 관습에 있어서, 그들은 초원 기마민의 가죽옷과 털옷을 선호하였다. 음식에서도 그들은 말의 젖과 치즈를 좋아하였고, 술도 말젖을 발효시켜 만든 것을 좋아하였다. 물이 거의 없는 초원 지대에서 자랐기 때문에, 몽골인들은 씻는 것에도 익숙하지 않았다. 그들은 성씨조차 없었다.

다른 민족이 무엇을 입었던, 무엇을 먹던, 그것은 그다지 문제가 되지 않는다. 그들 고유의 전래된 옷과 음식이 있음은 당연하고, 그것을 부정한다는 것은 생각이 편협하기 때문이다. 그런데 씻지도 않고, 성씨가 없다면 문제는 달라진다.

몽골의 황량한 들판을 달리며 땀에 절고 먼지투성이가 된 오랑캐를 상상해 보자. 옷은 언제 빨았는지 알 수도 없을 만큼 땟국물이 흐르고 감지 않은 머리털은 돼지털처럼 뻣뻣하다. 몸에서는 퀴퀴한 땀내가 배어있다. 그리고 입을 벌려 말을 할 때마다 단내가 난다. 이런 오랑캐가 흐흐흐 웃으면서 곁으로 가까이 다가오기라도 한다면, 누구라도 혐오스러워 움찔 놀라 거리를 두려고 하지 않겠는가.

더구나 오랑캐에게 성씨가 없다는 말은 우리에게는 '근본'이 없다는 말과도 같다. 이는 정주민에게는 가장 모욕적인 표현이기도 하다. 아비가 누구인지 모른다는 것은 출생이 가장 천하다는 말과도 같다. 어미가 어느 놈과 붙어먹었다는 의미이기 때문이다. 이는 짐승과 동의어로 들릴 만큼 경멸하는 말이다. 오랑캐가 아닌 우리나라 사람들이, 오랑캐를 생각하는 바가 이러하다.

그렇지만 이영산은 오랑캐와 중국의 문명인에 대하여, 오랑캐의 문화를 두둔하기라도 하듯 다음과 같이 비교하고 있다.

> 유목민들은 오천 년간 적으로 살아온 중국의 문화를 받아들인 적이 없다. 유교적인 눈으로 바라본 도덕과 가치, 도와 예, 군자 지도를 초원에 이식한 적이 없다. 음풍농월 따위를 부러워한 적도 없고, 족보를 이고 다니지도 않는다. 만리장성보다 높은 생각의 담벼락이 없었던 셈이다. 공맹의 도를 따져 야만

인을 선발한다면 몽골 유목민들은 오랑캐가 맞을지 모른다. 하지만 잣대란 여러 가지일 수 있다.

문명인으로 자부하는 중국인의 입장이라면 이영산이 설명하고 있는 오랑캐는 짐승이나 다름없다. 도덕이나 예절 따위가 갖추어져 있지 않은 미개인이 오랑캐인 것이다. 그런데 세상을 바라보고 평가하는 척도를 달리한다면, 그들은 혐오의 대상에서 벗어날 수 있다고 에둘러 말하고 있는 것이다.

어떤 상황에 대하여 재단하는 기준, 즉 문화의 척도는 무리 지어 구성하고 있는 사회마다 다르다. 심지어 기준은 사람마다 다를 때도 있다. 가치관이 무엇이냐에 따라 서로 다른 생각을 가지게 되는 것이다. 몽골에 대하여 미개하다고 평가하는 것은 중국의 입장이고, 다른 문화에서라면 몽골에 관한 생각은 얼마든지 바뀔 수 있다.

나와 생각이 같은 사람끼리 모여 사는 것이 사회다. 함께 모여 살다 보면 생각은 서로 비슷해진다. 그러면서 사회의 공통적인 가치관을 만들어간다. 경제적으로, 기술적으로 가치가 있는 일들은 서로 나누어 갖는다. 그래서 사회 구성원은 서로 비슷한 삶을 살아간다. 그러나 만일 나와 생각이나 문화가 같지 않으면 일단 배척하는 것이 인간의 속성이다. 다른 문화는 우리 문화에 대한 공격이고, 사회의 밑바탕을 흔들 수 있는 위험 요인이기 때문이다. 그러니 오랑캐는 그들의 흉포한 군사력 이전에, 저급하다고 깔보는 것이다.

그렇지만 사람들이 가지고 있는 견고한 사고의 담벼락, 그것은 아집일 수도 있다. 이영산이 주장하는 바는 판단의 잣대를 달리한다면, 오랑캐는 어쩌면 오랑캐가 아닐 수도 있음을 역설적으로 말하고 있는 것이다.

* * *

그렇다면 오랑캐인 남자와 여자가 사랑을 주고받는 방법은 어떠할까. 남녀 간의 사랑은 인간 본래의 감정이다. 사람이라면 당연히 남자는 여자를 찾고, 여자는 남자가 아슴아슴 그립다. 이는 사람으로 태어난 이상 어쩔 수 없는 본능적인 감정이다. 그러나 사랑의 방식은 지역마다, 혹은 사람마다 다르다. 사랑하는 마음을 드러낼 수도 있고, 은근히 감추기도 한다. 어느 사회는 사랑하는 방법을 형식에 맞추어 정형화된 틀로 규정하기도 하고, 어떤 사회에서는 사랑의 형식에 아무런 규정이 없는 경우도 있다.

흉노였던, 그 뒤를 이은 몽골인의 혼인은 우리와는 매우 다르다. 몽골의 혼인 제도는 약탈혼을 허용하였던 것 같다. 그러니 이러한 흉노, 혹은 오랑캐를 두고 문명사회라고 자부하던 중국이나 우리나라의 입장에서는 미개한 야만족이라고 깎아내리는 것이다.

야만. 세상을 거칠게 살아간다는 의미이다. 그들은 힘이 지배하는 세상을 꿈꾼다. 그들의 삶은 인간의 본능대로 살아가며 원초적이다. 꾸밈이 없으며 날 것 그대로를 다 드러내는 거친 삶이다. 나를 공격하는 사람들에 대해서는 맞서 싸워야 한다. 전쟁하며 나를 지킨다는 명분에서는 살상도 정당하다고 본다. 그리고 야생의 상태에서는 자연의 흐름대로 살아가므로 인위적인 규칙이 없다.

그렇다면 문명이란 무엇인가. 문명의 의미는 야만에서 벗어나 발달한 인간의 문화와 사회를 말한다. 즉, 원시적인 생활에서 벗어나 진보하고 세련된 삶의 형태이다. 사람들이 서로 모여 살다 보면 자잘한 골칫거리부터 국가 간의 전쟁에 이르기까지 여러 가지 문제들이 발생한다. 그래서 사람들은 이런저런 약속이나 규칙들을 만들고 지킬 것을 강요한다. 또한 야생에서 드러나는 치부를 감추려고 한다. 다듬고 꾸밈이 있으며 장식을 붙인다. 싸우며 할퀴고 물어뜯는 야만적인 생활보다는 서로 돕고 상대방을 보듬어 이해하려고 한다.

소위 문명인이라고 자부하는 고대 중국인들이 혼인에 대하여 붙인 이론적인 장식에 의하면, 혼인은 후손을 얻어 조상의 대를 잇는다는 의미이다. 혼인은 당사자인 신랑이나 신부의 입장보다는 조상과 후손을 위한다고 말하고 있다. 본디 혼인이란 단어가 가지고 있는 의미는 남자가 장가간다는 의미의 혼婚과 여자가 시집간다는 인姻이 합쳐진 단어이다. 남자가 여자를 맞이하는 때는 저녁 무렵이 마땅하므로, 저녁을 의미하는 혼昏과 여자를 의미하는 여女를 합친 것이 혼婚이다. 왜 하필 남자와 여자가 만나는 시각이 저녁일까. 여기에 의미가 다시 더해진다. 남자는 양陽이고 여자는 음陰인데, 하루 중에서 음과 양이 만나는 시간은 해 질 녘과 해 뜰 무렵이니, 남녀가 후손을 만들기 위하여 몸을 섞기 위해서는 저녁이 마땅하다는 것이다.

중국의 혼인 제도는 〈예기禮記〉에 나타난다. 신랑 측은 신부 측에게 그대의 딸을 나의 며느리로 맞이하고 싶다는 의사를 밝히고, 신부 측의 집안이 어떠한지 묻는다. 그리고 신랑 측은 혼인하는 것이 거듭 좋은 징조임을 알려 약속의 표시로 폐백을 보낸다. 신랑 측은 언제 혼례를 치르는 것이 좋을지 신부 측에 묻고, 마침내 신랑이 신부의 집에 가서, 신부를 데려다 신랑의 집에서 혼례를 치른다. 이처럼 혼례는 사람이 살아가는데 '큰일'로 간주하여 거듭 절차와 예법을 강조하고 있다.

문명에서는 이처럼 절차가 늘어나고 의미로 색칠함으로써 번거로워진 과정을 예절이라고 자부한다. 문명인에게 예절은 기꺼이 따라야 할 인간의 규범이다. 어찌 보면 남녀가 사랑하고 혼인하는 것이 주된 일이 아니라, 혼인의 절차를 위하여 남녀가 동원되는 듯한, 주객이 서로 바뀐 듯 복잡하기만 하다.

이렇게 야만과 문명을 대립시켜 놓았을 때, 몽골의 약탈혼은 야만이라고 불러야 마땅하다. 이미 혼인할 상대가 정해진 여자를 빼앗아 아내로 취한 칭기즈칸의 아버지 예수게이의 폭력성은 문명사회에서는 상상하기조차 힘든 야만적인 행위이다. 예수게이의 행태를 보면 마치 짐승과도 같다. 이는 문명화된 사람의 관점에서는 개나 돼지처럼 보인다.

그런데 몽골인의 관점에서 볼 때는 예수게이가 지극히 정상적이다. 예수게이에게는 아무런 문제가 없다. 몽골에서는 그것이 누구나 다 인정하는 문화이며 관습이었다. 오히려 중국의 혼인 제도가 번거로운 형식에 얽매여 있고 불필요한 절차가 너무 많다. 그러니 관점에 따라 이렇게 차이가 크다.

* * *

칭기즈칸, 그의 이름은 테무친인데, 칭기즈칸은 그를 도운 신하들에게 적절한 상을 내린 것으로 보인다. 그중에 주르체데이라는 장수가 있었다. 주르체데이는 죽음을 넘나드는 전장에서 칭기즈칸의 곁에서 목숨을 내놓고 싸운 장수였다. 그런 주르체데이에게 칭기즈칸이 상을 내린다.

상으로 내린 것이 무엇이었을까. 놀랍게도 칭기즈칸이 내린 상은 그가 사랑하던 이바카베키 후궁이었다. 〈몽골 비사〉에는 칭기즈칸이 이바카베키를 주르체데이에게 넘겨주며, 그녀에게 다음과 같이 이야기하는 장면이 나온다.

> 나는 너에 대해 성품이 나쁘고,
> 자태가 초라하다고 말하지 않았다.
> 나의 가슴에, 다리에 들어왔던
> 반열에 들어앉은 너를
> 주르체데이에게 내리는 것은
> 큰 도리를 생각하여, 주르체데이의
> 살육전의 날에 방패가 된,
> 적으로부터 나를 막아준,
> 그리고 흩어진 나라를 합치게 한,
> 조각난 나라를 통일하게 한,
> 그의 공적을 생각하기 때문에

너를 주는 것이다.

칭기즈칸은 이바카베키를 애틋하게 사랑했던 모양이다. 이바카베키가 성품이 나쁘다거나 자태가 초라해서 주르체데이에게 넘겨주는 것은 절대로 아니다. 마음을 섞고, 몸을 섞으며 사랑하였고, 지금의 신분은 후궁이지만 충신 주르체데이가 이룬 업적을 치하하는 상으로 이바카베키가 합당하므로 그에게 넘긴다는 이야기이다.

어떤 면에서 본다면, 칭기즈칸은 사랑하는 후궁마저 신하에 대한 상으로 내놓는 대범함이 드러나기도 하지만, 일반적으로는 있을 수 없는 일이다. 여자가 상품화되었다면, 지금의 관점에서는 여성들이 까무러칠 일이 아니겠는가. 그러나 당시의 몽골에서는 있을 수 있는 일이었던 모양이다. 문화는 보는 관점에 따라 이렇게 차이가 있다.

* * *

현대 몽골인들이 유목생활을 하면서 남녀 간에 사랑을 나누는 방법은 어떨까. 이들에게는 잔잔하게 음악이 깔리는 우아한 커피숍이 없다. 호젓하게 둘이 함께 걸을 수 있는 호숫가라거나 숲길도 없다. 이들은 사랑을 나눌 신방도 마땅치 않다. 사랑을 이야기할 장소도, 사랑을 가려주는 것도 없다. 훤히 노출된 황량한 벌판뿐이다. 그렇지만 이들은 짐승처럼 사랑을 나누고 싶지는 않다. 그러니 마땅한 곳을 찾아야 한다. 그곳은 사람들의 눈길이 닿지 않는 곳, 사람들의 접근이 어려운 곳이어야 한다. 아니면 다른 사람들의 접근을 막아야 한다. 이영산은 몽골인들이 사랑을 나누는 방식에 대하여 다음과 같이 이야기한다.

> 청춘 남녀는 말을 타고 사람이 없는 곳으로 가서 올가를 깃대처럼 땅에 꽂아놓고 사랑을 나눈다. 올가가 꽂힌 걸 멀리서 본 사람은 근처에 얼씬거리지 않는다. 수천 년을 지속해 온 유목민의 삶이 만들어낸 불문율의 약속이고, 그 약속이 연인들의 사랑을 지켜준다.

몽골어 '올가'는 한국어 '올가미'와 같은 뜻이다. 달아나는 동물을 붙잡는 데 쓰이는 도구로, 긴 장대 끝에 둥그렇게 끈을 매달아 둔다. 올가는 몽골의 유목민들에게는 많이 쓰이는 도구이다. 이 올가를 꽂아 남들에게 접근 금지 표시로 이용하고 있는 것이다.

유목민들은 동물들의 교미를 일상적으로 마주한다. 이로써 어린 새끼를 얻어야 하고, 양 떼를 늘려야 한다. 청춘 남녀가 눈이 맞으면 마음을 합치고 몸을 합치는 것이 지극히 당연한 자연의 순리다. 그러니 이것을 숨길 필요는 없다. 다만 짐승 같은 사랑을 나누고 싶지는 않다. 그 표시가 바로 올가인 셈이다. 올가는 접근을 막는 표시이고, 사랑하고 있음을 알리는 광고인 셈이다.

* * *

몽골은 깊이 들여다볼수록 놀라움은 더 커지는 나라다. 우리와는 생각이 매우 다름을 거듭 확인하게 된다. 그렇지만 여행은 다름을 확인하는 과정이다. 내가 살아온 방식과 남들이 살아가는 방식이 얼마나 다른가를 비교하는 과정이 여행이다. 특히 국가가 다르고, 종교가 다르고, 자연환경이 달라지면, 이것은 사실 충격에 가깝다. 이 때문에 여행자의 피로도가 높아지기도 하지만, 단조로운 생활에 커다란 변화와 더불어 활력을 준다. 그래서 여행은 짧은 기간일지라도 오래오래 기억에 남는다.

우리들의 삶은 비교의 연속이다. 여우와 늑대를 비교해 보자. 여우가 여우다운 것은 늑대가 있기 때문이다. 늑대의 특성은 여우 때문에 두드러진다. 이쯤 되면 여우를 관찰한 것인지, 늑대를 살펴본 것인지 헷갈리긴 하지만, 차이점을 찾아 대상의 특성을 명확하게 구분 짓는 것이 인식이다. 우리와 몽골의 비교에서도 마찬가지다. 우리와 몽골을 비교함으로써 몽골은 더욱 몽골다워지고, 우리는 더욱 우리다워진다.

비교에서 '다름'과 '틀림'은 차원이 다른 문제이다. 둘 다 비교 대상이 있다는 것은 마찬가지이지만, '틀림'에는 가치관이 들어가고 사회 이념에 의한 재단이 가해진다. 상대방이 부정당하는 것이 '틀림'이다. 그런데 가치관에 따라 내가 상대방을 틀렸다고 한다면, 상대방도 나를 틀렸다고 할 것이다. 그때는 충돌이 일어나고 다툼이 일어난다. 만일 집단이 커지면 전쟁도 벌어진다. '틀림'의 판단 기준은 사회가 정한다. 그러나 '틀림'은 영원하지 않다. 언제든지 판별의 기준이 바뀌면 틀렸다는 것이 틀릴 수도 있다.

그러나 '다름'은 나와 다른 사람의 비교에서 현상으로 그칠 뿐이다. '다름'은 상대방을 인정하는 비교이다. 인정하는 자세이므로 싸울 일도 없다. 이렇게도 살고 저렇게도 산다는 너그러움이며, 사고의 여유로움이다. 상대방의 빈틈을 허용하는 행위이며, 내 곁을 내어주겠다는 아량이기도 하다. 혹은 상대방의 곁으로 다가가겠다는 능동적인 자세이기도 하다.

여행은 상대방 곁으로 친근하게 다가가서 그들의 삶을 엿보는 행위이지, 무기를 들고 전쟁하러 출전하는 행위는 결코 아니다. 그런 면에서 여행은 '다름'을 확인하는 과정이다.

나는 오늘 오랑캐의 땅을 지나고 있다. 오랑캐의 땅은 내가 사는 땅과는 많이 다르다. 야만의 땅, 황량한 사막이 끝없이 이어지는 고비를 지나가고 있다. 덜컹거리는 차에 몸을 내맡긴 채.

08

음느고비의 욜린암

느지막이 만둣국으로 아침을 먹고 나니 아침 해가 높이 떴다. 양고기만 가득 넣은 만두여서 느끼하기는 하여도 뱃속은 한결 든든하다. 오늘은 음느고비 아이막의 주도인 달란자가드를 거쳐, 욜린암을 구경하기 위해 다시 길을 나선다. 차강소브라가에서 욜린암까지는 220킬로미터의 거리이다.

몽골의 길은 끝이 없다. 좁은 국토인 우리나라와 비교할 때, 아득하게 이어진 몽골의 길을 처음 만나면 경이로움을 느끼게 된다. 그러나 그것이 하루 종일 이어진다면 지루하고 답답함으로 변한다. 더구나 우리나라에서는 길을 가다가 산도 만나고 강도 만난다. 변화가 있으니 이런저런 구경거리가 생기지만 몽골에서는 초원이나 사막뿐이니, 수평으로만 이루어진 평온함이 지나쳐 나른함에 빠지기 쉽다.

달란자가드까지 이어진 길은 왕복 2차선의 포장도로이지만 지나가는 차량은 어쩌다 가끔 만날 뿐 통행량은 많지 않다. 그러니 마주 오는 차량이 오히려 반갑고, 앞서겠다고 추월하는 차량이 있어도 너그럽게 길을 내어준다. 차를 만나면 차창을 열고 반가움에 손을 흔들어주기도 한다.

음느고비 아이막으로 들어서면서 벌판을 뒤덮었던 풀들은 점차 드물어지고, 모래와 자갈투성이인 사막 지역이 펼쳐진다. 곧게 뻗은 길 좌우로는 거친 들판이 한없이 이어진다. 어디를 보아도 내내 지평선뿐이다. 거칠 것 하나 없는 지평선은 가도 가도 끝없이 이어진다. 도대체 이 길의 끝은 어디쯤일까. 한성호는 〈몽골, 바람에서 길을 찾다〉에서 음느고비의 사막을 지나는 소회를 다음과 같이 밝히고 있다.

> 가도 가도 끝없는 지평선을 바라보고 있으면 장애물 하나 없는 기이한 미로 속에 갇힌 듯 현기증이 느껴지곤 했다.

한성호의 글을 읽으면서 거추장스러운 것 하나 없는 사막인데, 어째서 미로에 갇힌 느낌일까 궁금했었다. 지평선에서 미로를 만났다고 했으니 얼마나 역설적인가. 그런데 달란자가드를 향해서 길을 가다 보면 그의 느낌을 충분히 이해할 수 있다.

지평선을 바라보고 있으면 마음은 평온해진다. 울퉁불퉁 튀어 올라온 산이라거나 나무가 시야에서 사라진 평지의 탁 트인 시야 때문에 눈길도 시원스럽다. 거추장스러운 장식을 벗어던진 홀가분함도 느껴진다. 그렇지만 사막을 바라보고 있으면 번잡스럽던 살림살이를 이삿짐에 묶어버리고, 그간 살아온 과거를 뒤돌아보는 듯한 허전함도 또한 있다. 지평선을 바라보고 있으면 저절로 세상은 허무하다고 느끼게 된다.

우리가 살다 보면 주변으로부터 여러 가지 소리들이 많이 들려온다. 듣기 좋은 소리였든 불필요한 소리였든, 혹은 음악이었든 목소리였든 종류도 다양하다. 그런 소리들이 모두 사라진 이른 새벽의 고요함, 사막의 고요가 그런 느낌이다. 나지막이 바람이 지나가는 소리만 들릴 뿐이다.

그러면서도 사막을 멍하니 바라보고 있으면 마음은 저절로 슬퍼진다. 있어야 할 거추장스러운 사물이 사라지고, 늘상 귓가에 맴돌던 잡음이 사라졌건만 울적해지는 것이다. 마치 외딴 별에 홀로 남겨져 먼 하늘을 바라보는 외로움처럼. 그러니 홀가분하면서도 이 장소를 벗어나고 싶은, 상반된 상황이 벌어지는 것이다. 한성호는 이를 미로라고 표현했는지도 모른다.

차를 타고 달리다 보면 길을 건너는 말이나 소와 같은 가축들도 만난다. 가축들은 길을 건너면서도 전혀 서두르는 법이 없다. 천천히 차도를 건너가다가 간혹 멈추어 서서 우리를 구경하는 녀석도 있다. 툴가는 가축들이 도로를 지나가면 차를 세워 느긋하게 기다려준다. 바쁠 것 없는 길이다. 이 길은 지금까지 내달려온 삶과는 전혀 다른 길이다.

가끔, 길가에서는 동물의 사체를 볼 수도 있다. 트럭에 치여 가축

이 죽은 것이다. 그런 가축 중에는 소처럼 몸집이 큰 짐승도 있다. 음느고비에는 큰 광산이 있어 이 길로는 대형 트럭들이 지나가곤 한다. 그때 가축들이 트럭에 치여 봉변을 당하는 것이다. 그런데 가축의 사체를 치우는 사람도 없는 모양이다. 길가에 방치된 모습이 처참하여 눈을 돌리게 된다.

유목민은 살아있는 동물을 죽여 고기를 취하기는 하여도 죽은 동물은 먹지 않는다고 한다. 그 이유를 생각해 보면, 동물이 죽었다는 것은 지금처럼 사고에 의한 죽음이 아니라면, 병이 들었기 때문일 것이다. 그러므로 죽은 동물을 잘못 먹으면 사람에게도 병이 전염될 수 있는 것이다. 그뿐만 아니라 이곳에서는 흔한 것이 가축이어서 고기가 아쉬울 것도 없다. 그렇기 때문에 죽은 동물을 멀리하는 것이 아닐까.

* * *

달란자가드까지 가는 길에는 역시 휴게소가 하나도 없다. 포장도로지만 통행량이 많지 않으니 휴게소가 있다고 한들 이용하는 사람도 드물 것 같다. 휴게소는 고사하고 아이스크림이나 담배를 파는 구멍가게조차 없다. 당연히 화장실도 없다.

그렇지만 소변을 참는 것에 한계가 느껴지면 어쩔 수 없이 차를 길가에 세워야 한다. 지금까지 우리가 그래왔으니 새삼스러울 것도 없다. 처음에는 멋쩍어서 길가에 차를 세우고도 각자 멀찍이 떨어져서 볼일을 보았다. 일행들에게 자기 모습을 보이는 것이 창피하다고 생각했던 것이다. 그렇지만 점차 그것도 무디어진다. 눈치 볼 사람 하나 없는 초원에서 굳이 그럴 필요가 없기 때문이다. 어차피 눈길 닿는 데까지 끝없이 이어진 지평선이니, 가도 가도 몸을 가릴 곳은 아무 데도 없다. 체면치레도 환경이 갖추어졌을 때나 가능한 일이다. 이곳 몽골에서는 그럴 여건이 갖추어지지 않았으니 지금까지의 생각들을 고쳐먹는 것이 마음 편하다.

툴가는 몽골에서는 화장실에 간다는 표현을 '말 보러 간다'라고 비유적으로 말한다고 일러준다. 유목생활을 하는 남자들의 관심은 온통 말에게 쏠려있다. 말이 아프지는 않은지, 풀은 잘 뜯는지 주의깊게 살펴보아야 한다. 말을 살피는 것이 일상인 몽골 사람들은, 그래서 오줌 싸러 간다는 것을 비유적으로 말 보러 간다고 이야기하는 것이다. 지저분한 오줌에 대한 표현이 우아한 말이라는 짐승으로 바뀐 것이다. 멀찍이 떨어진 말을 바라보며 시원하게 방뇨하는 행위가 '말 보는' 행위인 것이다.

이번에는 툴가가 우리에게 질문을 던진다. 여자가 화장실에 갈 때는 어떤 표현을 쓸까. 초원이나 사막에서 여자들의 바깥 일거리가 마땅히 떠오르지 않아 주저주저 대답을 못하고 있으니, 툴가는 답답했는지 자기가 질문하고 자기가 대답한다. '꽃 보러 간다'는 것이 답이다. 꽃은 바닥에 있다. 바닥에 널려있는 꽃을 바라보는 행위는 여자들이 화장실에 가는 것과 같다.

몽골에서는 화장실이 게르로부터 멀찍이 떨어져 있는 것이 보통이다. 먹고 잠자는 곳으로부터 화장실을 떨어뜨리는 것은 보통 있을 수 있는 일이다. 그곳은 지저분한 곳이기 때문이다. 그러나 몽골에서는 게르와 화장실의 거리는 저 정도까지 떨어뜨려야 하나 의아하게 생각할 정도로 멀다. 급할 때라면 화장실에 다다르기도 전에 싸버리고 말 것 같은 거리이다. 또한 화장실이라 해도 모양만 흉내 냈을 뿐 문짝이 없는 것도 있다. 오늘 아침을 먹은 마을의 화장실이 그랬다. 사람들이 많지 않으니 몸을 가려야 할 이유도 적을 것이다. 그리고 꽉 막힌 공간보다는 앞이 훤히 트여 들판을 바라보며 용무를 볼 수 있는 공간이라면, 그곳에 앉아있기가 한결 근사할 것 같기도 하다.

* * *

아침에 출발하여 달란자가드에 도착할 무렵, 저쪽 하늘에서는 비가 내린다. 지평선이라서 비가 내리는 먼 지역도 볼 수 있다. 거리가 멀어 천둥소리는 들리지 않아도 먹구름과 번개 치는 것이 보인다. 하늘과 땅이 맞닿아 있으니 비록 거리는 멀더라도 먹구름 아래로 빗줄기가 떨어져 내리는 모양조차 볼 수 있다. 자연현상을 이렇게 눈으로 볼 수 있다는 것은 지평선이 아니면 마주하기 힘든 장면일 것이다.

비가 내리니 달란자가드의 사람들은 우리를 반길 것이라고 툴가는 듣기 좋은 얘기를 해준다. 몽골에서는 비가 반가운 손님과 함께 온다고 생각한다는 것이다. 사막은 비가 드물고 물이 귀한 지역이어서 하늘에서 내리는 빗줄기는 고마운 자연현상이다. 그러니 빗줄기에 호의적일 수밖에 없다. 몽골에서는 하늘에서 내리는 비와 반가운 손님을 동급으로 생각하고 있는 셈이다.

우리는 마침내 점심 무렵이 되어 달란자가드에 도착한다. 달란자가드는 음느고비 아이막의 주도이다. 달란자가드로 들어서는 입구에는 커다랗게 문을 세워두었다. 마치 손님을 환영하는 듯한 느낌이다. 문에는 '음느고비 달란자가드'라고 쓰여 있다. '음느'는 남쪽을 의미하고, '고비'는 사막이란 뜻이다. 이 문을 지남으로써 지치고 고단하였던 사막의 긴 여로를 마치게 된다. 문의 좌우에는 사막을 의미하기도 하고, 이 지역을 대표하는 동물인 낙타의 형상이 좌우에 서 있다.

음느고비는 몽골의 가장 아래쪽에 있는 아이막으로, 인구는 6만 명 정도이다. 면적에 비하여 인구는 터무니없이 적다. 몽골 내의 다른 지역보다 음느고비 아이막이 사막 지대라서 특히 인구가 적다.

ӨМНӨГОВЬ
ДАЛАНЗАДГАД

그렇지만 거친 들판을 달리다가 사람들이 모여 사는 도시를 만났으니, 이 정도의 도시 규모로도 마치 대도시에 당도한 듯 생각되어 시내의 여기저기를 기웃거린다.

달란자가드는 사막 속에서 만나는 문명의 도시다. 그리고 달란자가드는 먼지만 풀풀 날리며 사막을 지나다가 모처럼 마주하는 반짝반짝 빛나는 유혹이기도 하다. 이 도시에는 호텔, 은행 등의 건물들이 들어서 있고, 대형 상점이나 아파트도 있다. 넓고 반듯한 포장도로는 사막과는 전혀 딴판이다. 그러니 시원한 물이라도 마음껏 들이킬 수 있다는 생각에 마음도 느슨하게 풀어진다.

그렇다고 하여 달란자가드가 네온사인이 휘황찬란한 거대 도시는 아니다. 점심 무렵이어서 도로도 한산한 편이다. 다만 정적과 고요만 감도는 사막을 지나다가 갑자기 만나는 도시여서 상대적으로 번화한 도시로 느껴진다.

달란자가드에 도착하여 슈퍼마켓을 먼저 찾는다. 사막을 지나오면서 우리는 도로 주변에 상점이 전혀 없다는 것을 머릿속에 깊이 새겨둔 터라 기회가 닿을 때마다 미리미리 필요한 물건들을 비축해 두는 것이 상책임을 알고 있다. 그러니 바구니에 담는 물건들의 양도 많아진다. 물은 가장 필요한 물건이다. 5리터짜리 큰 용기로 세 개를 고른다. 음료수와 맥주도 필요하다. 우리가 지나온 길과 마찬가지로 앞으로 가야 할 지역에도 가게가 없다는 말에 넉넉하게 바구니에 담는다. 과자라든가 사탕도 챙기고, 휴지와 젓가락 같은 잡동사니도 빠짐없이 챙긴다.

오늘 점심은 달란자가드에 있는 한국식당에서 해결하기로 한다. 툴가는 잘 아는 한국식당이 있다면서 '연아'라는 식당으로 안내한다. 한국의 스케이트 선수가 떠오르게 하는 이름의 식당이다. 한국식당이라면 육개장이라거나 김치찌개 등을 파는, 한국의 고추장 냄새와 된장 냄새가 깊이 밴 식당이려니 상상했지만, 안에 들어서니 양식당처럼 칸막이를 설치하였고 깔끔하다.

우리는 고춧가루가 넉넉하게 들어간 얼큰한 음식을 먹을까도 생각했지만, 막상 식당에서는 냉면을 주문한다. 바깥 날씨가 덥기 때문이다. 그런데 상에 차려진 냉면을 한 젓가락 먹어보고는 금세 실망한 표정들이다. 냉면 국물이 맹탕이다. 냉면 그릇 속에는 얼음이 없다. 식초도 없고 겨자도 없다. 더욱이 면발도 쫄깃하지 않고 막국수처럼 뚝뚝 끊어진다. 괜히 한국식당에 들어왔다고 후회하면서 비싼 냉면을 마지못해 점심으로 때운다. 차라리 몽골 전통 음식을 먹는 것이 더 나았으리라 생각하면서.

* * *

달란자가드의 뒤편에는 고르왕 사이항 국립공원의 동쪽 끝자락이 병풍처럼 둘러싸고 있다. 이 국립공원은 동서로는 380킬로미터, 남북으로는 80킬로미터의 크기로 거대한 띠를 이룬 형태이다. 여기는 산이 높고 자연경관이 사막과는 전혀 딴판으로 매우 아름다우며 희귀 동식물이 서식하고 있다. 이곳은 원래 조류를 보호하기 위하여 설립하였다고 한다. 깎아지른 장엄한 바위 절벽과 겨울에 얼었던 얼음이 초여름까지 남아있는 서늘한 협곡이 몽골에서는 흔치 않은 곳이므로, 음느고비 아이막의 대표적인 관광지이다. 또한 주도인 달란자가드가 가까워서 더 많은 사람이 찾는 곳이기도 하다. 이 국립공원 안에 우리의 목적지인 욜린암이 있다.

우리는 지금까지 사막 지대를 건너왔다. 그런데 사막 안에 이렇게 높은 산이 있을 줄은 몰랐다. 욜린암과 가까워질수록 산세는 험해지고 그 사이로 골짜기가 깊어진다. 산에는 나무가 거의 없으며 식물도 사막에서 보았던 풀들이 아니다.

달란자가드를 떠나 욜린암에 도착할 무렵, 툴가는 그것의 말뜻을 설명해 준다. '욜(yol)'은 독수리의 한 종류이며, '욜린(yolyn)'은 그에 대한 복수형이다. 그리고 '암(am)'은 계곡이란 의미이다. 즉 욜린암은 '독수리들의 계곡'이란 뜻이다. 욜린암에는 600여 종의 식물이 자란다고 한다. 또한 검은 꼬리 가젤, 야생 당나귀, 야생 낙타, 아르갈리 양 등 수많은 동물들이 이곳에 기대어 산다.

욜린암에 도착하니 구경 온 관광객들로 북적거린다. 외국인은 많지 않고 대부분 몽골 사람들이다. 우리는 말을 타고 길게 이어진 협곡 안으로 들어가기로 한다. 그렇지만 나는 처음으로 경험하는 승마다. 그래서 내 차례가 오기를 기다리자니 걱정스러운 마음이 앞선다.

몽골에서는 말이 흔하기도 하고 사람들도 많이 타고 다닌다. 이동 거리가 멀어 걸어서 가기에는 힘들기 때문에 어려서부터 말타기는 반드시 배워야 하는 일이기도 하다. 오죽하면 사내아이들은 걸음마를 배우기 전에 말을 탄다고 했을까.

도움을 받아 말안장에 앉아보니 중심 잡기가 어렵다. 말이 걸을 때마다 내 몸이 자꾸만 한쪽으로 기운다. 겨우겨우 몸을 세우면 이번에는 발걸이에 넣은 발이 불편하다. 그럴 뿐만 아니라 발걸이가 내 정강이를 눌러 아프기도 하다. 말을 타는 내내 몸의 균형을 잡느라, 정강이가 아픈 것을 참느라, 협곡 주변의 경치는 눈에 들어오지도 않는다. 말타기가 처음이라서 그럴 것이다. 어떤 일이든 숙련될 때까지 여러 번 반복하여 몸이 저절로 알아서 따라주는 연습이 필요함을 체감하게 된다.

그러나 욜린암을 끝까지 말을 타고 들어갈 수는 없다. 협곡은 점차 좁아지고 경사가 심하여 초보자가 말을 타기에는 위험하기 때문이다. 말에서 내리니 오히려 안도의 한숨이 절로 나온다.

이제 협곡 안쪽 깊숙이 걸어서 들어간다. 협곡 양쪽으로는 거친 바위투성이의 산이 사람들을 호위하듯 길게 늘어서 있다. 바위산에는 나무나 풀은 그다지 많지 않다. 어느 때는 깎아지른 절벽을 만나기도 한다. 그럴 때면 빛이 잘 들어오지 않아 주변이 침침하다. 검은 바위 절벽에는 독수리가 사는 곳도 있는데, 하얀색은 독수리 배설물이며 바로 그곳이 독수리의 서식지이다. 이런 험한 곳에 산양이 산다고 한다. 이곳은 산이 거칠어 풀은 적어도 천적의 눈을 피해 살아야 하는 산양에게 삶의 터전을 마련해주고 있다.

협곡의 아래쪽에는 풀들이 자란다. 지금까지 사막을 지나오면서 볼 수 없었던 야생화가 무리 지어 꽃 피어 있다. 협곡에서는 가느다란 실개천을 만나기도 한다. 물은 많지 않고 졸졸 흐르는 물소리도

덤으로 들을 수 있다. 가끔은 눈을 뜰 수 없을 지경으로 드센 계곡 바람이 불기도 한다. 그러므로 턱끈으로 모자를 단단히 붙들어 매야 한다. 그렇지만 서늘한 바람은 계곡을 걷느라 흘린 땀을 식히기에 적당하다. 한겨울에는 욜린암 계곡에 얼음이 언다는 얘기가 맞는 말 같다.

협곡의 바위투성이 길을 오르내리자면 쉽지만은 않다. 그렇지만 사람을 압도하는 높이의 바위 절벽, 협곡의 바닥에 널려있는 자잘한 야생화, 그리고 실개천의 물소리를 들으며 협곡을 걷는다는 것이 작은 행복이다. 특히 사막을 지나온 사람이라면 더욱 실감할 수 있는 재미이다.

이제는 왔던 길을 되짚어 돌아가야 한다. 협곡으로 들어간 거리는 생각보다 길었던 모양이다. 들어온 길이 한 시간이니 되돌아 나갈 길도 한 시간이 소요될 것이다. 그렇지만 들어갈 때와는 달리 걸어서 돌아 나오는 길이 더 힘겹다.

욜린암 구경을 마치고 돌아오면서 돌에 산양을 조각한 기념품을 산다. 산양이 조각된 기념품에는 욜린암의 바람 소리도 담길 테고, 들풀의 향기도 배어있을 것 같다.

* * *

욜린암 구경을 마칠 즈음은, 오후의 해가 느릿느릿 서쪽으로 움직일 무렵이다. 아직 해는 많이 남아있다. 욜린암에서 시간을 많이 보냈어도 저녁이 되기까지는 여유가 있다. 오늘의 일정은 이쯤에서 정리하고 우리는 숙소를 찾아간다.

길을 달리다 우리를 가로막는 양 떼를 만난다. 양을 몰고 가는 아주머니는 우리에게 길을 터줄 요량으로 도로에서 양들이 벗어나게 하려고 애를 쓰지만, 이를 알아듣지 못하는 양 떼는 고집스럽게 계속 도로를 따라간다. 그러니 우리의 랜드크루저도 느릿느릿 그 뒤를 따라 움직이는 수밖에 없다. 경적을 울릴 수도 없다. 아주머니는 손뼉을 치고 목청껏 소리치지만, 양 떼의 수선스러운 울음소리에 묻혀 버린다. 그러니 아주머니는 더욱 당황하는 기색이다.

차를 타고 슬금슬금 따라가던 우리는 장난이라도 쳐볼 생각으로 차에서 내려 양 떼의 뒤를 따라가 본다. 아주머니처럼 손뼉도 쳐보고 발도 굴러보지만 양 떼는 차도에서 벗어날 기색이 없다. 장난스럽게 양 떼를 따라가는 중에 하늘을 찢을 듯한 경적에 나는 깜짝 놀라 뒤돌아본다. 가까이 다가온 트럭이 길을 막은 양 떼를 참지 못하고 경적을 울린 것이다. 양들도 화들짝 놀라 우왕좌왕하더니 도로에서 황급히 벗어난다. 그제야 길이 뚫리고 우리도 차에 올라가던 길을 계속 달린다.

이 많은 양 떼가 다른 무리와 섞인다면, 자기 것을 어떻게 알아볼까. 주인도 양 떼 중에 어떤 녀석이 자기 것인지 모를 것 같다. 툴가는 시원스럽게 대답해 준다. 양의 몸에 자기 소유임을 표시하는데, 페인트를 이용하기도 하고 낙인을 찍어 구분한다고 한다.

그런데 이 많은 양 중에서 한두 마리 훔친다고 해도 표시 날 것 같지는 않다. 그렇지만 이들의 문화에서는 남의 가축을 훔치는 것에 대하여 엄한 처벌이 내려진다. 마르코폴로는 〈동방견문록〉에 절도죄와 그에 대한 형벌에 대하여 다음과 같이 적고 있다.

> 누군가 물건을 훔치면 그는 태형을 당하게 되는데, 그가 무엇을 훔쳤느냐에 따라 7대, 17개, 27대, 37대, 47대, 이런 식으로 107대에 이르기까지 점차 10대씩 증가하여 간다. 많은 사람이 이 태형으로 죽기도 한다. 만약 누군가 말이나 다른 물건을 훔쳐 그가 사형에 처해지면 칼로 그를 두 동강 낸다. 그렇지만 도적질한 사람이 훔친 것보다 9배나 더 많이 배상한다면 처형을 피할 수 있다.

이렇게 처벌이 무겁다면 도둑질은 목숨을 거는 행위와 마찬가지다. 누가 양 한 마리와 자신의 목숨을 바꾸려 하겠는가. 그리고 이곳에서는 동물들이 흔하니, 구태여 남의 것을 탐낼 필요도 없을 것 같다. 예전부터 유목민들에게 이어져 내려온 규율이 이러하니, 남의 것에 욕심낼 필요도 없고, 내 것을 잃을 걱정도 없을 것 같다.

그런데 왜 하필이면 몽골에서는 징벌의 숫자가 7일까. 몽골에서는 7이라는 숫자가 부정적이라는 것을 센덴자빈 돌람이 쓴 〈몽골 신화의 형상〉에서 찾을 수 있다.

> 숫자 7은 언제나 지하 또는 지하 세계와 관련이 있다. 숫자 7은 존중은 고사하고 오히려 금기시한다. 몽골 민담에 나오는 적대 세력의 용사들은 일곱 대머리로 묘사되고, 지하 세계와 관련되면 숫자 7이 등장한다. 몽골인들에게 7은 죽음과 파멸, 기쁘지 않은 것의 상징이다.

문화마다 금기시하는 숫자가 있는 것 같다. 우리에게 4라는 숫자는 죽음을 의미하는 사死와 소리가 같아서 꺼리는 숫자이다. 이와 마찬가지로, 몽골의 유목민들은 7이라는 숫자가 피해야 할 숫자인 것이다.

* * *

욜린암 구경을 마치고 게르 캠프로 찾아가는 길도 어제처럼 만만치 않다. 욜린암의 산악을 벗어나 달란자가드까지 이어진 길은 포장도로이지만 게르 캠프를 찾아가는 길은 사막으로 바뀐다. 또다시 길도 아닌 울퉁불퉁한 사막을 털털거리며 지나가야 한다.

엊저녁에 잠을 잔 게르 캠프는 시설이 엉성했다. 샤워장이며 전기 시설이 신통치 않았다. 그리고 아침식사도 없어서 주변의 인가까지 차를 타고 나와 밥을 사서 먹어야 했다. 그러니 오늘 우리가 묵게 될 캠프가 어떨지 은근히 궁금해진다. 제발 씻을 수 있는 샤워장이 있으면 좋겠고, 하다못해 전등이라도 마음껏 켤 수 있다면 좋겠다.

우리가 묵게 될 캠프는 분명 '산 밑'에 있다고 했다. 이것이 캠프의 위치를 찾는 주소인 셈이다. 우리네야 한 뼘의 땅일지라도 번지수가 있고 주인이 있지만, 드넓은 사막에서는 이것이 위치를 알려주는 몽골식의 주소이다. 우리에겐 이들의 막연한 소통이 황당할 뿐이다.

그래도 우리에겐 몽골인 툴가가 있다. 벌 나비가 꽃을 찾아가듯, 툴가는 사막에서 길을 찾는다. 툴가가 캠프에 몇 차례 전화를 건다. 그리고 툴가가 한 시간 넘게 헤맨 끝에 사막 한가운데 서있는 캠프를 찾아낸다. 그런데 겨우 찾아간 캠프는 산 밑이라더니 산에서도 한참 떨어져 있다. 여기가 산 밑이란 말인가. 그렇지만 생각해 보면 편평하게 펼쳐진 사막에서 그나마 산이라는 지형이 있고, 그 주변에 캠프가 자리 잡았으니 '산 밑'이라고 하지, 그렇지 않았더라면 더 막막한 주소가 되었을 것이다.

오늘 묵게 될 캠프는 어제와 비교하면 한결 낫다. 여러 채의 게르들이 모여있는데, 한눈에도 잘 지어졌다는 것을 알 수 있고 게르의 규모도 훨씬 크다. 무엇보다 이곳에는 어엿한 샤워장이 따로 갖추

어져 있다는 것이 마음에 든다. 우리 일행은 두 채의 게르를 배정받는다. 두 명이 게르 하나를 쓰는 셈이다. 그러니 어제보다 게르 안의 공간도 한결 넉넉하다.

짐을 풀고 저녁식사를 위하여 따로 마련된 식당을 찾아가니 준비된 음식은 서양식이다. 사막 한가운데서 서양식을 먹게 될 줄이야. 하기야 고기가 흔한 몽골에서 스테이크를 요리한다는 것이 그다지 어려운 일은 아닐 것 같다. 접시에 담겨온 고기를 썰어 입에 넣었더니 매우 질기다. 마치 고무덩어리 같다. 그러나 아침도 신통치 않았고, 점심도 변변치 않아서 저녁은 꿀맛이다.

식사를 마치고 나니 하루의 피로는 쌀가마를 지고 있는 듯 무겁다. 그렇지만 우리 일행은 오늘 저녁을 그냥 보낼 사람들이 아니다.

달란자가드에서 산 술이 있고 과일이 있으니 그럭저럭 푸짐한 술자리가 만들어진다. 우리에게는 한국에서 준비해 간 라면도 넉넉하다. 그리고 전등 조명도 오래도록 쓸 수 있다.

오늘도 많은 일들이 있었다. 차강소브라가에서 달란자가드까지 사막이 펼쳐진 길을 달렸고, 욜린암에서 말을 타느라 애를 썼으며, 욜린암을 구경하느라 땀을 흘렸으니, 하나하나가 열량을 소모하는 일들이었다.

밤은 깊어지고 바람이 많이 분다. 게르의 천막이 바람에 너풀대는 밤이다.

09

모래바람만 날리다

엊저녁에는 일찌감치 술자리를 마무리하였다. 그 덕분에 아침에는 일찍 눈을 뜨게 된다. 게르의 천창으로 뿌옇게 새벽이 내려앉는다. 바깥에는 가볍게 바람이 분다. 이곳 캠프에서 묵은 사람들은 그다지 많지 않았고 시간도 일러 안개처럼 고요가 내려앉은 아침이다.

커피라도 한 잔 마시며 아침을 맞이할 생각으로 짐 꾸러미 속을 뒤져본다. 전기포트를 챙겨왔지만, 지금은 전기가 끊겼으니 쓸모없는 물건이다. 그렇다면 가스버너를 사용해야 한다. 버너에 냄비를 올리고 물을 붓는다. 냄비는 엊저녁에 캠프의 주인에게서 빌린 것인데 뚜껑이 없다. 뚜껑 없이도 과연 물이 끓을까. 조금만 기다려 본다. 걱정과는 달리 냄비 속에서 물이 팔팔 끓는다.

종이컵에 커피가루를 넣는다. 뜨거운 냄비의 물을 컵에 따라야 하는데 손잡이가 없다. 냄비를 수건으로 감싸 조심스럽게 컵에 물을 따른다. 뜨거운 물은 냄비의 표면을 지나며 칙 하는 소리를 내며 컵으로 흘러내린다. 잠시 후 은은한 커피향이 게르 안을 채운다. 바깥으로 나가서 커피를 마시자면 기온이 서늘하기 때문에 긴팔 셔츠를 한 겹 더 입어야 한다.

캠프의 손님들이 아직 잠에서 깰 시간은 아니다. 그래서 주변은 더욱 조용하다. 게르의 바깥은 허허벌판이며 아침해가 뜨려는 듯 동쪽 하늘이 붉다. 바람이 가볍게 살갗을 스친다. 새벽 기온은 커피잔을 감싸 쥘 만큼 서늘하다. 아득한 벌판 끝을 바라보며 호호 불어가며 뜨거운 커피를 한 모금 마신다. 이렇게 아침을 맞이하기는 처음이다. 사막의 한 가운데에서 지평선 위로 떠오르는 아침 해와 더불어 커피를 마시다니. 이런 분위기에서 커피를 마실 수 있다는 것이 오늘 내게 주어진 행복이다. 아침의 시작이 이러니, 어쩌면 오늘도 좋은 일들이 많을 것 같다.

아침식사를 마치고 짐을 꾸린다. 오늘은 7월 24일, 목적지는 홍고린 엘스다. 홍고린 엘스도 음느고비 아이막의 대표적인 관광지 중 하나이다. 그리고 오늘의 이동 거리는 180킬로미터인데, 짧은 구간만 포장도로이고 대부분은 비포장도로라고 한다. 비포장도로를 지나간다는 말에 벌써부터 몸이 뻣뻣해진다.

* * *

지난밤 우리가 묵은 숙소는 사막 한가운데에 있다. 그래서 비포장도로를 조금 지나자, 차량은 다시 포장도로에 들어선다. 요동치던 랜드크루저가 포장도로를 만나 갑자기 조용해진다. 조용한 것이 오히려 낯설다. 비록 짧기는 하지만 포장도로 구간을 다시 만난 것이다.

홍고린 엘스를 찾아가는 길에 오아시스가 있다는 툴가의 이야기를 듣고 우리는 잠시 그곳에 들러 구경하기로 한다. 메마른 사막을 지나며 오아시스를 만난다면 색다른 경험이 될 것 같다. 오아시스라면 맑은 물웅덩이와 야자수가 떠오르고 미역감는 아이들의 따가운 목소리가 머릿속에 그려진다. 그러므로 오아시스는 메마른 사막과 대비되는 천국과도 같은 곳일 것이다. 갈증으로 지친 나그네가 오아시스의 우물가에서 머리를 처박고 벌컥벌컥 물을 들이켜는 모습도 그려진다. 사막의 거친 환경에서 극적으로 반전되는 장면이 내 마음속에 그려지는 오아시스의 환상이다.

우리가 도착한 오아시스는 평지의 작은 숲처럼 보인다. 물론 주변은 모래와 자갈만 널려있는 사막이다. 오아시스는 전체의 둘레가 작아서 마을이라고 부르기는 어려울 것 같다. 숲 주변에는 한 겹 울타리를 쳐놓았는데, 오아시스의 영역임을 의미하기도 한다. 몽골의 음느고비 아이막에서 나무를 구경하기는 지금이 처음인 것 같다. 풀 한 포기 자라기 어려운 사막에서 푸른 잎을 매달고 있는 나무는, 값비싼 보석으로 주렁주렁 치장이라도 한 듯 지극한 사치처럼 느껴진다.

주인의 허락을 얻어 울타리를 넘어 안으로 들어간다. 오아시스에는 채소를 심었고, 몇몇 아낙이 밭에서 양파를 거둬들이고 있다. 이곳에는 감자와 유채, 그리고 양파를 심는데, 이것들은 사막에서 구하기가 무척 어려운 것들이다. 이곳에서는 어떻게 작물에게 물을 주는 것일까. 지하의 물을 펌프로 끌어올릴 것으로 생각했더니, 자연적으로 땅 위로 물이 샘솟는다고 한다. 둑을 파놓아 샘솟는 물이 지나갈 길을 만들고, 물길을 막거나 열어 작물에게 물을 주고 있다. 그렇지만 이들의 농사가 그다지 신통치는 않은 것 같다. 작물들이 무성하게 자라는 것도 아니고 결실도 그다지 탐스럽지는 않다.

나의 머릿속에는 중동 지역의 오아시스가 뿌리박혀 있었던 것 같다. 그래서 우물에서 목욕하는 아이들의 천진난만한 웃음을 기대했던 것인데, 이곳은 몽골이다. 몽골은 중동보다는 위도가 훨씬 높아 야자수도 없다. 물이 펑펑 솟아나지도 않는다. 물이 닿은 곳에만 나무나 작물들이 자란다.

그러나 이곳이 몽골의 사막 한가운데라는 것을 생각한다면, 농작물을 가꿀 수 있다는 것 자체가 대단한 일이다. 오아시스에서 한 발짝만 벗어나면 모래가 어석거리는 사막이다. 그러니 비록 규모는 작아도 사막의 한복판에서 푸릇푸릇한 채소가 자랄 수 있다는 것은 분명 커다란 축복이다.

오아시스 나무 그늘 밑으로 들어오니 주저앉아 쉬고 싶은 생각이 간절하다. 그늘을 벗어나면 뜨거운 햇볕과 열기가 화살처럼 쏟아질 것이다. 그렇지만 이곳에서 마냥 머물 수는 없다. 우리에겐 오늘 안으로 가야 할 목적지가 있다. 아쉬운 마음을 뒤로하고 오아시스를 떠난다. 비록 야자수가 없고, 머리를 감는 여인도 없지만, 그리고 아이들의 노랫소리도 들리지 않지만, 초록의 오아시스에 푸르게 눈을 씻었으니 사막을 내달릴 힘이 솟는다.

* * *

오아시스를 떠나 길을 조금 더 달리니 사막에서는 흔치 않은 작은 마을이 나타난다. 마을을 벗어나면 이제부터는 사막이 계속되고, 더욱이 비포장도로라는 톨가의 이야기를 듣고 마을에서 차라도 한잔 마시며 쉬어가기로 한다.

우리는 차를 파는 식당에 들러 수태차를 주문한다. 수태차는 몽골인들이 즐겨 마시는 대표적인 음료이다. 원래 수태차는 말젖에 녹차가루와 약간의 소금을 넣어 끓인다. 그러면 말젖과 녹차의 맛에 소금의 짭짤한 맛까지 어우러진다. 물이 귀하고 겨울철에는 혹독한 추위에 시달려야 하는 몽골인들에게 수태차는 요긴하면서도 훌륭한 음료이다. 고기를 많이 먹는 몽골인들은 살찐 사람들이 많다. 그런 몽골인에게 수태차는 몸에 쌓인 지방을 분해하는 역할을 한다고 알려져 있다. 우리는 어제 아침에도 식당에서 수태차를 마셨다. 그때는 입맛에 잘 맞아 흡족했다. 그러나 기대와는 다르게 이곳 식당의 수태차는 어제 아침에 먹은 것에는 훨씬 못 미친다. 여기서는 그저 우유를 끓여주는 정도밖에 되지 않는다.

수태차를 마시며 벽에 걸린 차림표를 보니 피자가 눈에 띈다. 이 식당은 수태차는 덤일 뿐이고, 판매하는 주된 음식은 피자였던 것이다. 그래서 다시 피자를 주문한다. 물론 피자는 몽골의 전통 음식은 아니다. 그렇지만 몽골은 우유가 많아 치즈도 많이 생산되기 때문에 피자에는 치즈가 넉넉하게 들어가 맛있다고 널리 알려져 있다. 그래서 배는 고프지 않지만 몽골식 피자를 먹어보기 위해 주문한 것이다. 피자를 주문했더니, 이것을 굽는 데 40분이나 걸린다고 한다. 주문을 취소할까도 생각하지만, 피자를 먹어보고 싶은 욕심 때문에 그 시간을 기다리기로 한다. 그 사이에 우리는 마을을 한 바퀴 돌아볼 작정이다.

이 작은 마을에서 사는 사람이라야 기껏 5백 명이 될 정도다. 그렇지만 광활한 사막에서 목축하느라 띄엄띄엄 떨어져 사는 사람들은 이곳조차 사람들이 많이 모여 사는 곳으로 생각할 것이다. 여기에는 학교도 있고, 병원도 있다. 그렇지만 한낮의 더위 때문인지 사람들은 눈에 띄지 않는다. 학교는 지금이 방학인 모양이다. 시골 학교가 그렇듯이 방학을 맞은 학교 운동장에는 잡초가 수북하다. 조용한 마을을 한 바퀴 둘러보고 다시 식당을 찾으니 피자가 다 만들어져 우리를 기다리고 있다.

그러다가 언뜻 생각하기를, 앞으로 우리의 여행길에 양푼이 있다면 요긴할 것 같다는 생각이 든다. 그래서 식당 주인에게 인근에 양푼을 파는 가게가 있느냐고 물었더니, 그릇이나 냄비는 아이막의 슈퍼마켓에나 있다며 고개를 젓는다. 그렇지만 우리는 양푼이 꼭 필요하다. 몽골 사막에서는 전기 사정이 좋지 않아 전기포트는 쓸모없는 물건이다. 툴가의 트렁크에는 냄비가 있기는 하지만, 그것은 무겁기도 하려니와 라면을 끓이기 위한 용도이다.

양푼이 있다면 수도꼭지에서 졸졸 흐르는 물을 받아 세숫대야처럼 쓸 수 있다. 커피를 마시기 위해 물을 끓일 때도 양푼이 필요하다. 그리고 양푼은 빨래할 때도 필요하다. 과일이라도 씻으려면 양푼이 또 필요하다. 그 하찮은 양푼이 사막에서는 이렇게 다용도로 쓰일 줄이야. 그것을 미리 알았더라면 슈퍼마켓에서 사두었을 것이다.

이 마을을 떠나면 슈퍼마켓은 고사하고 인가를 만나기도 어렵다. 그러니 하찮은 양푼을 어디에서 구한단 말인가. 아쉬운 건 우리다. 그래서 툴가를 통하여 식당에서 쓰고 있는 양푼을 우리가 살 수는 없느냐고 물었더니, 식당 주인은 찌그러진 허름한 양푼을 들고 온다. 이제부터는 낡은 양푼을 두고 식당 주인과 우리가 흥정할 차례다.

얼마를 받겠느냐고 했더니, 식당 주인은 5천 투그릭을 내라고 한다. 5천 투그릭은 2,200원이다. 사실 비싼 가격은 아니다. 그렇지만 우리는 금세 장난기가 발동한다. 흥정에서 웃는 표정은 금물이다. 웃는 표정은 긍정이고, 긍정은 상대방이 부른 가격에 대한 동의다. 그래서 굳은 표정으로 너무 비싸다고 했더니, 주인의 표정도 냉랭하기는 마찬가지다. 그러면서 주인이 뭐라고 몽골어로 말하기에 툴가에게 번역을 부탁했더니 '그럼 아이막에 가서 새것으로 사던가…'라고 해석해 준다. 헌것이라며 가격을 깎으려 했던 우리들의 의도는 한순간에 무너져 내린다. 역시 식당 주인은 장사꾼 기질을 가지고 있었다. 하찮은 양푼일망정 아쉬운 우리가 달라는 돈 다 주고 사는 수밖에 별다른 도리가 없다.

* * *

마을에서 한동안 쉬었으니 이제 출발이다. 마을을 떠나자마자 기다리고 있었다는 듯 비포장 사막 길이 득달같이 나타난다. 요란하게 기우뚱거리며, 뒤꽁무니로는 길게 먼지를 일으키며 사막을 내달린다. 승차감이 좋은 랜드크루저라고는 하지만 정신을 차릴 수 없을 만큼 흔들림이 심하다. 홍고린 엘스, 그곳이 어디인지 나는 모른다. 그러므로 비포장도로를 얼마나 달려야 하는지도 나는 모른다. 그저 참고 견디는 수밖에 없다. 흔들리는 차 안에서는 '홍고린 엘스'라는 발음이 '홍, 고, 린, 엘, 스'로 하나하나 분절된다. 그러니 이야기하기도 어렵다.

털털거리며 사막을 지나다 보면, 마치 먼지가 머릿속까지 들어간 듯 생각마저 잠깐씩 혼미해질 때가 있다. 지금 우리는 튼튼한 랜드크루저를 타고 사막을 가로지르지만, 예전의 여행객들은 이 사막에서 시원한 물 한 모금이 얼마나 간절했을까.

'여독旅毒'은 여행으로 말미암아 생긴 피로나 병을 뜻한다. 나는 이 단어를 이해하기 어려웠다. 즐거운 여행 중에 독이 쌓이다니, 인생의 독을 풀기 위해 떠나온 여행길인데 오히려 독이 쌓이다니, 그 이유를 알 수 없었다. 그러다가 이번에 몽골의 고비를 여행하면서 그 의미를 조금은 이해할 수 있게 된 것 같다. 낙타를 타고 끝없이 펼쳐진 사막을 건넜을 옛날의 여행자들은 얼마나 고단했을까. 그래서 사막을 여행하는 대상隊商들을 위해서 카라반사라이가 필요함을 새삼 깨닫게 된다. 그런 곳에서라도 여행자는 쌓인 여독을 풀어야 한다.

툴가는 오늘의 목적지인 홍고린 엘스의 캠프까지는 아직도 가야 할 길이 한참 남았다며 사막에서 점심을 먹어야 한다고 말한다. 사막에서 밥을 먹을 거라고는 상상도 못한 일이다. 그렇지만 점심시간이 애매하여 어쩔 수 없이 그렇게 해야 할 처지이다. 다행히 우리에게는 마을에서 사둔 피자가 있다. 그리고 배를 채울 몇몇 음식들도 준비되어 있다. 다만 햇볕을 막아줄 그늘이 있었으면 좋겠다. 그늘을 찾으려고 이리저리 살펴보아도 마땅한 곳이 없다. 우리가 기껏 찾아간 곳은 계곡이다.

그런데 차가 멈춘 곳에는 하필 양의 머리뼈가 나뒹굴고 있다. 바닥을 살펴보니 머리뼈뿐만이 아니다. 그러나 일행 중에 놀라는 사람은 아무도 없다. 오히려 머리뼈가 뒹구는 지옥 같은 불볕 아래에서

점심을 때운다는 것이 사막 체험의 진수가 아니겠는가. 죽은 사슴의 머리뼈와, 그 곁에서 먹고 살아야겠다고 점심을 준비하는 우리는 극적인 대조를 이룬다.

점심의 차림은 생각보다 푸짐하다. 휴대용 가스버너를 이용하여 냄비에 물을 끓이고 라면을 삶는다. 먹음직스러운 피자도 있다. 오늘 아침에 먹다 남겨둔 삶은 계란도 넉넉하다. 심지어 사과도 몇 알이 남아있고 음료수까지 갖추었으니, 이 정도라면 정찬이나 마찬가지다. 다만 나무 그늘은 고사하고 바위 그늘조차 찾기 어려운 뙤약볕 아래에서 뜨거운 라면 국물을 마시는 일이 또다시 일어나지 않기를 바랄 뿐이다.

이영산은 〈지상의 마지막 오랑캐〉에서 몽골인이 여행하는 장면을 나타낸 대목이 있다. 그 장면이 눈에 선하게 그려질 만큼 인상적이었다.

> 음식을 끓일 냄비와 물통, 그리고 말린 고기를 묶어 메고 말에 올랐다. 이정표도 없고, 지도도 없었다. 꼬불꼬불 산길을 넘기도 했다가, 길이 사라져 초원을 가로지르기도 했다. 말 등에 지친 몸을 맡긴 채 하늘의 별을 보며 걷기도 하고, 해가 뜨면 해를 보고 방향을 잡아 길을 새로 만들며 걸었다.

이 몽골인은 아마도 혼자일 것이다. 변변치 않은 음식재료를 지니고 사막을 지나는 모양이다. 말린 고기는 준비한 음식의 전부이고, 그것을 끓일 냄비는 그가 지닌 살림의 전부다. 길을 가다가 배가 고프면 나뭇가지를 긁어모아 불을 지피고, 냄비 속에 물을 부어 말린 고기를 끓이는 것으로 모든 준비는 끝난다. 그리고 끓인 음식을 혼자서 먹는다. 이어서 훌훌 털고 또다시 길을 나선다. 이정표도 없는 길이다. 그러니 나그네는 지금 어디를 지나고 있는지도 분명하게 알지 못한다. 다만 해가 뜨는 쪽은 동쪽이고, 해가 지는 쪽은 서쪽일 뿐이다. 이렇게 몽골인들은 사막과 초원을 가로지른다. 그가 알고 있는 것이라고는, 그 끝이 어디인지 도대체 알 수 없다는 것이다.

말린 고기를 끓여 먹으며 이동하는 것은 칭기즈칸 시대에도 마찬가지였다. 말린 고기는 부피를 줄일 수 있고 무게도 가벼워진다. 또한 고기가 상할 염려도 적어진다. 그래서 기마병들은 병참을 걱정하지 않고 어디든 신속하게 이동할 수 있었다. 이것이 몽골 기병이 세계를 호령하게 된 근원이었다. 또한 이것이 샤부샤부의 기원으로 보는 사람들도 있다.

우리는 매우 빠르게 점심 식사를 마친다. 참을 수 없는 불볕더위 때문이다. 라면을 끓이느라 펼쳐놓았던 버너와 냄비를 서둘러 치우고 먹다 남은 사과나 계란 조각은 지나가는 동물이 먹으라고 아무렇게나 던져둔다. 그리고 얼른 차 안으로 숨는다. 차 안은 에어컨이 있어서 한결 시원하다. 찜통 같은 바깥에 있다가 차 안으로 들어오니 지옥은 순식간에 천당으로 바뀐다.

* * *

점심을 먹었으니 차 안에서 앉는 위치도 바뀌어야 한다. 앞서 우리는 한나절을 단위로 자리를 바꾸어 앉기로 약속했었다. 가장 앉고 싶은 자리는 조수석이다. 조수석은 넓기도 하려니와 시야도 멀리까지 트이기 때문이다. 그리고 마침내 조수석은 지금부터 저녁까지 내 차지가 된다.

사막이라고는 하여도 가끔은 풀이 자라고 멀찍이 유목민의 게르가 보이기도 한다. 그러나 그런 것들이 시야에서 벗어나면 또다시 이정표도 없는 길고 긴 사막이다. 똑같은 바깥 풍경 때문일까, 일행은 점차 말수가 줄어들더니 하나둘 끄덕거리면 존다. 잠깐씩 졸다가 차가 심하게 흔들리면 깜짝 놀라 눈을 뜬다. 지루하고도 먼 길이다. 이 험한 길을 두 눈 부릅뜨고 운전해야 하는 툴가가 미안하여 실없이 말을 건네기도 하지만 이야기는 자꾸만 끊어진다.

그러다가 가방에서 공책을 끄집어낸다. 문득 사막에 대한 느낌을 적어보고 싶어진 것이다. 강렬한 태양 빛에 그대로 노출되어 낙타를 타고 사막을 지나가는 나그네의 목마름을 나타내보고 싶다. 끝없이 이어진 사막길에서 느끼는 지루함과 외로움, 그리고 눈을 뜰 수 없을 만큼 세찬 모래바람이 날리는 황량함을 묘사해 보고 싶다.

그러기 위해서는 시간을 아주 오래전으로 되돌려야 한다. 오백 년이나 천 년 전쯤이다. 그리고 낙타에 의지하여 이 거친 사막을 지나가는 나그네가 있다고 상상한다. 가도 가도 끝이 없는 이 길을 홀로 외롭게 건너며, 혹독한 갈증과 배고픔에 기진하여 죽음의 문턱까지 다다른 사내다.

사내는 늙은이보다는 한창 힘이 왕성한 젊은이가 더 잘 어울린다. 그래야 삶에 대한 욕구, 인간으로서 갖게 되는 적나라한 욕망이 충실하게 드러나기 때문이다. 이렇게 가상의 인물을 내세워 글을 지어본다.

짐승 뼈 하얗게 나뒹구는 사막을
별에 그을려 새까만 사막을
낙타 등에 얹혀
흔들리며 가네.
짐짝처럼 실려
가물가물 가네.
하늘과 땅이 만나는

아득한 지평선으로
비루한 내 삶이 흔들리며 가네.

태양은 지상으로 어지러이 화살을 쏘아대고
이글거리는 화로를 쏟아붓기도 하네.
모래바람은 세차게 날리고
입안 가득 어석거리는 모래를
빵처럼 씹네.
불티처럼 뜨거운 바람은
지옥의 아가리를 만들고
나그네는 구워질 듯 익혀지네.

가죽 부대의 물 한 방울을
쥐어짜서 마신 것이
어제였던가 그제였던가.
어느 놈은 울며 들어왔다가 웃으며 나가고,
어느 놈은 웃으며 들어왔다가 울며 나가고,
어느 놈은 들어와서
끝끝내
나가지 못하고 갇혀버리는
여기는 고비.

터벅터벅 한 걸음씩 옮겨
앞서 지나간 사람의 길을 더듬어
앞서 죽어간 사람의 뼈를 밟으며
사막길을 가네.
낙타야 가자,
낙타야 가자,
낙타야 어서 가자,
낙타야 졸지 말고 가자.

저 지평선 끝에는
신기루처럼 나의 아내가 보이네.
침을 꿀떡 삼키고
다시 바라보아도
나의 젊은 아내가 헛것처럼 보이네.
풀 냄새를 머금고
찬물에 가슴 씻어 푸성귀 같은
푸른 눈망울의
내 여인의 웃음소리가
폭포처럼 쏟아지네.

사막의 별빛 우울한 밤
은하수를 훌쩍 건너서

그리운 그대를 만나면

나는 비록 쪼그라든 두 쪽일지라도

수박처럼 탐스러운 그대 가슴팍에

얼굴을 파묻고

늑대처럼 호이호이 울어대는

꿈을 꾸겠네.

비린내 나는 꿈을 꾸겠네.

* * *

마침내 해 질 무렵, 우리는 오늘 저녁에 쉬어갈 캠프에 도착한다. 멀리 홍고린 엘스가 보인다. 숙소의 입구에는 고비 디스커버리 롯지(Gobi Discovery Lodge)라고 영문으로 쓰여있다. 짐을 내리려고 차량의 뒷문을 여는데 잘 열리지 않는다. 사막을 지나느라 먼지를 뒤집어쓴 탓에 틈새마다 먼지가 끼어있다. 겨우 문을 열면, 쌓여있던 먼지들이 연기처럼 뭉게뭉게 피어오른다.

우리의 도착을 기다리고 있었다는 듯이 직원들이 마중 나와 반갑게 인사한다. 그리고 오늘 저녁 우리에게 배정된 게르로 짐을 날라준다. 원래 이런 게르 캠프는 여름철이 성수기다. 그러나 전염병이 심하여 근래에는 여행객이 줄어든 탓인지 직원들의 정성은 더욱 각별하다.

숙소의 입구에는 낙타 조형물이 서있다. 그런데 분명 낙타이건만 사슴처럼 머리에 뿔을 달고 있다. 조형물을 보면서 낙타가 사슴처럼 뿔을 달고, 돼지처럼 꼬리가 짧다는 전설이 생각난다. 체렌소드놈이 조사한 <몽골의 설화>에 의하면, 뿔은 원래 낙타의 것이지 사슴의 것은 아니었다고 한다. 그러면서 그 사연을 다음과 같이 전한다.

아주 오랜 옛날 조물주가 동물을 만들 때, 낙타의 불알을 만드는 것을 깜빡 잊어버렸다. 낙타가 불알을 얻으려고 갔을 때, 조물주는 남아있던 작은 불알을 내주었다. 그러자 낙타는 "내 몸집이 이렇게 큰데 내게 준 불알이 너무 작다."며 불알 받기를 거절하였다. 그러자 조물주는 크게 화를 내며 낙타의 뒤에다 그것을 던져버렸다. "가지려면 갖고, 싫으면 그만두어라!" 그러자 그 작은 불알은 낙타의 뒤쪽으로 날아가 붙어버렸다. 이런 이유로 낙타의 불알은 뒤쪽에 있게 되었다. 이럴 무렵, 사슴

은 조물주가 동물들에게 무언가를 나누어준다는 말을 듣고 뿔을 부탁하러 갔다. 그러자 조물주는 "가장 아름다운 뿔은 이미 낙타에게 주었다. 네가 낙타를 속여서 뿔을 가질 수 있다면 행운일 것이다." 하고 사슴을 돌려보냈다. 사슴은 낙타를 만나서, "단 하루만 뿔을 빌려줄래요? 오늘 동물 잔치에 갈 때 치장하고, 내일 물가에서 만나면 꼭 돌려드릴게요." 하고 부탁하였다. 낙타는 사슴에게 뿔을 빌려주었다. 그다음 날, 낙타는 물가에 와서 뿔을 돌려받으려고 꽤 오랫동안 기다렸지만 사슴은 오지 않았다. 그 후로 낙타는 물을 마실 때마다 사슴이 뿔을 주러 올까 하고 이쪽저쪽을 두리번거리며 먼 곳을 바라보며 서있게 되었다. 그러나 사슴은 낙타를 속여 그 뿔을 얻었기 때문에 해마다 뿔이 떨어지게 되었다고 한다.

몽골의 고비 사막에 사는 낙타는 등에 혹이 두 개가 있는 쌍봉낙타다. 낙타는 사막을 대표하는 동물이다. 낙타는 묵묵히 고된 사막길을 참고 건너는 인내심, 그리고 사람의 말을 잘 따르는 유순함과 충직함을 대표하는 동물이다. 사막 여행에서는 꼭 필요한 동물이기도 하다. 그런 낙타에게 사람들은 고마움의 표시로 멋진 뿔이라도 선사하고 싶었을 것이다. 그렇지만 낙타는 뿔이 없으니, 원래는 낙타의 것이었으나 사슴의 거짓말에 넘어가 멋진 뿔을 잃어버렸다는 이야기를 지어낸 것은 아닐까.

사슴의 거짓말에 넘어갔다는 이야기는 낙타가 한편으로는 어리

숙한 동물이란 뜻이기도 하다. 영리하게 자기 잇속을 챙기는 사슴과는 달리, 낙타는 근사한 뿔을 빼앗기는 미련 맞은 동물이기도 하다. 겨우 챙긴다는 것이 조물주에게 얻은 몸집에 어울리지 않는 작달막한 불알일 뿐이다. 그마저도 투정을 부려 터무니없이 뒤쪽에 붙이고 다니기는 하지만.

게르에 짐을 정리하고 나니 저녁 먹을 때까지는 시간이 많이 남아있다. 오늘 같은 날은 빨래하기 좋은 날이다. 지금까지는 빨래할 틈이 없었다. 시간이 허락되었다 하더라도 물이 귀하여 빨래하기는 쉽지 않았다. 짐꾸러미에서 비닐봉지에 담아두었던 묵은 빨래를 꺼낸다. 퀴퀴한 냄새가 난다. 오늘 입었던 옷에서도 시큼한 땀 냄새가 난다. 빨랫감과 양푼을 들고 세면장으로 향한다. 수도꼭지를 틀어 꼬맹이 오줌발처럼 쫄쫄 흘러내리는 물을 양푼에 모아 빨래를 한다.

빨랫비누가 없으니 세면 비누로 대신한다. 빨랫비누보다 거품은 덜하지만 그럭저럭 옷이 빨아지는 것 같다. 약한 물줄기이기는 하지만 끊어지지 않는 것을 감사해야 할 처지다.

게르 안의 서까래 사이를 비닐 끈으로 이어서 빨랫줄을 만든다. 빨랫줄에는 팬티며 메리야스, 양말이 패잔병의 백기처럼 널린다. 여행의 상흔들이다.

이제부터 두 다리를 쭉 펴고 쉬면 된다. 해거름이건만 바깥은 햇볕이 따갑다. 그러나 그늘 속은 선선하다. 차가운 물로 몸도 씻었으니 한결 상쾌하다. 나는 오늘도 사막을 건넜다. 내일도 건너게 될 사막이지만 내일의 일은 내일 걱정하면 될 일이다.

10

홍고린 엘스

간밤에는 하늘에 구름이 잔뜩 끼어있어서 별을 구경하기가 어려웠다. 그런데 오늘 새벽에 밖으로 나가보니 거짓말처럼 구름이 걷히고 밤하늘에는 빼곡하게 별들이 떠있다. 별빛이 어찌나 가깝게 보이는지 손을 쭉 뻗으면 한 움큼 잡힐 듯 별들이 총총하다. 또렷한 별들을 한동안 넋을 잃고 쳐다보고 있자니 어느덧 새벽잠은 달아나버린다.

나이를 먹으면 이런저런 경험이 쌓여서 어린 시절보다 아는 것은 더 늘어나기 마련이다. 그런데 예외도 있다. 별자리 이름을 아는 것이 바로 그것이다. 어렸을 적에는 별자리 이름을 많이 알고 있었다. 그러나 지금은 고작 북두칠성만 알고 있을 뿐이다. 북두칠성은 그나마 별빛이 선명하고 국자 모양의 생김새도 잊히지 않을 정도로 특이해서 그렇지, 아니었더라면 그마저도 잊었을 것이다. 그리고 국자 모양의 끄트머리 별자리 두 개를 다섯 번 거듭하면 그곳에 북극성이 있다. 그러므로 북두칠성을 알아야 당연히 북극성도 찾을 수 있다.

현대의 도시에서는 별들이 잘 보이지 않는다. 대낮처럼 불을 밝힌 도시의 조명 때문에 별은 병을 앓고 있는 환자처럼 빛을 잃었다. 그리고 바쁜 사회생활에서는 고개를 들어 하늘에 떠있는 별을 바라볼 마음의 여유도 잃었다. 그저 앞만 보고 허겁지겁 달려야 한다. 한눈을 팔았다가는 남들보다 뒤처지기 때문이다.

그러나 그것이 과연 바람직할까. 헛된 꿈, 혹은 쓸데없는 욕심 때문에 정작 자신의 귀하디 귀한 꿈은 내팽개친 채 남들이 달려 나가는 곳으로 나도 덩달아 내달리는 것은 아닐까. 현대 산업 사회는 경쟁 사회다. 내가 살기 위해서는 상대방을 이겨야 하는 냉혹한 사회구조이다. 이런 경쟁 사회에서 뒤처지게 될까 두려워하고, 남에게 지면 안 된다는 압박감 때문에 내달리는 것은 아닐까. 그러니 내달리는 생활은 어쩌면 피동적으로 '내몰리는' 삶이라고 해야 더 어울리지 않을까.

하늘에 떠있는 별의 의미는 무엇인가. 어릴 적 동심의 세계로 돌아가 생각해 보면, 별은 머나먼 미지의 세계였다. 그곳은 갈 수 없는 세계였으므로 동경의 세상이기도 하였다. 막연하기는 하지만, 별이라는 단어는 꿈과 동의어였다. 그렇다면 밤하늘의 별에 대해서 그다지 관심이 없는 현대인들은 꿈을 잃었다는 의미가 아닐까. 우리는 무엇을 얻기 위해서 별을 잃어버린 것일까. 우리가 겨우 얻어낸 물질적 풍요가 별에 대한 정신적 가치보다 더 월등한 것이란 말인가.

계산이 빠르고 영악한 현대인들이다. 무슨 일이건 손익 계산이 앞서고 손해나는 일은 절대로 하지 않는다. 그리고 하나라도 더 얻으려고 충혈된 눈으로 사방을 두리번거린다. 현대인들은 부나 명예를 얻기 위해 어쩌면 꿈을 팔아버렸는지도 모를 일이다. 그들의 꿈과 동심은 하찮은 것이 되어버렸다. 오로지 번쩍거리는 금붙이를 얻기 위해서.

오늘 새벽에는 별을 바라보며 지나온 날들을 되새기기도 하고, 이런 저런 생각에 잠기기도 했다.

* * *

오늘의 일정은 이른 아침에 홍고린 엘스의 모래사막을 오르고, 한낮은 게르에서 쉬었다가, 저녁 무렵에는 낙타를 타는 것이다. 홍고린 엘스는 숙소에서 가깝다. 마찬가지로 낙타를 타게 될 곳도 가깝다. 더욱이 오늘은 게르도 바뀌지 않으며 사막을 건너지도 않는다. 오늘은 온종일 한가한 시간을 느긋하게 즐기면 된다.

한낮에는 더위 때문에 홍고린 엘스의 모래 언덕을 오르기가 쉽지 않다고 하여 동이 트는 아침 여섯 시에 캠프를 떠난다. 모래 언덕을 다녀온

뒤에 아침을 먹겠다고 캠프의 식당에 미리 일러두었다. 모래 언덕으로 가는 길에는 짐을 꾸릴 필요도 없다. 등짐 하나 달랑 메고서 길을 나선다. 동녘에서는 아침이 천천히 밝아오고 있다. 기온도 상쾌하다. 우리가 오를 모래 언덕은 숙소에서 10여 분 남짓 떨어진 거리에 있다.

고비 사막 속의 홍고린 엘스는 몽골에서 가장 큰 모래 언덕이다. '홍고린(khongoryn)'은 이곳의 지명이며, '엘스(els)'는 언덕이란 뜻이다. 몽골어를 해석하면 '홍고린의 모래 언덕' 정도가 될 것이다. 몽골 사람들은 이곳을 '도트 망항(duut mankhan)'이라고도 부르는데, 이는 '노래하는 언덕'이란 뜻이다. 모래 언덕에 바람이 불면 모래가 거칠게 흩날리는데, 그 소리가 마치 노래하는 것처럼 들리기 때문에 붙여진 이름이다. 홍고린 엘스는 폭이 12킬로미터인 모래 언덕이 100킬로미터 가까이 이어진다. 이곳에서 가장 높은 곳의 높이는 300미터 정도라고 한다.

모래 언덕에 도착하니 우리보다 앞서 온 서양인 대여섯 명만 보일 뿐 주변은 한산하다. 그들은 이미 모래 언덕을 올라갔다가 내려오는 중이다. 그러면서 이제 막 언덕을 오르려는 우리에게 엄지손가락을 추켜세워 보여준다. 모래 언덕이 멋지다는 의미일 것이다. 서양인의 격려에 힘을 내어 우리는 언덕으로 향한다. 아래에서 바라보면 모래 언덕이 그다지 높지는 않은 것 같다. 한달음에 오를 수 있을 것처럼 낮게 보인다.

사막에서 모래 언덕을 오르는 장면은 텔레비전의 여행 프로그램에서 많이 볼 수 있다. 그들은 모래 언덕을 힘겹게 오르는 것을 볼 수 있는데 촬영을 위하여 행동이 과장되었다고 생각했다. 그리고 언덕에 오른 뒤에도 마치 높은 산이라도 오른 것처럼 환호하는데, 이것도 또한 호들갑을 떤다고 생각했다. 모래뿐인 사막의 언덕이 과연 감동적일까 의심하였다.

우리는 숙소에서 빌려준 썰매를 하나씩 들고 모래 언덕을 오른다. 내려올 때는 썰매를 타고 신나게 내려올 작정이다. 그러나 몇 걸음 걸어보고는 모래 언덕을 만만하게 생각한 것이 잘못이란 것을 금방 알아차린다. 모래 속으로는 발이 푹푹 빠져든다. 신발 속에도 모래가 가득 차서 무거워진다. 모래 속에 찰떡이라도 숨겨진 듯 속으로 들어간 신발은 잘 빠지지도 않는다. 더구나 모래 언덕에 발을 내디디면 미끄러져 내리기까지 한다. 힘겹게 두 걸음을 걸으면 한 걸음 정도는 미끄러져 내린다. 그러니 걸음걸음이 여간 힘든 것이 아니다.

모래 언덕을 오르자면 걸음마다 정성스럽다. 또한 열 걸음을 올라가 숨을 고르며 한참을 쉬어야 할 만큼 고되다. 거추장스러운 신발과 양말을 벗어 짊어진 가방 속에 욱여넣고 다시 언덕을 오른다. 더욱이 세찬 모래바람이 끊임없이 일어 얼굴을 따갑게 때린다. 눈을 뜨는 것조차 힘들 지경이다. 얼굴은 땀으로 범벅인데 모래까지 달라붙는다. 모래바람이 불어와 옷 속으로도 모래가 들어간다. 모래 언덕을 우습게 본 것이 잘못이다.

썰매는 플라스틱으로 넓적하게 만들어졌는데 무겁지는 않다. 그렇지만 내 몸조차 가누기 버거우니 언덕 꼭대기로 썰매를 끌고 올라가는 것도 귀찮아진다. 삽으로 땅을 찍듯이 썰매로 모래를 찍어가며 올라가니 그나마 도움이 된다.

아침 해는 금세 솟아올라 더워지기 시작한다. 한낮이라면 모래 언덕을 오르는 것이 얼마나 힘겨울까. 그나마 이른 아침에 오르기를 잘했다. 모래 언덕의 정상까지는 10분 정도면 거뜬히 오를 것으로 생각했다. 눈앞에 있는 모래 언덕의 높이는 야트막하게 보였기 때문이다. 마침내 어렵사리 언덕의 꼭대기까지 오른다. 힘겹게 정상에 올라 시계를 들여다보니 30분 정도가 걸린 듯하다.

모래 언덕의 능선은 생각보다 경사가 급하여 발을 내디디기가 조심스럽다. 꼭대기의 모래는 가파른 경사를 타고 물처럼 흘러내린다. 불어오는 모래바람도 능선에서는 매우 거칠다. 아주 고운 모래

가 세찬 바람을 타고 날아와 또 다른 지형을 만드는 중이다. 내가 지나온 발자국은 바람에 날려 금세 지워진다.

언덕의 꼭대기에서 바라보면 바람이 빚어놓은 모래 언덕의 물결이 매우 부드럽다. 그리고 낮게 떠오른 아침 햇살 덕분에 언덕의 음영은 더욱 선명하다. 길게 이어진 사구의 모습이 도드라진다. 우아하게 굽은 곡선이 끝없이 이어진다. 장쾌한 장면이다.

모래 언덕에서 바라보는 전망도 시원스럽다. 모래 언덕의 높이는 얼마 되지 않지만, 사막의 평지보다는 훨씬 높아서 멀리까지 내려다보인다. 아스라이 돌산이 보이고, 구불구불 사막으로 멀어지는 길도 보인다. 멀리로는 희미하게 게르가 서 있는 것도 보이는데, 흰색의 하얀 점이 그것이다. 우리가 묵고 있는 게르는 한결 가깝게 보인다. 모래 언덕은 아득하게 멀어 끝이 다 보이지도 않는다. 길은 실가닥처럼 길게 이어지다가 끝내 흐려져 시야에서 사라진다.

욜린암에서부터 우리는 이 모래 언덕을 옆에 두고 지나왔다. 그중에서도 이곳의 모래 언덕이 유명하여 힘겹게 사막을 건너온 것이다. 모래 언덕의 꼭대기에 서서 발아래에 펼쳐진 세상을 바라보며 홍고린 엘스를 찾아온 보람을 새삼 느낀다.

모래바람이 따갑게 얼굴을 때리기 때문에 꼭대기에서는 오랫동안 머물 수는 없다. 아쉽기는 하지만 내려가야 한다. 올라오느라 애쓴 것에 비하면 내리막길은 한결 수월하다. 이번에는 한 걸음만 내디뎌도 모래에 밀려 두 걸음이나 된다.

모래 언덕을 내려와 캠프로 돌아오니 아침식사시간도 훌쩍 지나버렸다. 그렇지만 숙소의 식당에 미리 이야기해둔 덕택에 늦게나마 아침을 먹게 된다. 새벽부터 힘을 쏟았으므로 늦은 아침이 더욱 맛있다.

식사 후에 할 일은 씻는 것이다. 머리카락 사이사이에는 모래가 가득하다. 얼굴을 문지르면 고운 모래가 때처럼 밀린다. 신발이며 양말 틈새에도 모래가 끼어있다. 그렇지만 씻을 물이 없다. 샤워장은 아예 잠가둔 상태다. 여기서는 저녁 일곱 시부터 열 한시까지만 발전기를 돌리고, 펌프로 지하의 물을 끌어올린다. 저수탱크의 용량도 턱없이 작아서 종일 물을 공급하기란 애초에 불가능하다. 그렇지만 모래 때문에 씻지 않고서는 도저히 견딜 재간이 없다.

관리인에게 겨우 허락을 얻었는데, 샤워를 일찍 끝내야 한다고 거듭 당부한다. 샤워장에 들어갔더니 쫄쫄 떨어지는 샤워 꼭지에서 1분 동안 물을 받으면 고작 한 바가지나 채울 듯한 양의 물이 흘러나온다. 그래도 그 아래에 머리를 디밀었더니 머리카락 틈새에 끼어있던 모래가 씻겨 바닥에 소복하게 쌓인다. 얼굴과 머리는 비누칠하여 씻지만 몸뚱이는 엄두도 내지 못하고 물만 묻히고 씻기를 마친다. 그나마 몸을 씻으니 살 것 같다. 몸이 개운하니 마음도 훨씬 상쾌해진다.

* * *

늦은 아침도 먹었으니 이제부터 저녁 무렵까지는 휴식 시간이다. 점심은 한 시에 먹기로 하였고, 오후 다섯 시에 낙타를 타기로 하였으니 오전에도 시간 여유가 있고, 점심 식사 이후의 오후 시간도 여유 시간이다. 오늘은 휴식이 길다. 다른 분들은 아침 일찍 일어나 모래 언덕을 오르느라 피곤했는지 침대에 눕더니 이내 잠든다.

나는 조심스럽게, 피자집에서 5천 투그릭을 주고 산 양푼을 휴대용 가스버너 위에 올리고 물을 적당히 채운다. 뚜껑이 없어도 물이 펄펄 끓는다는 것은 이미 알고 있다. 바깥 날씨는 매우 덥다. 그래도 뜨거운 커피가 좋을 것 같다. 아이스커피는 배탈이 날까 두렵다. 그리고 아이스커피는 마시고 싶어도 불가능하다. 얼음을 어디에서 구한단 말인가.

커피 한잔 들고서 바깥으로 나간다. 바깥은 백색의 여름이다. 검은색조차 하얗게 만들 정도로 햇볕은 강렬하다. 커피 마실 장소는 미리 점찍어 두었다. 샤워장 뒤편에는 작은 쉼터가 있는데 제법 그늘을 만들고 있다. 이곳이라면 남들 눈에 띄지 않고 나 혼자 커피를 마시기에 적당한 장소가 될 것이다.

이곳은 우리식으로 친다면 정자라고 해야 할 것 같다. 여덟 개의 기둥을 세우고 나무로 지붕을 만들어 얹었다. 정자의 가운데에도 기둥이 있는데, 이 기둥을 감싸고 탁자가 놓여있다. 여덟 개의 기둥 사이에는 안쪽을 향하여 의자가 이어진다. 기둥이며 나무 의자는 페인트로 칠을 하였지만, 세월을 이기지 못하고 부스럼처럼 군데군데 칠이 벗겨져 있다. 그리고 나뭇결 틈새에는 양의 것인지 낙타의 것인지는 알 수 없는 털이 붙어 있다.

캠프에서 일손을 거드는 청년 두 명이 엉성하게 나무로 만든 농구대에 공을 던진다. 반바지 차림에 웃통을 벗었는데 강렬한 햇볕에 살이 새빨갛게 익었다. 따가운 햇볕에 화상이라도 입지 않을까 걱정스럽다. 청년들은 장대에 걸린 테두리 안으로 몇 번 공을 던지는가 싶더니 싫증을 느꼈는지 농구대를 떠난다. 그들이 사라진 곳에서는 하얀 빨래가 바람에 하늘거린다. 젊은이들이 숨은 곳은 그들의 숙소이며, 캠프의 손님들이 사용한 침구를 세탁하여 널어두는 곳인 모양이다. 사람들은 모두 어디로 갔는지 눈에 띄지 않는다. 한낮의 더위를 피해 피난이라도 가듯이 모두 실내로 숨었을 것이다. 시간이 멈춘 것 같은 오후의 사막이다.

하늘에는 거친 붓으로 대충 휙휙 붓질한 듯 구름이 그려져 있다. 바람이 거칠다. 광활한 사막의 바람은 뜨끈뜨끈한 열풍이다. 그렇지만 습기가 없어 찐득거리지 않으니 참을만하다. 더구나 그늘에 앉아 있으면 몸을 뽀송뽀송하게 말려준다.

아늑히 먼 지평선, 아지랑이가 지평선 위로 피어오르는 그 끝에 물이 보인다. 우묵하게 들어온 만灣 깊숙이 물이 가득 들어찼고, 주변에는 섬들이 둥둥 떠 있다. 저곳이라면 물도 넉넉하고 시원하여 편히 쉴 수 있을 것이다. 목젖을 찢을 것 같은 갈증도 저곳이라면 스르르 풀릴 것 같다. 그러다가 눈을 껌벅거리며 그곳을 다시 바라본다. 몽골에는 바다가 없다. 그러므로 만灣도 있을 수 없다. 그렇다면 저것은 무엇일까. 날씨가 너무 더워 내가 환영을 보고 있는 것일까. 내가 보고 있는 것은 바로 사막의 신기루다. 나는 아지랑이 피어오르듯 가물가물 먼 거리에 물이 있다는 환영을 보고 있는 것이다.

사막의 열풍이 불어오는 한낮에, 남들은 낮잠을 자고 있고, 번잡스러운 일들에서 벗어나 한가로이 하늘이나 바라보고 있자니 나 홀로 외톨이가 된 느낌이다. 따라서 이곳이 바깥세상과는 인연이 끊긴 외딴섬처럼 생각된다. 물 한 방울 구하기 어려운 사막에서 사람이 오도 가도 못하는 외딴섬이라니. 그러나 섬은 바다에만 있는 것이 아니다. 사막에도 섬이 있다. 절연絶緣의 섬은 세상 어디에나 다 있다.

중세 시대 아랍의 여행가이자 탐험가였던 이븐 바투타는 모로코에서 태어났다. 이슬람교도였던 그는 고향을 떠나 성지인 메카를 순례하였는데, 순례를 마친 뒤에도 고향으로 돌아가지 않고 중국까지 여행한 사람이다. 1325년부터 1354년까지 여행을 하였으니, 기간은 무려 30년이다. 세상을 돌아보고 많은 경험을 한 그였지만, 그가 정작 살고 싶은 안식처는 외딴섬이었다. 그의 저서 〈이븐 바투타 여행기〉에는 외딴섬에 대하여 다음과 같은 이야기가 있다.

> 우리는 이 제도諸島의 자그마한 섬에 이르렀다. 집이라곤 한 채밖에 없다. 주인은 직조織造 일을 하며 아내와 몇몇 자식들을 거느리고 있다. 야자나무가 여러 그루 있고, 작은 쪽배가 한 척이 있는데, 그 배로 물고기를 잡거나 다른 섬을 다녀오기도 한다. 이 섬에는 바나나 나무도 있다. 이 섬에 있는 육지의 새로는 까마귀 두 마리밖에 보지 못했는데, 우리가 이 섬에 당도했을 때 우리가 탄 배 위를 이리저리 선회하고 있었다. 사실 나는 그 주인이 부러웠다. 만일 이 섬이 나의 것이라면, 나는 이곳을 나의 영원한 안식처로 삼았을 것이다.

번거롭고 귀찮은 일들이 많은 세상이다. 신경 쓰이는 사람도 많다. 아버지의 말씀에도 귀를 기울여야 하고, 아들의 이야기도 들어줘야 한다. 직장 상사의 눈치를 살펴야 하고, 아랫사람이 엉뚱한 실수를 저지르지는 않는지 눈여겨보아야 한다. 이웃과 사이좋게 지내기 위해서는 하고 싶은 말이 있어도 참아야 한다. 이런 일들이 싫다면 섬이나 산속으로 숨어 들어가는 수밖에 없다. 또는 여기처럼 사막의 한가운데에 게르를 짓고 사는 것도 세상을 피하는 방법이다.

나는 지금까지 사막을 돌아다니며 외로움을 말해왔다. 아무도 없는 곳에서 혼자서 산다면 얼마나 사람들이 보고 싶을까 상상했다. 사막에 게르 한 채 짓고 홀로 살아가는 쓸쓸함은 견뎌내기 쉽지 않은 고통일 것이라고 말했다. 이는 외로움에 대한 부정적인 견해였다.

그러나 사람들은 일부러 혼자만의 외로운 시간을 갖고 싶을 때도 있다. 아무도 살지 않는 무인도에서 로빈슨크루소처럼 맨몸으로 혼자서 살고 싶기도 하다. 눈이 쌓여 오도 가도 못하는 산중 암자에서 한 열흘 정도를 살아보고 싶기도 하고, 인터넷도 텔레비전도 없는 오지에서 세상 돌아가는 일에는 등을 돌린 채 살아보고 싶기도 하다. 전등도 없고 수도도 없는 오지에 들어가 짐승처럼 살면서, 이 세상을 사느라 켜켜이 쌓여있던 먼지를 닦아내고 싶을 때도 있다. 이는 세상 사람들로부터 자신을 숨기고 싶기 때문이다. 자신을 숨길 수 있는 곳을 찾는다면, 여기도 마땅할 것 같다.

한가한 오후 시간을 혼자서 호젓하게 보낸다. 커피가 식어가는 줄도 모르면서.

* * *

점심을 먹은 뒤에도 일행은 게르에서 벗어나질 않으려 한다. 오후에는 햇볕이 더 강렬하기 때문이다. 그러다가 저녁 무렵이 되어서야 오늘의 남은 일정인 낙타를 타기 위해서 게으르게 몸을 움직인다. 낙타를 탈 수 있는 곳은 캠프에서 가깝다. 우리가 모래 언덕을 오갈 때 익혀두었던 곳이기도 하다. 관광객을 대상으로 잠깐 낙타를 탈 수 있도록 한 곳인데, 50여 마리의 낙타가 손님을 기다리고 있다.

말이나 양은 보통 서있는 것에 비하여 낙타는 바닥에 납작 앉은

모습을 자주 볼 수 있다. 그리고 이 녀석들은 되새김질하는지 끊임없이 주둥이를 움찔거린다. 앞으로 툭 튀어나온 주둥이며, 터무니없이 아래에 붙은 눈은 그다지 보기 좋은 모습은 아니다. 낙타의 털 색깔은 갈색이다. 그러나 낙타의 등에 붙어 있는 육봉의 맨 꼭대기 부분은 한 줄로 진한 갈색이다. 특히 이 털은 다른 곳보다 뻣뻣하다. 낙타의 육봉이 단단하면 젊은 녀석이다. 늙으면 육봉은 힘이 빠진 듯 늘어진다고 한다.

관광객을 대상으로 하므로 낙타는 잘 조련되어 있어 유순하다고 한다. 그러나 낯선 동물이어서 가까이 가기에는 조심스럽다. 사람이 겨우 낙타 등에 오르면 낙타가 벌떡 일어서는데, 그 위의 사람은 앞으로 심하게 쏠렸다가 갑자기 뒤로 밀린다. 그리고 순식간에 높이가 높아져 당황한다. 그렇지만 말을 타는 것보다는 안정적이다. 특히 쌍봉낙타는 두 개의 육봉이 있고, 그 사이에 사람이 들어가기 때문에 앞뒤를 의지할 수도 있다.

낙타를 밧줄로 이어서 일행 네 명이 행렬을 이룬다. 그런데 내 뒤에 있던 녀석은 눈이 가려운지 나에게 가까이 다가와 자꾸만 바지에 눈을 비빈다. 낯선 녀석의 눈에서 나온 분비물에 질겁하고 놀라지만 내가 막을 방법은 신통치 않다. 그러다가 살펴보니 낙타의 코에 길쭉한 코뚜레가 끼워진 것을 발견한다. 이 녀석의 약점은 바로 이것이었다. 그리하여 코뚜레를 잡아 낙타를 일정한 거리로 떨어트린다.

모래밭은 바람이 빚어놓은 무늬가 곱다. 그리고 불룩하게 솟아오른 작은 모래더미 위에는 메마른 사막인데도 풀이 자란다. 낙타는

지나가다가 풀을 뜯기 위해 머리를 숙이기도 한다. 그럴 때면 몸은 앞쪽으로 쏠리게 된다.

낙타의 등에 올라 끄덕거리며 사막을 지난다. 몽골의 사막에서는 낙타가 사람이나 짐을 실어 나르는 유용한 운송 수단이었다. 몽골인들은 낙타의 인내심에 기대어 삶을 이어왔던 것이다. 그들은 거친 사막길을, 모래바람이 심하게 불어오는 사막길을, 물 한 모금 구하기 어려운 사막길을, 낙타에 의지하여 건넜다.

그렇지만 놀아보자고 동물의 몸을 빌리는 것은 그다지 즐거운 일이 아니다. 운송 수단이던 낙타가 이제는 관광 수단으로 변질되었다. 그러니 낙타 등에 몸을 실을 내 마음은 낙타에게 빚이라도 진 듯 미안하고 불편하다. 낙타 등에서 보내는 시간이 이십여 분이어서 그나마 다행이다.

앞에서 낙타를 끌고 가는 몽골인은 작은 여자애와 젊은 남자다. 여자애는 기껏해야 열 살 정도 되어 보이고, 남자는 서른이 안 됐을 것 같은 청년이다. 체험을 마치고 낙타에서 내려 이곳 체험장을 관리하는 사람이 묵을 듯한 게르를 기웃거리니 주인이 안으로 들어오라고 손짓한다. 현지인의 게르 안은 어떨지 궁금하던 차여서 우리는 기다렸다는 듯이 안으로 들어간다.

우리는 지금까지 게르에서 잠을 잤기 때문에 내부의 구조는 낯설지 않다. 그러나 우리의 게르는 여행자 숙소였고, 이곳은 몽골인들이 실제 생활하는 공간이어서 살림살이가 두루 갖추어져 있다. 안쪽 벽체에는 무늬가 화려한 카펫을 둘렀고, 바닥에도 카펫을 깔았다.

게르의 내부는 주황색이 많아 전체적으로 밝고 화려한 느낌이다.

게르의 중앙에는 궤짝처럼 생긴 상자 위에 사진을 넣은 액자를 올려두었는데, 가족들의 사진이다. 이들은 유목민이므로 이곳에서 오래 살지는 않을 것이다. 그러나 소중한 가족만큼은 항상 함께하고 싶어서인지 액자 속에는 사진으로 빼곡하다.

그리고 잠시 후 앞장서서 우리들의 낙타를 끌어주던 여자아이가 손님 접대용의 먹을거리를 가져오는데, 주인은 여자아이가 자기 딸이라고 말한다. 낙타를 몰던 젊은 남자는 주인의 아들이다. 딸은 초등학교에 다니고, 아들은 초등학교 교사라고 자랑한다. 둘 다 방학을 맞아 아버지를 돕기 위해 여기서 일하고 있다.

여자아이는 낙타 형상의 작은 소품을 가져와 우리 앞에 펼쳐놓는다. 천으로 낙타의 겉모양을 만들고, 안에는 털을 넣어 실로 꿰매면 낙타 형상이 된다. 여자아이의 낙타에는 쌍봉이 뚜렷하다. 주인은 딸을 대신하여, 딸이 직접 만든 낙타 모형이라고 말한다. 그러면서 덧붙이기를, 이것을 팔기도 한다면서 사겠느냐고 우리에게 넌지시 묻는다. 게르로 초대해 준 고마움도 있어 박절하게 거절하지 못하고 얼마에 파느냐고 물었더니 생각보다 비싸다. 이왕 이렇게 된 바에야 여자아이가 만든 소품을 사주는 수밖에 별다른 도리가 없다.

* * *

오늘 낮에는 햇볕이 강렬하여 눈이 부시더니만, 저녁 무렵이 되자 구름이 몰려와 하늘을 덮는다. 날씨가 이렇게 빠르게 변화하다니 신기한 일이다. 금세 하늘에 번개가 번쩍거리고 고막을 찢을 듯 천둥이 친다. 그리고 요란하게 폭우가 쏟아진다. 게르 바깥으로 한 발자국만 나가도 옷은 후줄근하게 젖어버린다. 또한 기온이 뚝 떨어져 선득하다. 얼마나 반가운 일인가. 더위를 식혀줄 비가 내리다니.

낮 동안의 상념이 빗물에 씻겨나가 마음이 홀가분하다. 오늘 하루는 선물 같은 하루였다. 힘들게 이동하지 않았으니 오늘 하루가 선물이고, 켜켜이 쌓인 먼지를 말끔하게 씻어내는 비가 내리니 오늘이 또한 선물이다. 나는 어두운 게르에 누워 빗소리를 들으며 잠 속으로 빠져든다. 선물 같은 오늘 하루에 감사하면서.

11

바양작 가는 길

이른 아침, 잠에서 깨어 바깥으로 나와보니 엊저녁에 내리던 비는 그치고 하늘이 맑다. 노란빛이던 게르 주변의 푸석푸석 메마른 모래는 간밤에 내린 비로 눅진해졌다. 마침 선물을 한 아름 건네듯이 동녘을 붉게 물들이며 아침이 밝아온다. 그리고 해는 게르 위로 황홀하게 얼굴을 내민다. 이제 새로운 오늘이 시작되고 있다.

샤워장의 물은 여전히 어린애의 오줌발처럼 쫄쫄거리며 떨어진다. 한 방울이라도 허투루 떨어질세라 수도꼭지 아래에 몸을 바짝 붙인다. 꼭지에 달라붙어 한 방울이라고 더 맞으려 애쓰며 몸을 씻는다. 지금까지 살아오면서 이렇게까지 물을 귀하게 여기며 아껴본 적이 단 한 번이라도 있었던가.

이틀을 지낸 이곳 홍고린 엘스의 캠프는 제법 친숙해졌다. 식당에서 음식을 나르는 처녀와도 낯을 익혔고, 게르 주변을 돌아다니며 청소하거나 짐을 운반하는 청년들과도 눈인사하는 사이인데 이제

는 이곳을 떠나야 한다. 서운한 마음으로 이들과 작별 인사를 나누고 우리는 바양작으로 출발한다.

오늘의 일정은 이곳 홍고린 엘스에서 바양작으로 이동하는 것이 전부이다. 이동할 거리는 180킬로미터쯤인데, 서울에서 속초 정도의 거리이다. 이른 아침에 홍고린 엘스를 출발하면 목적지인 바양작은 아마도 저녁 무렵에 도착할 것이다. 이곳에서 바양작까지의 거리는 그리 멀지는 않지만 가는 길이 계속 비포장도로라고 하니 훨씬 멀게만 느껴진다.

바양작으로 가는 길은 산악을 가로지를 것이며, 오아시스도 있다고 툴가가 귀띔해 준다. 홍고린 엘스의 어제 일정은 힘들지 않았으므로 바양작으로 향하는 몸이 가뿐하다. 오늘 저녁에 우리가 묵게 될 숙소는 '몽골 고비 캠프'이다.

* * *

홍고린 엘스는 사막지대다. 사막지대를 벗어나자 길은 곧바로 험한 산길로 이어진다. 우리는 지금까지 털털거리며 사막의 비포장도로를 여러 번 달렸다. 그러나 이번에 넘는 산길은 다른 때와 견줄 바가 아니다. 자갈투성이의 산길이어서 차가 좌우로 심하게 요동친다. 방심하고 있으면 차체에 머리를 부딪히기 때문에 허리를 곧추세우고 두 팔로 손잡이를 힘껏 움켜잡아야 한다.

그런 중에 툴가는 우리가 지나가는 산길은 야생동물 보호구역이고, 때로는 산양을 볼 수도 있으니 잘 살펴보라고 말해준다. 툴가의 이야기를 듣고 일행은 창밖으로 눈길을 돌려 열심히 동물을 찾아본다. 그러나 산양은 쉽사리 눈에 띄지 않는다.

산길은 한동안 오르막길이 이어지더니 이제 내리막길로 접어든다. 기대했던 산양이 나타나지 않아 심드렁하게 앉아있을 무렵, 일행 중 누군가가 소리친다. 저기 산양이다.

일행은 일제히 창밖으로 눈길을 던진다. 툴가도 달리던 차를 급히 멈춰 세운다. 그러나 산양이 있다고 손가락으로 가리킨 곳에서 녀석을 찾기란 쉽지 않다. 그도 그럴 것이 산양과 바위의 색깔은 서로 엇비슷해서 얼른 구별해내기란 쉽지 않기 때문이다. 산양이 조금 움직인 뒤에야 그곳에 녀석이 있다는 것을 알아차린다. 산양은 멀찍이서 우리를 한동안 바라보다가 펄쩍펄쩍 바위산을 넘어 사라진다. 산을 넘을 때가 되어서야, 하늘색과 대비되어 산양의 긴 뿔도 선명

하게 드러난다.

산양은 천적으로부터 자신을 보호하기 위하여 싱싱한 풀들이 지천으로 널린 초원을 버리고 거친 바위산 꼭대기를 터전으로 선택했을 것이다. 삶과 죽음이 백지장 한 장 차이인 야생에서 자신을 지키는 일은 오롯이 스스로 감당해야 할 몫이었을 것이다. 그래서 산양은 먹거리가 풍성한 초원보다는, 살아가기에는 불편하기 짝이 없는 바위투성이의 산악을 선택했을 것이다.

그런데 따지고 보면 우리네 삶도 마찬가지다. 편한 일자리는 몸은 편할지 몰라도 정신적으로는 많은 스트레스를 받으며 살게 되고, 몸이 힘든 일자리는 상대적으로 마음이 편하다. 돈을 많이 벌 수 있는 곳에는 사기꾼이 설쳐댈 테지만, 돈이 안 되는 일에는 가난은 따를지언정 순박한 사람들을 만날 것이다. 높은 자리의 사람은 아랫사람을 부리는 재미로 산다. 그러나 그들은 아랫사람 중에서 어느 누가 배신할지 모르는 걱정 속에서 살아야 한다. 그러나 낮은 자리의 사람은 어떠한가. 굳이 승진이라거나 좌천을 걱정하지 않고 마음 편히 살 수 있다.

산양이 초원의 위험에서 벗어나기 위하여 험하디험한 산길을 보금자리로 선택한 이유도 마찬가지일 것이다. 먹을거리가 부족한 바위산의 꼭대기이지만 거친 지형이므로 늑대로부터 목숨을 지킬 수 있었을 것이다.

삶에서 양지를 만나면, 그것을 뒤집은 이면은 반드시 음지이다. 양지와 음지, 좋은 것과 나쁜 것, 편함과 불편함, 이들의 총합은 언제나 같은 것 같다. 언제나 좋은 일만 일어나는 인생이란 없듯이, 불행으로만 이어지는 인생도 없다. 좋은 날들이 지나면 힘든 날이 오게 되고, 어려운 시절도 버텨내면 행복한 시간이 찾아오기 마련이다. 그러므로 오늘이 어렵고 힘들다고 비관할 일만은 아니다. 술술 풀리는 인생이 없듯이, 꽉 막혀버리는 인생도 없기 때문이다. 산비탈을 터전으로 삼아 어렵게 살아가는 산양을 보면서 덩달아 우리네 삶도 되돌아보게 된다.

이곳은 거친 바위투성이일망정 깨끗하고 사람의 손때가 묻지 않은 청정지역이다. 거칠기는 해도 깨끗한 자연을 마주하며, 인간의 욕심으로부터 이곳이 얼마나 버틸 수 있을지 문득 걱정이다.

개발과 환경은 서로 어긋나는 경우가 많다. 사람이 편하게 살려면 산을 뚫어 길을 내고, 건물을 세우고, 물과 전기도 끌어와야 하는

데, 이러자면 자연환경은 당연히 훼손된다. 사람들은 반박할지도 모른다. 환경을 보호하자고 원시인처럼 꾀죄죄하게 살아야 하느냐고. 그도 맞는 얘기다. 다만 문명인과 원시인의 경계를 어느 정도에서 타협할 것인가가 문제다. 환경의 논리와 개발의 논리가 접점을 찾아야 하는 것처럼.

사람들은 지금까지 줄곧 편리함을 추구해 왔다. 산림을 개간하고 갯벌을 농지로 바꾸어 식량을 늘렸다. 농약과 화학비료를 뿌려 생산량을 욕심껏 늘렸다. 편안한 이동을 위하여 차량을 만들어 세계 어디든 다닐 수 있게 되었다. 그러나 매연과 미세먼지는 대기의 질을 나쁘게 만들었다. 시커먼 연기를 내뿜는 공장에서는 쉴 새 없이 새로운 물건을 만들고 있다. 무엇이건, 언제건, 원하는 물건은 손쉽게 살 수도 있게 되었다. 그러나 쌓여만 가는 쓰레기는 감당하기 어려운 지경에 이르렀다. 그 결과 레이첼 카슨이 쓴 〈침묵의 봄(Silent spring)〉처럼 새들이 돌아오지 않는 봄을 맞이하고 말았다.

모순적으로, 개발과 환경의 파괴는 등식과도 같은 관계이다. 그러므로 개발에는 반드시 부정적인 대가를 치러야 한다. 돈을 벌어 편하게 살려는 인간의 욕망 때문에 지구는 점차 뜨거워지고, 강물이 흐르던 자리는 거북등처럼 갈라지며, 초원은 사막으로 바뀌고 있다. 지구 곳곳에서 벌어지는 재앙과도 같은 기후 위기들은 인간의 그릇된 욕망이 빚어낸 결과물이다.

예전에는 환경보다는 개발을 앞세웠다. 그러나 환경 파괴의 심각성을 깨닫게 된 지금은 개발론자들이 환경론자들을 함부로 대하지 못하는 시대가 되었으니 그나마 다행이다. 불도저로 땅을 밀어내고 경제적 이득을 취하기에 앞서, 땅에는 그보다 훨씬 더 많은 숨겨진 가치가 있다고 믿게 된 것이다.

생활이 조금은 불편하다 할지라도 자연을 건드리지 않는 세상이 되었으면 좋겠다. 이 땅은 인간만의 것이 아니다. 조물주는 인간을 만들었지만, 하늘을 날아다니는 새도 만들었고, 네 다리로 땅을 달리는 짐승도 만들었다. 그리고 아름다운 들꽃도 이 땅에 빚어놓았다. 그러므로 이 세상은 인간만을 위한 세상이 되어서는 안 된다. 새들의 세상이고, 짐승들의 세상이기도 하다. 우리는 그 틈새를 조금 빌려서 살 뿐이다.

* * *

지나가는 산길은 포장도 되지 않았을 뿐만 아니라 빗물에 움푹 팬 곳도 있어서 차량은 심하게 흔들린다. 이정표가 없어 우리가 가는 길이 올바른지도 알 수 없다. 그러므로 산길을 지나면서 가끔은 차를 세워 이곳인지, 아니면 저쪽이 맞는지 가늠해가며 나아가야 한다.

험한 산길을 어렵게 내려오면 또다시 거친 초원이 이어진다. 틀가의 차량은 여전히 심하게 흔들린다. 요동치는 차 안에서 몸의 균형을 잡기 위해서는 무엇이라도 꼭 잡고 있어야만 한다. 길은 가도 가도 끝이 없을 것 같은 초원이다. 아침에 캠프를 나선 이래로 우리는 여기가 사람의 길인지 동물의 길인지 알 수도 없는 길을 달리고 있다. 이정표가 있으리라는 기대를 저버린 지도 오래다.

한동안 소변을 참았으므로 차를 세운다. 광대한 벌판 한가운데에서 오줌발을 갈긴다는 것도 쾌감이라면 쾌감이랄 수 있다. 그러면서 너른 벌판을 바라본다. 듬성듬성 풀이 자란 거친 사막이다. 사람이 만들어놓은 조잡한 건축물은 하나도 없고, 오로지 조물주의 손길이 빚은 투박한 자연만이 광대하게 펼쳐져 있다.

막막한 황무지를 바라보며, 내가 만약에 죄를 지어 영화에서처럼 이 길에 버려진다면, 나는 어찌할 것인지 상상해 본다. 이곳에 혼자 떨어진다면, 살아남기 위한 방향으로 어느 쪽을 택해야 할까. 아득히 먼 남쪽에는 산맥이 시야를 가로막고 있다. 거기까지는 가기도 힘들 것이고 산을 넘기란 더 험난할 것이다. 북쪽은 어떤가. 북쪽에도 산이 보인다. 언뜻 보기에는 야트막하지만 지평선 위로 솟은 산은 생각보다 훨씬 높을 것이다. 이 더위에 거기까지는 가기도 어렵고 산은 풀 한 포기 자라지 않는 돌무더기 산이다. 동쪽과 서쪽은 아득한 지평선이다. 걸어서 길의 끝에 닿기까지는 하루가 걸릴지 이틀이 걸릴지, 아니면 끝내 그 끝을 못 보게 될지 알 수 없다.

차라리 이 자리에 잠자코 서있는 것이 더 나을 것 같다는 생각이 든다. 살려고 발버둥 치다가 살지도 못하고 죽느니, 차라리 조용하게 이 자리에서 죽음을 기다리는 것이다. 이와 같은 사막이라면 삶을 찾아가는 과정이 너무 힘들기 때문에 차라리 담담하게 죽음을 맞이하는 것이 나을 것 같다.

앞길에는 또다시 끝없는 사막이 펼쳐진다. 몸을 한 바퀴를 돌려 주변을 돌아보면 나의 바깥으로는 원이 그려지고, 광대한 원 안에

나는 작은 점에 불과하다. 고독이며, 절대적인 고립이다. 게르라거나 양 떼라거나, 하다못해 먼지를 일으키며 지나가는 차량의 흔적이라도 찾아보지만, 그런 것은 전혀 없다. 아니 어쩌면 있을지도 모른다. 다만 너무 멀어서 현실성이 떨어지는 것인지도 모른다. 이런 곳에서는 몸을 숨길 필요도 없다. 아무도 나를 바라보는 사람이 없기 때문이다. 몸을 숨길 곳도 없다. 사막에서 자라는 풀은 크기라야 무릎 아래이고 그나마 가끔 무더기로 모여있을 뿐이다.

아주 멀리 아지랑이처럼 물이 보인다. 거리가 멀기 때문에 그만큼 물의 양도 많을 것이다. 그곳이라면 나그네의 갈라진 목을 축일 수 있을 것이다. 땀에 절고 먼지를 뒤집어쓴 몸뚱이를 시원한 물로 닦을 수도 있을 것이다. 물을 만났으니 졸음에 무겁게 내려앉았던 두 눈이 커진다. 그런데 한순간, 물은 온데간데없이 사라져버린다.

허망한 일이다. 그토록 갈망했건만 그곳은 지우개로 지우듯 사라져 버린다. 내가 본 것은 신기루다. 아득히 먼 곳에 오늘도 신기루가 나타났다가 사라지곤 한다.

* * *

길이라고 하기엔 길이 아니고, 길이 아니라고 하기엔 남들이 지나간 듯하니 길이다. 그런 길을 달리다 보면 사람들이 사는 작은 마을을 만나기도 한다. 사람이라고는 코빼기도 보일 것 같지 않더니만 제법 큰 마을이다. 토담으로 지은 집들이 늘어서 있고, 그 틈새로는 가게도 보인다.

마침 이곳에서는 축제가 열리고 있다고 툴가가 말해준다. 마을의 축제를 덤으로 구경할 수 있게 생겼으니 즐거운 일이다. 더욱이 점심때가 되었으니 이곳에서 밥도 사 먹기로 한다.

몽골의 여름 축제를 나담이라고 한다. 나담은 크게는 국가 단위로 열리기도 하지만 작게는 여기처럼 마을 단위로도 열린다. 몽골의 축제가 여름에 열리는 이유는 날씨 때문인 것 같다. 겨울의 혹독한 추위 속에서는 축제를 치를 수 없다. 이영산은 〈지상의 마지막 오랑캐〉에서 여름 한철은 유목민에게 축제의 계절인데, 이때가 되면 풀이 무성해지고 가축을 돌보는 일도 쉬워지는 계절이기 때문이라고 하였다. 축제가 돌아오면 남자들은 그동안 참았던 '일 년 치의 밀린 유흥'을 즐긴다고 하였다. 그렇지만 몽골의 축제에서는 시가행진이라거나 전시회 같은 요란스러운 행사는 없다. 축제에는 그저 씨름과 활쏘기, 말타기 같은 운동 종목이 있을 뿐이다.

우리는 마음이 급하여 점심 식사를 서둘러 마치고 활쏘기 경기장으로 향한다. 이미 활쏘기는 진행 중이다. 몽골의 전통 복장인 델을 입은 사람들이 머리에는 고깔 모양의 말가이를 쓰고서 한 줄로 늘어서 있다. 또한 이들은 신발도 긴 장화 형태인 고탈 차림이다. 이들에게는 축제가 열리는 오늘이 명절이나 마찬가지인 모양이다. 그래서 전통복 차림으로 경기에 나선 것이 아닐까.

몽골의 신화에서는 '명궁'이란 칭호가 여럿 보인다. 활을 잘 쏘는 사람이라는 뜻이다. 그만큼 몽골과 활은 가까운 사이였다. 몽골인들에게 활은 말과 더불어 생존에 꼭 필요한 도구였다. 그래서 전해 내려오는 민속에서는 사내아이가 태어나면 출입문에 활과 화살을 걸어 탄생을 표시하는 풍습이 있었다고 한다. 또한 이들은 선물로도 활과 화살을 이용하였고, 남자가 죽으면 부장품으로도 활을 넣는다고 하니, 이들에게 활은 삶의 시작이자 끝인 셈이다.

이들이 쓰는 활은 우리나라의 국궁과 별반 다르지 않다. 다만 오늘 사용하는 화살촉은 뭉툭하다. 경기용의 화살이기 때문이다. 화살촉이 뭉툭하면 과녁에 박힐 수도 없다. 선수와 100여 미터 거리에는 과녁이 있는데, 과녁은 바닥에 한 줄로 늘어놓은 작은 통이다. 가운데의 것은 빨간색인데, 이것을 맞추면 적중이다. 그리고 과녁 주변에서는 선수가 쏜 화살의 결과를 수신호로 알린다. 화살이 뭉툭하므로 신호를 보내는 사람에게도 위협적이지는 않을 것 같다.

오늘의 활쏘기 경기에서는 거의 긴장감을 찾을 수 없다. 살생이 아닌 경기이기 때문이다. 그러나 과거 몽골 군사들은 이와는 전혀 달랐다. 마르코폴로의 〈동방견문록〉에 의하면, 몽골 군사들은 말을 타고 있는 상태에서도 활을 매우 잘 쏘았고, 민첩하기 이를 데 없는 정예화된 병사였다고 한다.

> 타타르인들은 적의 주위를 맴돌며 여기저기로 활을 쏘아댄다. 말을 얼마나 잘 훈련시켰는지 마치 개가 그러하듯 신속하게 이곳저곳으로 방향을 바꾼다. 또한 그들은 추격당할 때 도망가면서도 싸우는데, 마치 적과 마주 보며 싸우듯이 능숙하고 완강하게 행동한다. 그들은 도망치면서 활을 들고 재빨리 몸을 뒤로 돌려 엄청난 화살을 퍼부어 적진의 말과 사람들을 죽인다. 적이 그들을 무찌르고 정복했다고 믿었다가 도리어 많은 말과 사람들이 살해되어 패배하고 마는 것이다. 타타르인들은

적의 말과 사람들이 일부 쓰러졌다는 사실을 알아채면, 그들을 향해 방향을 돌리고는 능숙하고 용맹하게 달려들어 적을 굴복시켜버린다.

마르코폴로의 이야기대로라면 몽골 기마병의 신출귀몰한 기마술과 궁술은 유럽인들에게 두려움을 안겨주기에 충분하였을 것이다. 말과 활은 어쩌면 몽골군의 상징이었을 것이다. 그러나 지금의 축제에서 활쏘기는 전쟁이 아니라 누가 활을 더 잘 쏘는지 경기하는 것이라 싱겁다는 느낌도 든다. 하기야 현대의 전쟁에서는 활을 대신하여 훨씬 막강한 무기들이 나타나 살상에 이용되고 있으니, 전통 활은 이제 전쟁의 도구로는 거의 쓸모없는 물건이 되어버렸다.

활쏘기 경기장에서 우리는 씨름판으로 이동한다. 우리나라에도 씨름이 있는데, 우리나라와 몽골의 씨름은 서로 비슷해 보인다. 몽골에서는 전통 씨름을 부흐라고 부른다. 부흐의 기원은 아주 오래전으로 거슬러 올라간다. 기원전 3천 년경의 동굴벽화에서도 나타나고, 흉노 시대의 유물에서도 부흐 장면이 나타난다. 칭기즈칸 시대에도 부흐가 유행하였는데, 병사들의 체력을 기르는 훈련으로 적합했기 때문이다.

다른 종목에 비하여 부흐는 몽골인들에게도 인기가 많은 것 같다. 이곳이 작은 마을이건만 어엿한 부흐 경기장이 갖추어져 있고 많은 관람객이 모여있으니 말이다. 경기장의 중앙에는 제단이 차려져 있다. 경기장은 둥그런데 주변으로는 관람석을 만들어 에워싸고

있다. 관람석은 빈자리를 찾아보기가 어려울 만큼 사람들로 빼곡하다. 경기장 안에는 시합하기 전에 몸을 풀고 있는 선수도 보이고 한창 경기를 치르고 있는 선수도 있다.

무엇보다도 눈에 띄는 것은 부흐 경기에 참여하는 선수들의 체형이다. 선수들은 대부분 키가 크고, 덩치는 엄청나게 크다. 이들은 움직일 때마다 뱃살이 출렁거릴 정도로 살이 쪘는데, 허벅지 하나가 보통 사람의 허리통만큼이나 크다.

경기를 시작하기 전에 이들은 손을 너울너울 흔들며 춤을 춘다. 샤머니즘에서 유래한, 독수리를 흉내 낸 춤이라고 한다. 몽골이 고향인 독수리는 조류 중에서도 가장 덩치가 큰 맹금류이다. 덩치가 크기 때문에 민첩성은 뒤지지만, 하늘의 제왕인 것만은 분명하다.

그런데 선수들의 춤이 독수리로 한정된 것은 아니라고 한다. 부족에 따라서는 호랑이가 어슬렁거리는 모습을 나타낸 춤이라거나, 사슴이 뛰는 모습을 본뜬 춤도 있다고 한다. 한성호는 〈몽골, 바람에서 길을 찾다〉에서 몽골 씨름인 부흐에 대하여 다음과 같이 설명하고 있다.

> 씨름은 체급 구별이 없으며 반장화에 반바지를 입고, 놋쇠 장식이 붙은 반소매의 조끼를 걸치고 시합을 벌인다. 옛날 남장을 한 여자 선수가 씨름에서 우승하게 되자, 그 후로 가슴이 노출된 조끼를 입고 시합을 하게 되었다고 한다. 기술이나 시간제한은 없으며 상대가 무릎부터 상체가 땅에 닿을 때까지 경기는 진행된다. 시합 전에는 독수리 춤으로 자신을 알리며, 시합 후에는 승자만이 독수리 춤으로 경기장에 설치된 아홉 개의 깃대를 돌며 기쁨을 표시한다.

씨름에서는 선수의 무릎이나 팔꿈치가 땅에 닿으면 승패가 갈린다. 승자는 넘어진 상대 선수에게 손을 내밀어 일으켜 세워주고 등을 어루만져 준다. 이런 승자의 행동은 아마도 패배한 상대방을 위로하는 듯하다. 그리고 승자는 독수리 춤을 춘다.

부흐는 시간이나 기술에서 별다른 제한이 없다. 그래서인지 경기는 지루하다. 또한 흥미롭지 않은 것도 사실이다. 우리나라의 씨름은 경기하는 선수와 관람하는 관객을 모두 배려한다. 전래한 전통에, 상업적인 면과 연기적인 요소를 가미한 것이다. 그러나 몽골 씨름인 부흐에서는 관객에게는 별 관심이 없는 듯하다. 오로지 선수만을 위한 경기이다.

씨름판을 떠나 우리는 말타기 경기장으로 향한다. 유목민의 정체성은 말에 있다. 몽골과 말의 연관성은 '몽골인은 말안장에서 태어난다'는 속담에서도 잘 드러난다. 몽골의 어린이들은 서너 살부터 말을 타기 시작한다고 한다.

말타기 경기에서는 말의 나이에 따라 종목이 나누어진다. 또한 말의 나이에 따라 달려야 하는 거리도 달라진다. 대체로 말의 나이가 두 살이면 15킬로미터이고, 세 살이면 20킬로미터이다. 그리고 경기에 참여하는 선수들은 놀라울 정도로 나이가 어리다. 선수의 나이가

많으면 몸무게가 더 나가게 되어 경주마에게 부담되기 때문이다.

말타기 경기장은 경기장이랄 것도 없다. 그저 넓게 펼쳐진 초원일 뿐이다. 우리가 경기장에 도착하니 경기는 거의 마무리되어 가는 듯하다. 우승자는 물론이고 많은 선수가 이미 결승선을 넘었다. 그러니 결승선으로 들어오는 선수들은 띄엄띄엄 떨어져 있고, 이마저도 지치고 풀이 죽은 모습이다. 그렇지만 선수는 어린 나이이고 완주한 것이 대견하여 마음속으로 박수를 보낸다.

몽골은 기마민족이다. 이들은 어려서부터 활을 쏘고, 말을 타고 바람처럼 초원을 달리며, 씨름을 통하여 몸을 단련하였다. 야생의 혹독한 환경을 견디고 이겨내기 위해서는 몸도 마음도 쇠붙이처럼 강인해야 했다. 움츠린다는 것은 죽음을 의미하였기에 떨쳐 일어서고 달려나가야 했다. 그것이 이들에게는 전통이 되었다. 그것을 추억하며, 잊지 않으려고, 이 마을에서는 지금 축제가 열리고 있는 것이다.

* * *

축제가 한창인 마을을 떠나 우리는 다시 바양작으로 향한다. 마을 축제를 구경하느라 느슨해졌던 마음을 다잡고 바짝 긴장하여 차에 오른다. 길은 여전히 사막을 뚫고 지나가는 비포장길이다. 해는 더 높이 솟아 하늘 꼭대기에서 이글거리고 있다. 마치 땅에 있는 모든 것들을 한차례 볶아낼 것만 같다.

이정표가 없건만 툴가는 이곳의 지리를 어느 정도는 알고 있는지, 바양작으로 향하는 길을 잘도 잡아 나아간다. 운전하던 툴가는, 가

는 길에 오아시스 마을이 있는데 들르겠느냐고 우리의 생각을 묻는다. 우리는 이미 오아시스 마을을 한번 구경한 적이 있다. 그러나 다른 오아시스가 있다면 한 번 더 구경하자고 의견이 모인다. 그래서 두 번째 오아시스를 찾아간다.

오아시스 마을의 끄트머리에는 물이 솟아오르는 샘이 있다. 샘은 마을이나 경작지보다 약간 높은 위치에 있다. 그래서 솟아난 물은 저절로 마을과 밭으로 흘러내린다. 샘이 어떻게 생겼는지 살펴보았더니 그저 야트막한 웅덩이일 뿐이다. 그 웅덩이의 가운데에서 맑은 물이 샘솟고 있다. 샘 주변은 낙타 떼가 차지하고서 물을 마시고 있다.

황량한 사막의 한복판에 물이 흐르고 풀이 자란다면 이곳은 분명 낙원이다. 낙원이라고 별것이겠는가. 이처럼 거친 들판에 물만 샘솟아도 충분히 낙원이 될 수 있다.

우리는 자본주의에 길들여져 있다. 그러므로 낙원이라면 갖추어야 할 것들이 많다. 낙원이라면 덥지도 춥지도 않아야 하고, 맛있는 음식이 있어야 하며, 안락한 잠자리도 갖추어져야 한다. 거기에다 더우면 시원한 에어컨이 돌아가야 하고, 서늘하다면 온풍기가 돌아가야 한다. 가장 좋은 것은 이런 것들조차 필요치 않은 적당한 기온이다. 낙원이라면 음악도 있었으면 좋겠고, 풍광도 근사해야 한다. 낙원을 혼자서 즐기기에는 아까울 것이다. 그러니 다정한 사람이 곁에 있다면 더 좋을 것 같다. 낙원이라면 원하는 것은 언제든지 가능해야 한다. 하늘은 내가 원하면 붉은 노을이어야 하고, 때로는 바다처럼 푸르른 색조일 때도 있어야 한다. 이렇듯 낙원의 조건을 늘어놓자면 한이 없다. 이런 관점이라면 이곳의 오아시스는 초라하고 볼품없는 시골마을에 불과하다.

그러나 달리 생각해 보자. 가도 가도 길은 고사하고 모래와 자갈만 나뒹구는 사막이다. 그 끝이 어디인지도 알 수 없으며, 사람을 만날 수도 없다. 날씨는 무척 덥다. 목말라 물병을 기울이지만 그 속은 바닥조차 말라버렸다. 옷은 사막의 먼지로 후줄근하다. 더위 속을 걸었기 때문에 옷은 땀으로 흠뻑 젖어 소금기가 허옇게 묻어있다. 남아있던 빵 한 조각을 지난밤에 먹어치웠으니 뱃가죽은 달라붙었다.

이런 사람이 이곳에 당도한다면, 이곳은 분명 낙원이다. 처한 환경에 따라 낙원도 달라진다. 그러므로 이곳이 비록 흙담으로 대충 벽을 둘렀다고 하여도, 문짝이며 지붕이 다 낡아서 금방이라도 부서질 듯하여도, 사막을 건너온 나그네에게는 이곳이 분명 낙원이다. 이곳에는 물이 있고, 채소가 자라고, 나무가 있어 그늘을 드리우고 있으니 말이다.

첫 번째 오아시스는 크기가 작았다. 여기는 그곳보다는 조금 더 크다. 물이 닿는 곳은 푸르고, 물에서 비껴간 곳은 모래뿐인 사막이다. 물길에 따라 이처럼 색깔이 달라지는데, 밭과 모래땅은 극명한 대조를 이룬다. 그러니 이곳에서는 물의 색깔과 잎새의 색깔은 동의어이다.

이곳은 수원이 작기 때문인지 몇몇 가구가 소규모로 농사를 짓고 있는데, 감자나 토마토, 고추와 당근, 그리고 수박을 재배한다. 재배한 농산물은 인근 시장에 판다고 한다.

우리는 오아시스를 찾아온 기념으로 방울토마토를 사 먹기로 한다. 방울토마토를 재배하는 밭을 들여다보니 그다지 농사를 잘 짓지는 못한 것 같다. 방울토마토는 들쑥날쑥 크기가 다르다. 1킬로그램을 받아들고 만 5천 투그릭을 낸다. 생산지라고는 하지만 가격이 싼 편은 아니다. 그러나 이곳이 사막 한가운데에 있는 오아시스인 것을 생각하면, 상품의 모양도, 상품의 가격도 그럭저럭 제값을 지불한 것 같다.

방울토마토를 샀으니 오아시스의 나무 그늘에 앉아서 먹어보기로 한다. 우리는 주저앉은 김에 커피까지 마시고 싶다고 말하니, 툴가는 자동차에서 휴대용 버너를 꺼내오고 물을 끓여 커피를 준비한다. 도랑으로 흐르는 물에 손을 담그면 더위는 저 멀리로 달아난다. 맞다. 여기가 낙원이다. 욕심을 조금만 덜어낸다면 여기는 분명 훌륭한 낙원이다.

12

바양작에서 마두금을 만나다

몽골 사람들은 시력이 좋기로 유명하다. 이들이 특별하게 시력이 좋은 이유로는 끝없이 펼쳐진 몽골의 사막이나 초원 때문이라고 한다. 고비 사막을 돌아다녔기 때문일까, 내 시력도 덩달아 좋아진 듯하다. 깨끗한 자연 속에서 먼 곳을 자주 바라본 덕분이다. 거칠 것 하나 없는 아득하게 먼 거리, 끝없이 먼 그곳에 지평선이 펼쳐져 있다.

이런 초원을 푸르공이 먼지를 일으키며 달려오는 것이 보인다면, 그것이 푸르공이라는 것을 단박에 알아보았다면, 고비 사막과 잘 어울리는 정경이다. 소련에서 만들었다고 알려진 이 차량은 언뜻 보기에는 대수롭지 않은 승합차처럼 보인다. 생김새는 성냥갑처럼 단순하고 차체도 바닥에서 높아 마치 딱정벌레 같은 느낌이다. 그렇지만 거친 사막을 질주하는 데에는 이만한 차가 없다고 한다. 무엇보다도 튼튼하고 실용적이기 때문이다. 그래서 푸르공이 몽골의 고비 사막을 여전히 헤집고 다니는 것이다. 푸르공의 꽁무니에는 수식어처럼 '먼지'라는 단어가 따라붙어야 제격이다. 그래야 고비 사막에 대한 표현은 구색이 갖추어진다.

홍고린 엘스에서 바양작까지는 비포장도로가 이어진다. 흔들리는 차 안에서는 균형잡기도 쉽지는 않다. 그리고 비포장 길에서는 졸기도 쉽지 않은데, 바깥 풍경이 끝없이 단조롭게 이어진다면 어쩔 수 없는 일이다. 졸다가 깨어나기를 되풀이하며 이 길을 털털거리며 간다. 그렇게 하염없이 달리면 어느덧 바양작이다. 오늘은 비포장길만 달렸는데, 길이는 180킬로미터이다.

'바양(bayang)'은 몽골어로 '많은'이란 뜻이다. 그리고 '작(zag)'은 이 지역에서 많이 자라는 식물의 일종이다. 즉 바양작은 '작이 많은' 지역이란 의미이다. 작이란 이름의 이 식물은 고비 사막에 특히 많은데, 사막의 식물들이 대개 그렇듯이, 키가 작고 줄기는 비틀려있으며 잎도 볼품없이 작은 풀이다. 잎이 거칠어서 동물들의 먹잇감으로도 적당치 않다. 그러나 사막에서는 초식동물들의 먹을거리가 워낙 귀하고, 풀이라고는 이것밖에 없다. 그래서 낙타들이 이 풀을 뜯어 먹는다.

그런데 지금의 바양작에는 식물들이 거의 자라지 않는다. 바양작이라는 이름의 유래가 된 작이란 식물도 마찬가지다. 이야기를 들어보니, 예전에는 이곳에 작이 많이 자라 숲을 이루었었는데 소련 시대에 대부분 파괴되었고, 이후에는 지구 온난화가 이어져 숲은 급격히 사막화되었다고 한다.

가끔 작이 보이기도 한다. 말 그대로 가뭄에 콩 나듯이 어쩌다 눈에 띈다. 그마저 금방이라도 말라비틀어질 듯 힘겹게 땅거죽에 달라붙어있다.

* * *

바양작의 입구에는 박물관이 있다. 바양작 지역을 소개하는 내용들로 구성된 박물관이다. 그런데 박물관의 주된 소재는 작이란 식물이 아니라 공룡이다. 고생물학자인 로이 채프먼 앤드루스(Roy Chapman Andrews)에 의하여 1922년부터 이곳에서 공룡 화석이 발굴되기 시작하였다. 특히 공룡알은 세계 최초였다고 한다. 발굴이 시작되면서 바양작에서는 수많은 공룡의 뼈와 알이 출토되었다. 그 수량이 세계에서 두 번째로 많았는데, 이곳에서 발굴된 화석은 전 세계의 박물관으로 퍼져나갔다.

몽골의 공룡 화석은 지금도 음성적으로 매매된다고 한다. 몽골 정부에서는 화석이 더 이상 외부로 유출되지 않도록 단속한다고는 하지만, 이미 많은 유물이 다른 나라로 나가버린 후여서 때늦은 감이 있다.

영화 〈쥬라기 공원〉은 1993년에 크게 인기를 끌었다. 영화 속의 쥬라기 공원에는 현대의 복제 기술에 의하여 여러 종류의 공룡들이 되살아나 통제된 시설 안에서 살아가고 있다. 쥬라기 공원은 공룡들이 살던 시대를 모험할 수 있는 흥미진진한 장소이기도 하다. 그런데 이곳을 방문한 사람들에게 예기치 못한 사고가 터져, 즐거워야 할 여행은 순식간에 사투의 현장으로 바뀌어버린다. 그러면서 영화는 더욱 흥미진진하게 전개된다. 다시 보아도 재미있을 〈쥬라기 공원〉의 토대가 된 곳이, 바로 이곳이라고 한다.

그래서인지 바양작에 들어서면 공룡의 모형 전시물을 맨 먼저 만나게 된다. 이곳에서 출토된 공룡과 같은 종류일 것이다. 그러나 공룡은 크기가 작다. 작은 날개가 달려있고, 꼬리에는 깃털이 보인다. 공룡은 알을 낳아 품고 있는 중이다. 내가 알을 넘본다고 의심하는 것일까, 이 공룡은 위협적인 눈빛으로 나를 노려보고 있다.

* * *

고비 사막에 대하여 아주 간략하게 설명해달라는 요구를 받는다면, 나는 주저하지 않고 '황량함'이라고 말하겠다. 그러나 이 대답은 사실 적절하지 않다. 왜냐하면 질문 자체가 틀렸기 때문이다. 고비 사막을 '한마디로' 표현하기란 무척 힘들기 때문이다.

아무것도 없을 것만 같은 사막이다. 그러나 역설적으로 '없기 때문에' 있는 것도 있다. 비교하자면, 아무도 없는 빈방은 아무것도 없을 것 같지만, 사실은 있는 것이 있다. 그것은 바로 공허함이다. 아무것도 없는 사막에도 역시 공허함이 있다. 혹은 황량함이라고 이름 지어도 좋다. 말장난 같기는 하지만, 이곳은 있음과 없음의 경계가 모호해지는 지역이다. 눈에 보이는 것만 존재하는 것은 아니다. 손에 잡히는 것만 존재하는 것도 아니다. 보이지 않고 잡히지는 않아도, 느낌이라는 것도 존재한다.

바양작에 들어서면 황량하게 펼쳐진 사막 지대를 또다시 마주하게 된다. 그러나 지금까지 마주해 온 사막과는 다른 풍경이 펼쳐진다. 낯선 세계에 들어선 느낌이다. 바양작은 풀 한 포기 변변치 않은 사막이다. 작이라는 나무조차 어쩌다 눈에 띌 뿐이다. 손바닥만한 크기의 나무 그늘도 찾을 수 없다. 햇볕에 얼굴을 고스란히 드러내고 돌아다녀야 한다.

하늘에 떠있는 해는 점심 무렵을 한참 넘겼다고는 하지만 여전히 강렬하다. 더위의 불편함은, 등짝으로 모래가 들어간 것처럼 어석대는 듯한 느낌이다. 끈적거리고 근질거리는 더위다. 어쩌다가 약하게 바람이 불어올 때도 있는데, 그것은 뜨거운 바람이다. 바람마저 달갑지 않은 불청객일 뿐이다.

바양작의 바위는 쉽게 부스러지기 때문에 매우 미끄럽다. 평지라면 그다지 문제 되지는 않지만 경사에서는 걸음을 조심해야 한다. 다행히 바양작에는 경사지마다 사람들이 다니기 쉽도록 나무로 계

단을 만들어 놓았다. 그래서 오르막이나 내리막은 걱정하지 않아도 된다. 그러나 발밑은 늘 조심해야 한다. 오히려 경사지보다는 평지를 더 조심해야 할 것 같다.

바양작은 차강소브라가를 많이 닮았다. 둘 다 침식 지대라는 점이 같다. 바양작에서도 침식되고 있는 지층과 이미 침식된 지층이 높낮이에서 차이가 있다. 아래의 침식된 지층은 평원을 이루고 있다. 우리가 들어선 입구는 침식되지 않은 곳이기 때문에 지대가 높다. 따라서 끝없이 펼쳐진 사막의 지평선이 멀리까지 아스라이 보인다. 이렇게 지평선을 한동안 바라보고 있어야, 뒤를 이어서 침식되어가면서 빚어놓은 바양작의 여러 조형물들이 드디어 내 눈에 들어오게 된다.

이곳은 붉은 모래흙이 다져져 사암으로 이루어진 곳이다. 사암 지대라고는 하지만 돌은 매우 무르다. 그래서 발로 바닥을 문지르면 바위는 모래 알갱이로 쉽게 부스러진다. 이 바위를 바람이 훑으며 지나고, 비가 내리면 바위는 빗물에 조금씩 깎여나가게 된다. 그러면서 바람은 깎여나간 모래를 아주 멀찍이 나른다. 비와 바람은 바위를 갖가지 모양으로 조각하였는데, 낙타 모양이 있고 말 모양도 있다. 그리고 비바람은 끊이지 않고 계속되므로, 지금의 조각품도 언젠가는 무너져 내릴 것이다.

놀라운 일이다. 흙만 가지고도 비바람은 이렇게 멋진 풍경을 만들어 놓을 수 있다니. 그리고 감동스러운 장면을 연출하는 데에는 반드시 여러 색깔일 필요는 없는 것 같다. 오색으로 빛나는 전구가

없어도, 시시각각으로 변하는 네온사인이 없어도, 그저 단순하게 붉은색의 황토 빛깔 하나만 있어도 이처럼 훌륭한 예술품을 만들어낼 수 있다. 붉은색 한 가지로도 자연에서는 근사한 감동이 만들어진다. 이글거리는 오후의 태양 아래서라면 바양작의 붉은 빛깔은 더욱 잘 어울린다.

이곳에서 공룡의 화석을 발굴한 고생물학자 앤드루스는 저녁 무렵의 바양작을 '불타는 절벽'이라 불렀다고 한다. 바람과 빗물이 사암을 침식시켜 절벽을 만들었는데, 저녁노을이 질 때면 절벽은 더욱 붉어진다. 이런 장면이 마치 불에 타는 듯 환상적이기 때문이어서 이름을 붙인 듯하다. 앤드루스 이후로 다른 사람들도 이곳을 그렇게 부르고 있다. 우리가 바라보는 바양작은 아직 저녁노을이 비치지는 않지만 그래도 충분히 붉은 색깔이다.

바양작에서는 시간이 빚어놓은 무늬를 볼 수 있다. 몇만 년 전에 살았다는 공룡이 그러하고 침식 중인 붉은 사암 지대가 그러하다. 살아있는 공룡을 인간이 만나는 일은 없다. 살아온 시대가 다르기 때문이다. 그렇지만 이곳은 공룡이 살아있었음을 입증하는, 시간이 빚어놓은 무늬를 볼 수 있다. 거기에 더하여 바람과 비가 빚어놓은 조각품도 길고 긴 시간의 무늬들이다.

바양작은 지금도 침식이 진행되고 있다. 경사지는 금방이라도 무너져 내릴 듯하다. 최근에 무너져 내린 곳도 보인다. 그러므로 몇 년이 지나면 이 풍경은 틀림없이 지금과는 다를 것이다. 나는 이곳을 다시 찾아오기란 어려운 일이고, 설령 다시 찾아와도 그때에는 모습이 변해 있을 것이다. 그러니 바양작을 떠나는 발걸음이 무겁다.

우리는 아쉬움을 뒤로하고 붉은색의 바양작을 떠난다. 불타는 것이 어디 이곳 바양작뿐이겠는가. 내 얼굴도 강렬한 햇볕에 시뻘겋게 달아올랐다. 어디 그뿐인가. 고비 사막을 돌아다니며 내 가슴속도 조용히 불타고 있는 중이다.

* * *

오늘 저녁을 보낼 숙소는 바양작에서 멀지 않다. 몽골 고비 캠프라는 이름의 숙소를 어렵지 않게 찾아낸다. 지금까지 돌아다닌 캠프와 비교하면 이곳은 샤워장의 물이 잘 나오는 편이다. 그래서 몸을 씻거나 옷을 빨 때도 눈치를 덜 보게 된다.

사막을 돌아다니면 땀이 나기도 하려니와 옷에 먼지가 가득하다. 비포장길을 달린 탓에 툴가의 랜드크루즈는 먼지를 켜켜이 뒤집어쓰고 있다. 차에 물건을 싣거나 내리려고 뒷문을 열 때면 쌓였던 먼지가 연기처럼 풀썩거리며 피어오른다. 그러니 입고 있는 옷도 성할 리 없다. 그래서 숙소에 도착하면 몸을 씻으며 옷도 빨아야 한다. 그렇다고 옷을 정성스럽게 빨 수는 없다. 사막에서는 물이 부족하므로 대충 빨아서 게르 안에 널어놓는다.

저녁식사를 하기 전에 몸을 씻고 빨래까지 마쳤으니 며칠간 감지 않고 버틴 머리를 감은 듯 개운하다. 가벼운 마음으로 저녁식사를 하기 위해 식당에 도착하니 우리 외에도 손님들이 많다. 특히 몽골 사람들이 단체로 여행을 온 것 같다. 이 사람들로 식당 안은 시끌벅적하다.

식사가 거의 마무리될 즈음, 식당에서 음식을 나르던 젊은이 두 명이 식탁 사이의 좁은 공간에 악기를 들고 자리 잡는다. 이 젊은이들은 우리가 캠프에 도착했을 때 짐을 날라주었다. 나는 이들이 들고 있는 악기가 무엇인지 알지 못한다. 연주자가 활대를 들고 있으니 현악기인 듯하지만, 울림통이 네모난 것이 퍽 낯설다. 대부분의 현악기는 울림통이 둥그렇거나 곡선의 형태이다. 바이올린이 그렇고 첼로가 그렇다. 그런데 이 악기는 네모나게 생겼으니 독특하다. 일행 중 한 분이 이 악기가 마두금이라고 일러준다. 그러고 보니 악기의 꼭대기에 말머리 장식이 보인다. 식사를 마감하는 뜻으로 식당에서 제공하는 대수롭지 않은 연주이려니 생각하고 게으른 자세로 음악을 듣는다.

우리는 말머리 장식이 있다는 의미로, 이 악기를 마두금이라고 하지만 몽골 사람들은 모린 호르라고 부른다. 마두금이 몽골의 대표적인 전통악기라는 것은 진작에 들었다. 그래서 기회가 생겨 마두금 연주회가 있다면 찾아가 감상하리라 마음먹고 있었다. 그런데 우연히 마두금 연주를 마주한 것이다.

현악기여서 소리가 작을 줄 알았는데, 울림통이 큰 때문인지 뜻밖에 연주 소리가 크다. 구태여 앰프로 소리를 키울 필요도 없다. 마두금의 음색은 우리나라의 전통악기인 해금과 비슷하다. 음색은 가냘프고 여리며, 애절한 울림이다. 소리는 샘물처럼 맑으며 한 올 한 올의 실로 비단을 짜듯이 섬세하다.

그제서야 나는 게으르던 자세를 고쳐 바로 앉는다. 젊은이들의 연주 솜씨도 뛰어나려니와 마두금의 음색이 너무 곱기 때문이다. 귀를 세워 잘 들어야겠기에 연주자를 향하여 허리도 숙여진다.

몽골은 자연환경이 거칠어서 사람들도 거칠 것이라고 생각했다. 그래서 몽골 사람들이 이용하는 악기도 투박할 것이며, 음색은 모래사막처럼 탁할 것이라고 생각했다.

몽골은 유목민의 나라여서 궁중 음악은 발달하지 못했을 것이 뻔하다. 아니 궁중 음악은 고사하고 일반 대중의 음악도 조악할 것이라고 믿었다. 사계절이 뚜렷하고 자연 경치가 근사한 지역이 음악적인 자산은 더 크리라는 선입감도 있었다. 사막에 사는 사람들에게, 겨울철이면 영하 50도의 혹한을 사는 사람들에게, 음악이 가당키나 한 일인가.

그런데 마두금의 소리를 들어보면 전혀 그렇지 않다. 마두금 소리는 몽골의 또 다른 얼굴을 보는 듯하다. '애간장을 녹인다'는 표현이 있다. 어떤 상황이 마음에 들어 정도 이상으로 흐뭇할 때 이 표현을 쓴다. 마두금의 애절한 선율은 이 표현이 딱 어울릴 것 같다. 어느 때는 초원에서 말이 한가롭게 풀을 뜯는 것처럼 느릴 때도 있지만, 때로는 초원을 질주하는 말발굽 소리가 그러하듯 빠르고 힘차게 내달릴 때도 있다. 현악기로 이런 연주가 가능하리라고는 상상하지 못했다. 어디 그뿐인가. 마두금으로 말 울음소리를 기막히게 흉내 낼 때는 울컥 눈물이 날 지경이다.

청년들은 세 곡을 연주하고 자리에서 일어선다. 그러나 이들의 마두금 연주가 어찌나 훌륭했던지 관객의 박수 소리는 끊이질 않는다. 기대 이상의 연주다. 식당에서 식후의 여흥으로 연주하기에는 이들의 솜씨가 너무나 뛰어나다. 저녁 손님들이 감사의 표시로 이들에게 수고비를 내민다. 나도 2만 투그릭을 건네는데 전혀 아깝지 않다.

마두금은 몽골의 새로운 얼굴을 내게 보여준다. 마두금 연주를 들은 후에는 내가 지금까지 보아온 몽골이, 내가 지금까지 생각했던 몽골이, 지금까지의 나의 판단이 잘못되었음을 깨닫게 된다. 거칠고 투박한 사내에게서 말랑말랑하고 따뜻한 온기를 지닌 사랑이 숨겨져 있음을 찾아낸 듯한 느낌이다. 마두금 연주의 여운은 가슴속에서 쉽게 가시질 않는다.

* * *

몽골에는 마두금이라는 악기와 관계된 여러 가지 전설이 전해지고 있다. 전설은 부족마다 조금씩 다른데, 그만큼 마두금에 대한 사랑이 몽골 전역에 널리 퍼져있다고 볼 수 있다. 대표적인 이야기는 마두금과 낙타의 이야기이다.

낙타는 다른 동물과 달리 출산이 매우 어렵다고 한다. 그래서 새끼를 낳던 어미 낙타가 죽는 일도 있고, 어렵게 새끼를 낳은 낙타 중에는 자기가 낳은 새끼를 외면할 때도 있다고 한다. 때로는 어미를 잃은 새끼 낙타도 생긴다. 이런 불쌍한 새끼 낙타를 다른 어미에게 데려가 젖을 먹이려 하면, 낙타는 자기 새끼가 아니라고 젖 먹이기를 거부한다고 한다.

이럴 때 몽골 사람들이 이용하는 방법이 있다. 그것은 바로 어미와 새끼가 있는 그 자리에서 마두금을 연주해 주는 것이다. 그러면 어미 낙타는 눈물을 흘리면서 자기가 낳지 않은 새끼일지라도 젖을 물린다고 한다. 마두금의 구슬픈 음색은 사람뿐만 아니라 동물들의 가슴속에도 애틋하게 전달된다는 것이다.

센덴자빈 돌람의 〈몽골 신화의 형상〉에도 마두금에 관한 이야기가 실려있다.

몽골 민족의 전통악기인 마두금은 후훠 남질이 만들었다고 전해진다. 후훠 남질은 몽골 동쪽의 변경 지역에서 살았는데, 서쪽 변방에서 군대 생활을 하였다. 그가 군대 생활을 할 때, 그 지역의 아리따운 공주와 사귀게 되었다. 시간이 흘러 후훠 남질이 군대 생활을 마치고 고향으로 돌아가게 되자, 공주는 그에게 조논 호르라는 명마를 선물하였다. 조논 호르는 몽골어로 검은 준마라는 뜻이다.

후훠 남질은 조논 호르 덕분에 저녁이면 서쪽 변방으로 날아가 공주와 사랑을 나누었고, 아침이면 다시 말을 몰아 동쪽에 있는 그의 집으로 돌아오곤 하였다. 이 명마의 겨드랑이에는 마력의 날개가 달려있어 날아가듯 산을 넘었고 물을 건넜다. 후훠 남질이 타고 다닌 조논 호르의 신통력은 3년이 지나도록 아무도 알지 못하였다.

그러던 어느날, 사랑하는 공주를 만나고 새벽녘에 돌아온 후훠 남질은 잠시 쉬기 위해 조논 호르를 밖에 두고 게르 안으로 들어갔다. 그런데 이웃에는 후훠 남질을 남모르게 연모하던 여인이 있었다. 이 여인은 후훠 남질이 깜빡 졸고 있는 틈을 타서 조논 호르에게 다가갔다. 명마 조논 호르는 몰래 다가온 여인을 주인으로 잘못 알고 가슴을 활짝 펴고 머리를 치켜세웠다. 후훠 남질이 그사이를 못 참고 사랑하는 공주에게 달려가리라 믿은 것이다.

조논 호르는 아직 땀이 마르지 않은 몸을 털어내고, 땅을 차며 양쪽 겨드랑이에서 마력의 날개를 힘차게 펼쳤다. 이제 달릴 준비를 마친 것이다. 이것을 본 여인은 소맷자락에 숨겨두었던 가위로 조논 호르의 마력의 날개를 싹둑 잘라버렸다.

후훠 남질은 여명이 밝을 무렵에야 말을 매 놓으려고 게르 바깥으로 나왔다. 그러나 이미 조논 호르는 바닥에 쓰러져 죽어있었다. 후훠 남질은 눈앞이 캄캄해졌다. 그리고 깊은 슬픔에 잠겼다. 그러던 후훠 남질은 마음을 가다듬고 조논 호르의 머리 모양을 본떠 나무를 깎고, 잘 다듬어진 말머리를 긴 목에 붙이고, 그 끝에 울림통을 달았다. 그리고 조논 호르의 가죽으로 울림통을 감쌌다. 조논 호르의 튼튼한 꼬리털로는 줄을 만들고, 나무의 진을 발라 소리가 나게 하였다.

후훠 남질은 조논 호르가 우는 소리, 그리고 걷는 소리, 혹은 달리는 소리를 그 악기에 모두 담았다. 이렇게 명마의 죽음을 애석하게 생각하며, 명마를 기념하는 악기를 만든 것이다. 이것이 몽골의 모린 호르, 즉 마두금이라는 것이다.

몽골에는 마두금에 대한 설화가 여럿이다. 그중에서 몽골의 오량하이족에서 전해져 내려오는 이야기는 다음과 같다.

옛날에 발친 케르라는 명마를 가진 사내가 있었다. 몽골어로 발친 케르는 힘줄이 크며 털 색깔이 갈색인 말을 뜻한다. 발친 케르가 얼마나 잘 달리는 준마였는가 하면, 소줏고리로 술 한 병 내리는 사이에 난바다를 한 바퀴 빙 돌아올 정도로 날랬다. 그런데 이 명마의 주인은 밥보다 술을 좋아하고, 고기보다 술을 더 많이 먹는 대단한 술꾼이었다.

하루는 사내가 이웃을 돌아다니며 술을 마시기로 작정하고 집을 나섰다. 사내가 이렇게 작정하고 술을 마실 때면 하루고, 이틀이고, 때로는 열흘이고 날이 가는 줄을 몰랐다. 그런데 그 사이에 이웃의 몹쓸 사람이 사내의 집에 와서 발친 케르의 고르스를 싹둑 잘라버렸다. 고르스는 말의 양쪽 겨드랑이에 난 연골을 뜻한다. 이 연골이 밖으로 도드라지게 드러난 말은 지칠 줄 모르고 달릴 수 있다고 한다. 고르스를 잘린 말은 그만 숨을 거두었다.

사내가 이웃에게서 얻어 마신 술이 어느 정도 깰 무렵, 정신을 차려보니 발친 케르가 죽어있었다. 술꾼은 죽임을 당한 자기 말을 보고 슬픔에 잠겨 나무로 발친 케르의 머리 모양을 만들었다. 그리고 갈기와 꼬리털로 현을 만들고, 거기에 말이 달리는 소리를 담아 악기를 연주하였다.

몽골의 설화에서 마두금은 말과 관련이 깊다. 말머리 장식이나 말꼬리를 현으로 이용하기 때문일 것이다. 설화에서 등장하는 말은 잘 달리는 준마이다. 그리고 나쁜 사람에 의하여 말은 죽임을 당하게 된다. 그리하여 주인은 말의 죽음을 슬퍼하고, 애도하는 마음으로 악기를 만들었다는 것이다. 그래서 그럴까, 마두금의 음색은 말의 슬픈 울음처럼 처연하다.

옛날의 몽골인들은 마두금이 단지 사람뿐만 아니라 산과 물, 식물과 동물 등 모든 것을 일깨우고 번성하게 하며, 기쁘게 하기도 하고, 죽음까지도 없앨 수 있다고 믿었다고 한다. 마두금은 눈에 보이는 것은 물론이고 보이지 않는 것까지 영향을 미치는 신적인 존재였다. 그래서 마두금 소리가 나지 않는 곳에서는 분쟁과 다툼이 많다고 믿기도 하였다. 마두금 소리가 들리지 않는 곳에서는 어른들의 성미가 급하여 모든 것에 신경질적이고, 아이들은 겁이 많고 툭하면 울어댄다고 믿기도 하였다.

그러니 몽골인에게 마두금은 단순히 악기로서의 가치보다 그 이상의 '신령스러운' 물건이었는지도 모른다. 세상이 순하게 돌아가고, 싸우지 않으며, 마음이 너그러워지기 위해서는 마두금 소리가 끊이지 않아야 한다고 몽골인들은 믿은 것 같다.

그렇다면 마두금은 지금 우리에게 필요한, 우리를 정화하는데 필요한 악기가 아닐까.

* * *

하루하루 몽골에서 쌓아가는 날들이 늘어나면서 친근함도 쌓여간다. 그리고 몽골에 대하여 아는 것도 하나씩 늘어간다. 오늘은 평생 잊지 못할 마두금 연주를 들었다. 애절하였기에 여운은 더욱 오랫동안 이어진다.

거칠고 텅 빈 대지일지언정, 오늘 저녁도 고비 사막의 숨결이 가까이에서 느껴지는 밤이다. 캄캄한 밤하늘에는 별들이 서늘하게 떠있다. 가만히 귀를 기울이면 게르 밖으로 비단실처럼 가느다란 소리가 지나가는 것 같기도 하다. 누군가 마두금을 연주하고 있는 듯하다. 꿈결일까, 아니면 생시일까, 그 소리가 가물가물하고 아득히 멀다.

13

고슴도치 녀석

지금이 몇 시나 되었을까. 어림짐작하면 자정이 훨씬 넘었을 것 같은데 정확한 시각을 알 수 없다. 그런데 잠결에 자꾸만 무슨 소리가 들린다. 아주 작은 소리다. 무언가 갉아대는 것 같은 소리다. 마치 내 머리카락 한 올을 장난삼아 톡톡 잡아당기기라도 하는 듯 신경이 거슬린다.

오늘 밤 우리가 잠을 자는 바양작의 게르 바닥에는 비닐장판이 깔려있다. 귀를 기울이면, 크기는 작지만 자박자박 장판을 걸어가는 듯한 소리가 들린다. 아니다. 들쥐나 고양이가 게르 안으로 몰래 들어와 우리가 가지고 다니는 간식 상자를 건드리고 있는지도 모른다. 어찌 들으면 비닐봉지를 뜯는 듯한 소리다. 바스락거리는 소리는 끊어질 듯하다가 다시 이어지며 좀처럼 그치지 않는다.

무슨 소리일까. 참 궁금한 일이다. 우리가 잠자고 있는 게르 안으로 정체 모를 녀석이 잠입하여 우리와 같은 공간에 동거하고 있다니. 잘못 들었을까. 한동안 잠잠하더니 또다시 갉아대는 소리가 들린다. 잠은 확 달아나 버린다. 쥐라도 나타난 것일까. 침대에 꼼짝도 하지 않고 누워서 생각한다. 이 녀석이 우리의 간식 봉지를 다 헤집어 못쓰게 만드는 것은 아닌지 은근히 걱정이다.

그런데 일어나 확인하려니 귀찮기만 하다. 게르 안은 전등도 켜지지 않는다. 어제저녁 아홉 시 이후로 게르는 정전되었다. 침대에서 일어난들 어둠 속에서 무엇을 살펴볼 수 있을까. 그런데 나에게는 플래시가 있다는 것이 퍼뜩 생각난다. 그렇지만 이불 바깥으로 나가는 일은 여전히 귀찮아서 나지막이 들려오는 소리를 못 들은 척 참아본다. 그런데 소리가 또 들린다. 이제는 도저히 참을 수 있는 상황이 아니다.

마음속으로 녀석에게 조용히 선전포고한다. 이 사태의 원인은 순전히 자네에게 있다. 나는 참으려고 무진 애를 썼으나 자네가 끊임없이 저지른 소란 때문에 발생한 사단이다. 그러니 이 상황의 책임은 전적으로 자네에게 있으며, 나는 책임이 하나도 없다. 어쩌고저쩌고.

일어나 녀석을 확인해야 한다. 플래시를 비춰보면 알 수 있을 것이다. 그런데 늑대라거나 여우라면 어떻게 할까. 오싹 소름이 돋고 무섭다. 몽골 초원에는 늑대가 많다고 했다. 이 녀석이 갑자기 덤벼든다면 나는 무방비로 당하는 수밖에 없다. 녀석이 내 팔뚝을 물어뜯는 느낌을 상상한다. 빠지직 뼈가 부러진다. 하늘이 노랗게 아프다. 그런데 가만히 소리를 다시 들어보니 큰 짐승은 아닌 것 같다.

그나마 다행이다. 상상이 지나쳤던 것일까.

바닥에 있는 녀석에게 플래시를 비추면 재빨리 달아날 것이다. 그러므로 미리 녀석의 위치를 어림짐작한다. 녀석은 게르의 가운데쯤에 있는 것 같다. 숨소리를 죽인 채 조심스럽게 침대에서 몸을 세운다. 그런데 가슴은 쉴 새 없이 쿵쾅거린다. 폭발 직전의 뇌관을 겨우 추스르며 어둠 속에서 플래시가 있는 곳을 더듬는다. 플래시가 손에 잡힌다. 언제든 이용할 수 있도록 플래시를 머리맡에 두길 잘했다.

이 녀석을 놀라게 하면 안 된다. 쥐라면 빛을 비추기 무섭게 쪼르르 달아나버리고 말 것이다. 그런데 빛을 비추지 않고 어떻게 녀석을 확인할 수 있을까. 그러므로 달아나도 하는 수 없다. 짧은 시간에 얼른 확인하는 수밖에 없다.

어둠 속을 더듬어 안경도 찾아 쓴다. 중앙으로 빛이 향하도록 플래시를 미리 조준한다. 이제 준비는 모두 마쳤다. 녀석의 갑작스러운 공격에 대비하여 근육도 긴장시킨다. 돌발 상황이 발생한다면 나는 이 자리에서 용수철처럼 펄쩍 튀어 오를 것이다. 그러면서 소리를 크게 질러 주변 사람들을 다 깨울 작정이다. 플래시의 스위치를 확인한다. 녀석은 나의 은밀한 행동을 아직도 눈치채지 못한 모양이다. 바닥에서는 여전히 희미하게 소리가 난다.

스위치를 확 켠다. 있다. 무엇이 있다. 예상은 하고 있었다. 그런데 게르의 가운데에 주먹만한 크기의 무엇이 정말 있다. 희미한 불빛 속에서 그것이 움직인다. 뱀이라도 만난 듯 오싹 소름이 돋는 놀라움이다. 너는 도대체 뭐 하는 녀석이냐.

늑대나 여우는 아니다. 그러니 다행이다. 만일 늑대나 여우였다면 나에게 해코지하였을 것이다. 쥐도 아니다. 쥐였다면 전등을 켜자마자 구석쟁이로 줄행랑을 쳤을 것이다. 고양이도 아니다. 고양이라면 이보다는 몸집이 훨씬 크다. 그리고 이 녀석은 움직임이 굼뜨다. 손전등이 켜졌는데도 달아날 생각은 별로 없는 것 같다. 여전히 바닥을 꿈지럭거리며 돌아다니고 있다.

크기를 다시 확인한다. 그리고 움직임도 확인한다. 그러자 왠지 녀석을 제압할 수 있을 것 같은 용기가 생긴다. 그래서 침대에서 내려가 조심스럽게 녀석에게 다가간다. 그러나 녀석이 갑자기 달려들어 물지도 모르니 넉넉하게 틈을 벌린다. 녀석은 고슴도치처럼 생겼다. 그러나 나는 지금까지 고슴도치를 실제로 본 적은 한 번도 없었으므로 장담할 수 없다.

이제야 나의 움직임을 녀석이 알아챈 모양이다. 녀석은 슬금슬금 달아나 일행이 잠든 침대 밑으로 숨어버린다. 다행스러운 일이다. 이 녀석이 달아나지 않았다면, 나는 녀석을 바깥으로 쫓아내려고 법석을 떨었을 것이다. 그리고 이 깊은 밤중에 소란을 떤다면 곤히 잠든 일행이 모두 깨고 말 것이다.

이제 녀석의 정체를 확인하였으니 다시 잠을 청한다. 가슴은 여전히 쿵덕거린다. 놀란 가슴은 쉽게 진정되지 않는다. 게르 안의 다른 분들은 아직도 내가 겪은 일을 눈치채지 못하고 깊은 잠에 빠져 있다. 심지어 코를 골고 있는 분도 있다. 녀석은 어떤 동물일까. 아직은 알 수 없다. 희미하기는 하지만 녀석을 사진 찍어두기를 잘했다. 내일 아침에는 사진을 보여주면서 오늘 밤의 소란을 이야기할 것이다. 그러면 녀석의 정체도 드러날 것이다.

설핏 잠이 들었던 것 같다. 그런데 또다시 바스락거리는 소리가 들린다. 이 녀석이 다시 기어나온 모양이다. 모기 한 마리가 앵앵거리면 기필코 처치한 뒤에 잠들어야 하듯이, 이 녀석도 어떻게든 해결해야만 온전히 잠을 잘 수 있을 것 같다. 그렇지 않으면 녀석과 밤새 실랑이해야 할 것 같다.

녀석은 골칫거리가 될 것이다. 누구라도 아무 생각 없이 침대에서 내려오다가 녀석을 건드린다면 어찌 될 것인가. 녀석은 발악하며 대들 것이고 우리 중에 누군가는 큰 낭패를 볼 것이다.

오늘 게르는 우리 일행 네 명이 함께 잠을 자고 있다. 이 녀석을 처리하자면, 어차피 일행을 모두 깨워야 할 것 같다. 그래서 작은 목소리로 이름을 불러 일행을 한 명씩 깨운다. 플래시도 켠다. 일행은 하나둘 일어난다. 그러면서 무슨 일인지 눈을 비비며 어리둥절한 얼굴들이다.

나는 아직도 바닥에서 꿈지럭거리며 돌아다니고 있는 작은 짐승을 가리키며 흥분되어 떨리는 목소리로 우리 게르에서 한밤중에 벌어진 일을 짧게 설명한다. 그제야 일행은 사태를 파악한다. 그렇지만 박 선생님은 여전히 잠 속에 빠져 이 북새통을 까마득히 모르고 있다.

녀석의 정체는 고슴도치로 판명된다. 녀석을 게르에서 내쫓아야 우리가 편안하게 잠을 잘 수 있다. 이 녀석을 몰아내기 위하여 긴 막

대처럼 생긴 것을 각자 찾아본다. 그러나 손에 쥘 무기가 마땅치는 않다. 우리는 고작 수건을 집어 들고 휘두를 준비를 한다. 그나마 빈손이 아니라서 약간은 든든하다. 그렇지만 수건을 흔든다고 고슴도치가 위협을 느낄 것 같지는 않다.

우리가 수선을 떠는 사이에 녀석은 침대 밑으로 들어가 숨어버린다. 그러니 침대를 잡아끌어야 숨은 녀석을 찾아낼 수 있다. 녀석과 우리의 숨바꼭질이 시작된다. 녀석이 그나마 느려서 다행이다. 녀석은 우리의 추적을 피해 요리조리 도망치다가, 게르의 벽과 바닥의 비닐장판이 만나는 곳으로 슬그머니 숨어버린다.

녀석이 숨는 것으로 문제가 해결된 것은 아니다. 우리는 녀석에게 물리지 않도록 조심하면서 그곳의 장판을 살짝 들추어본다. 아뿔

싸. 녀석이 숨은 곳은 고슴도치의 소굴이다. 쥐구멍처럼 게르의 구석쟁이에는 구멍이 나 있는데, 이곳이 녀석이 사는 곳이다. 이 게르는 우리보다 앞서 이 녀석이 주인이었던 셈이다.

혼자였다면 고슴도치와의 만남이 무서웠을 것이다. 그러나 세 명이나 초롱초롱 눈을 뜨고 있으니 용기가 생긴다. 녀석을 들여다보고 있으니 조금은 귀여운 면도 있다. 행동은 느리고, 동그랗고, 공격하지도 않는다. 고슴도치는 가시처럼 생긴 털이 무섭다고 했다. 그러나 가까이 가지 않으면 녀석의 가시에 찔릴 일도 없다. 지금까지 살핀 바로는 이 녀석이 확 달려들 만큼 빠르지도 않다.

한참을 바라보다가 녀석이 게르 한가운데로 출몰한 이유가 무엇인지 생각해 본다. 그리고 우리의 의견은, 녀석이 배가 고프다는 것으로 결론을 내린다. 녀석이 과자는 먹으려나, 우리의 짐꾸러미를 뒤져 과자를 찾아내고 녀석에게 던져주니, 이런 일이 처음은 아니라는 듯 과자를 잘도 갉아먹는다. 과자를 먹는 모습도 귀엽다.

이렇게 행동하는 녀석을 보고 우리는 갑론을박이다. 녀석은 이곳에 살면서 여행자들이 흘린 음식 부스러기를 먹고 사는 놈이다. 낮에는 굴속에 숨어있다가 밤이 되면 이렇게 몰래 기어 나온다. 생각이 여기에 이르니 녀석을 생포해야 할 이유가 생긴다. 녀석을 이곳에 가만 내버려두면 밤새도록 우리를 귀찮게 할 것이다.

세 명이서 힘을 모아 생포하기로 한다. 생포하기는 어렵지 않을 것 같다. 녀석은 움직임이 굼뜨고 포악하지도 않은 것 같다. 고슴도치라면 뾰족한 가시만 조심하면 될 것이다. 녀석은 영악하지도 않다. 녀석은 우리가 마련한 함정 속으로 순순히 들어가 준다. 그리고 우리는 함정에서 녀석을 꺼내어 종이 상자에 다시 옮기고 뚜껑도 덮어 게르의 한쪽 귀퉁이에 둔다.

사태를 마무리한 일행은 다시 잠자리에 든다. 이제 주변은 조용해졌다. 조용한 게르 안에는 다시 코를 고는 소리가 조용히 번진다. 이제 날이 밝기까지는 얼마 남지 않은 듯하다. 북새통을 피우느라 한두 시간은 흘러간 것 같다.

그런데 무슨 소리가 또 들린다. 가만히 들어보니 이번에는 녀석이 종이 상자의 벽을 자꾸만 긁어댄다. 상자 속이 갑갑한지 밖으로 나가고 싶은 모양이다. 녀석을 상자 밖으로 내놓으면 또다시 성가시게 할 것이다. 그러니 상자 속에 계속 넣어두어야 한다. 그리고 녀석을 게르 안에 두면 벽을 갉아대는 소리 때문에 밤잠을 설칠 것이다.

그래서 다시 일어나 상자를 들고 게르 바깥으로 나간다. 종이 상자의 뚜껑을 덮었으므로 이곳이라면 녀석도 안전할 것 같다. 늑대라거나 여우가 고슴도치를 공격하지는 않을 것이다. 언제가 본 다큐멘터리에 의하면, 사나운 짐승들이 고슴도치를 공격하다가 가시에 찔려 낑낑대며 달아나는 장면을 본 적 있다. 오늘 밤도 마찬가지일 것이다. 가시털이 고슴도치를 보호할 것이다.

* * *

몽골은 초원과 사막이 넓게 펼쳐진 나라다. 그래서 야생에서 살아가는 동물들의 설화가 다른 나라보다 많이 전해진다. 또한 사람들은 동물과 더불어 살아간다. 그러므로 이들에게 동물은 적대시하거나 경계해야 할 대상이 아니다. 그보다는 오히려 사람 가까이에 있는, 이웃처럼 친근한 사이이다. 체렌소드놈의 〈몽골의 설화〉 속에서도 고슴도치가 등장한다.

옛날 옛적에 여우와 늑대, 그리고 고슴도치가 살고 있었다. 그러던 어느 날, 셋은 길을 가다가 대추 하나를 발견하였다. 셋이서 염소똥 크기만한 대추 한 알을 나누어 먹기에는 양이 너무 적었다. 그렇다고 셋은 맛있는 대추를 선뜻 양보하기도 싫었다. 그래서 누가 대추를 먹는 것이 옳은지에 대하여 이야기했다.

늑대가 앞장서서 제안하였다. 늑대는 술에 취한 사람을 숱하게 보았다. 그리고 남자들은 하나같이 말술을 마신다며 허풍 떠는 이야기도 엿들었다. 여우나 고슴도치도 술이라면 빠지지 않을 것 같았다. 그래서 가장 쉽게 술에 취하는 자가 대추를 먹자고 말했다. 그러자 둘은 늑대의 제안에 선뜻 찬성했다. 늑대에게는 꿍꿍이속이 있었다. 자기보다 더 말재간이 뛰어난 동물은 없을 것이라고 믿은 것이다.

늑대가 먼저 말문을 열었다. 늑대는 커다란 입을 벌려 호기롭게 큰 소리로 말하였다.

"나는 술맛을 보기만 해도 취해."

그러자 걸쭉한 늑대의 말을 여우가 받았다.

"나는 냄새만 맡아도 취하는걸."

여우는 늑대를 비웃기라도 하듯 작은 목소리로 말하였다. 늑대는 여우의 이야기를 듣고 약이 올랐지만, 고개를 푹 수그려야 했다. 그러자 늑대와 여우의 이야기를 다 듣고 난 고슴도치는 혀 꼬부라진 목소리로 말했다.

"이를 어쩌지. 나는 술 이야기를 들었을 뿐인데 벌써 취하는걸."

그러면서 고슴도치는 비틀거렸다. 늑대와 여우는 고슴도치를 물끄러미 바라보았다. 얄미워 죽을 지경이었지만 고슴도치의 재치를 당해낼 재간이 없었다. 이렇게 해서 고슴도치가 대추를 먹기로 정해졌다. 고슴도치가 대추를 들고 한입 베어 물려고 할 때, 여우가 재빨리 다시 한번 새로운 제안을 하였다.

"그러지 말고, 경주를 해서 이기는 자가 먹기로 하자."

여우는 달리기라면 자신이 있었다. 굼벵이처럼 땅바닥에서 기어다니는 고슴도치와는 비할 바가 아니었다. 그리고 마침 늑대는 바위산을 오르다가 발목을 접질려 절뚝거리고 있었다. 여우는 가슴속의 시커먼 음모가 들통난 듯 얼굴이 붉어지기는 했으나 대추의 유혹은 그보다 더 강렬했다.

그런데 어쩐 일인지 고슴도치도 좋다고 하였다. 늑대는 기회가 다시 주어졌으므로 좋다고 하였다. 늑대는 비록 발목은 아프지만 죽을 힘을 다하여 달려보리라 다짐했다. 그래서 셋의 경주가 시작되었다.

역시 여우는 빨랐다. 여우는 날렵한 몸으로 결승선을 향하여 쪼르르 내달렸다. 절뚝거리는 늑대는 도저히 여우를 따라잡을 수 없었다. 그래서 늑대는 달리는 걸 포기하고 말았다. 힘겹기는 고슴도치도 마찬가지였다. 다만 고슴도치는 여우의 긴 꼬리에 찰싹 달라붙어서 갔다.

여우는 있는 힘을 다해서 달렸다. 늑대는 달리기를 포기한 지 오래되었고, 고슴도치도 보이지 않았다. 여우는 입안에서 벌써 대추의 달콤한 맛이 감도는 듯하였다. 그리고 마침내 결승 지점에 거의 도착하여 자기가 일등이라고 믿고 늑대와 고슴도치를 바라보기 위해 획 뒤를 돌아보았다. 그러자 고슴도치가 여우의 뒤에서 말하였다.

"너 지금 도착한 거야?"

여우는 깜짝 놀랐다. 여우가 뒤돌아보는 동안 여우의 꼬리는 어느새 결승선 쪽으로 돌아가 있었다. 그리고 그곳에는 고슴도치가 아주 꿈지럭거리며 한 발을 결승선에 걸치고 있었다.

얄미운 놈이 얄미운 짓을 하면, 정말 얄밉다. 그런데 미련한 놈이 얄미운 짓을 하면, 어처구니없고 황당하다. 여우가 얄미운 짓을 하면 정말 얄밉지만, 고슴도치가 얄미운 짓을 하면 황당하다. 그래서 헛웃음이 나오게 된다.

설화 속의 고슴도치는 다른 동물들보다 더 사랑받고 있음을 알 수 있다. 고슴도치는 다른 동물들에 비하여 크기가 작다. 그리고 느릿느릿 움직인다. 무엇보다 고슴도치는 가시 이외에는 별다른 무기가 없는 동물이다. 또한 고슴도치는 사람들에게 피해를 주지는 않는다. 곁에 있을 뿐 해롭지는 않은 동물이 고슴도치이니 구태여 나쁘다고 말할 필요도 없을 것 같다.

* * *

아침에 일어나자마자 곧바로 고슴도치를 확인한다. 고슴도치는 종이 상자 속에서 무사하다. 다만 상자 안이 답답한지 여전히 종이를 긁어대고 있다. 가여운 생각도 든다. 고슴도치는 지난밤을 보낸 상자 속이 감옥 같았을 것이다.

고슴도치를 어떻게 해줄 것인지 어서 결정해야 한다. 고슴도치를 계속 종이 상자 속에 가둬 둘 수는 없다. 그래서 아침 일찍 일행이 모여 의논한다. 그러나 뾰족한 수는 없다. 고슴도치를 게르 주변에 방생하는 방법밖에 없다.

간밤에 우리가 겪은 일을 캠프에서 일하는 젊은이들에게 이야기한다. 나는 간밤에 고슴도치를 동영상으로 찍어두었다. 동영상을 본 젊은이 하나가 휴대전화의 번역기로 문자를 만들어 나에게 보여준다. '이곳에는 토끼와 고슴도치가 많습니다'라는 글이 화면에 쓰여있다. 나의 놀라운 체험이 이들에게는 대수롭지 않다는 표정이다. 정말 그런 일이 있었느냐고 호들갑을 떨면서, 이들이 나의 느낌에 공감해 주기를 바랐건만, 조금은 실망이다.

고슴도치를 상자에서 꺼내어 게르 주변의 풀숲에 놓아준다. 그렇지만 걱정이다. 야행성 동물이라 해가 훤하게 뜬 지금 시간이면 움직임이 더 굼뜰 텐데, 몸을 숨길 자리를 빨리 찾았으면 좋겠다. 고슴도치는 더위가 시작되는 이 시간을 잘 버텨낼 것인가. 혹시 사나운 동물에게 해코지당하지는 않을까.

그런데 괜한 걱정이었다. 고슴도치는 풀숲에서 서둘러 구멍을 판다. 녀석은 원래 구멍을 잘 파는 동물인 모양이다. 앞발로는 흙을 파고 뒷발로는 그 흙을 바깥으로 밀어낸다. 구멍은 금세 고슴도치가 몸을 숨길만큼 깊어진다. 구멍 속으로 고슴도치가 서서히 사라진다. 부디 녀석이 잘 살았으면 좋겠다.

14

가슴속으로 스며드는 풀냄새

엊저녁에는 고슴도치와 한바탕 북새통을 피웠다. 아침을 맞아 게르 주변의 풀숲에 녀석을 놓아주고, 굴을 파고 숨는 것까지 확인한 뒤에야 마음이 놓여 자리를 뜬다. 처음 보았지만, 고슴도치는 밉지 않은 녀석이다.

오늘도 아침 해는 시뻘건 불덩이다. 거칠 것 하나 없는 사막의 동녘 하늘은 금빛 햇살로 가득 채워진다. 지평선에서 핏덩이가 울컥 올라온다. 황홀하기는 저녁노을도 마찬가지인데, 고비 사막에서 누릴 수 있는 호사라면 바로 이것이다.

오늘 일정은 이곳 바양작을 떠나 하루 종일 차를 타고 이동하여 바가 가즐링 촐루에 도착하는 것이다. 그러므로 오늘 하루는 길 위에서 모두 보내야 한다. 오늘의 예상 거리는 480킬로미터이다. 그중에서 비포장도로는 350킬로미터나 되기 때문에 오랫동안 툴가의 랜드크루저에 갇혀 이리저리 짐짝처럼 흔들려야 할 것 같다.

오늘 우리가 차를 타고 이동하는 데에는 여섯 시간이 걸릴지 일곱 시간일지 가늠하기 어렵다. 고비 사막에서는 '정확'이란 말을 기대하기는 어렵다. 이곳에서는 '대략'이라거나, '어림잡아' 정도가 적당할 것 같다. 이와 같은 모호성은 고비 사막의 특성 중의 하나이다. 정확성이라거나 정시성에 길들여진 우리들에겐 유목민이 살아가는 몽골 초원에서 겪는 애매함이 퍽 낯설다. 그러나 이제는 그러려니 생각하고 넘어간다.

아침은 이곳 바양작에서 먹고, 점심은 가는 도중에 적당한 식당을 만나면 그곳에서 먹기로 한다. 저녁은 목적지인 바가 가즐링 촐루의 캠프에 도착하면 그곳에서 먹을 작정이다.

* * *

일행이 아침식사를 하러 식당에 간 사이에 나만 혼자 게르에 남아 엊저녁에 널어둔 빨래를 갠다. 빨래는 저녁에 널었건만 건조한 날씨 탓에 아침이면 입을 수 있을 만큼 제법 뽀송뽀송하다. 널어둔 옷이라야 단출하다. 속옷과 양말, 그리고 반팔 셔츠 한 장이 전부다. 어제 입었던 바지는 오늘도 다시 입을 작정이다.

아침을 거르고 혼자서 게르에 남은 이유는 내가 배탈 났기 때문이다. 무엇을 잘못 먹은 것일까, 어제부터 뱃속이 부글거린다. 그래서 오늘 아침을 거르는 중이다.

배고픈 것은 별문제가 아니다. 우리의 짐 속에는 약간의 주전부리가 있다. 굳이 식당이 아니래도 배가 고프면 그걸 꺼내먹으면 된다.

그보다는 배탈 때문에 급히 화장실로 달려가야 하는 상황이 벌어질 것 같아서 걱정이 태산이다. 그래서 등에 메는 가방 속에 우산과 화장지를 챙겼는지 다시 한번 살펴본다. 그리고 자동우산의 버튼도 시험 삼아 눌러본다. 접혀있던 우산살이 화다닥 펼쳐진다. 급할 때는 얼른 우산을 펼쳐야 한다. 그러면서 허둥댈 나의 모습을 상상한다. 제발 이런 일이 일어나지 않기를 바라면서.

사막 한가운데에서 화장실을 찾기란 하늘의 별 따기만큼이나 어려운 일이다. 설령 화장실을 발견한다 해도 거기까지의 거리가 너무 멀다. 그러니 달리 방법이 없다. 급한 경우에는, 차를 급히 세우고 휴지와 우산을 챙겨서, 차에서 얼른 내린 뒤에, 몇 걸음을 내달리다가 우산을 펼쳐 아랫도리를 가리고 주저앉는다. 왠지 이 정도는 가려야 짐승에서 벗어나 사람다울 것만 같다. 제발 이런 일만은 일어나지 않기를 거듭 바란다.

가방 속에서 배탈 났을 때 먹는 약인 정로환을 꺼낸다. 어제저녁에도 이 약을 먹었다. 그리고 오늘 아침에도 4알을 더 먹고 바양작의 캠프를 출발한다. 아침밥을 거른 것은 문제가 아니다. 배탈 난 몸으로, 가려줄 것 하나 없는 사막을 건너는 것이 더 곤란한 문제다.

그나마 상비약을 잘 챙겼으니 다행이다. 나는 여행을 다닐 때면 상비약만큼은 꼬박꼬박 챙겨서 다닌다. 그런데 대부분의 여행에서는 준비해 간 상비약을 그대로 가져오기 일쑤이다. 그래서 상비약을 짐꾸러미 속에 챙길 때마다 쓸데없는 짓을 하는 것 같아 망설여지기도 한다. 그렇지만 몽골에 오면서 상비약을 챙긴 것은 정말 잘한 일이다. 약국은 고사하고 게르조차 찾기 힘든 사막 한복판에서 소화제며 지사제를 어떻게 구한단 말인가.

배탈이 나면 배를 따뜻하게 해주어야 한다. 바양작의 캠프를 출발하면서 등에 짊어지는 가방을 거꾸로 돌려 배 위에 걸친다. 가방일망정 배를 덮어 따뜻하게 하기 위해서이다. 그리고 두 손으로 가방을 꼭 끌어안는다. 뱃속이 한결 편안한 느낌이다.

* * *

목적지인 바가 가즐링 촐루로 향하며 차는 한동안 포장되지 않은 사막을 지난다. 길은 당연히 울퉁불퉁한 자갈길이다. 그러나 다행히도 다른 지역에 비하면 그다지 험하지는 않다. 거친 길이긴 해도 툴가의 랜드크루저는 잘 달린다.

지금 우리가 빠져나가려고 하는 음느고비 아이막은 남한보다 면적이 더 넓다. 음느고비 아이막에서 돈드고비 아이막으로 접어들면서 바깥 풍경도 조금씩 바뀌기 시작한다. 두 아이막은 같은 고비 사막 지역이다. 그러나 둘은 주변 환경에서 차이가 크다. 남쪽인 음느고비에서는 땅바닥에 풀보다는 자갈이 더 많았다. 그런데 북쪽인 돈드고비로 올라오면 자갈보다 풀이 더 많다. 돈드고비에서는 풀이 많아 양 떼도 늘어나고, 말도 더 많이 보인다.

음느고비의 거친 땅을 돌아다니다가 이곳에 와보니 사막이라기보다는 풀밭이 끝없이 펼쳐진 평원이라는 이름이 더 잘 어울릴 것 같다. 새파란 풀밭이 끝없이 펼쳐지고, 양이라거나 염소 같은 동물들이 한가롭게 풀을 뜯고 있다. 하늘에는 구름까지 떠 있어 훨씬 느긋하고 한가롭게 보인다. 이런 평원을 바라보고 있으면 마음도 넉넉해진다.

그러나 한가로워 보이는 평원이라고 해서 긴장을 늦추면 곤란하다. 길을 가다 보면 가끔은 야트막한 언덕도 만나게 된다. 차량이 이런 언덕을 올라갈 때는 별문제가 없지만, 내려갈 때면 특히 위험하다. 하늘로 쳐들렸던 차량의 앞머리가 급격히 바닥으로 고개를 숙이는 다급한 반전에서, 곤두박질한 바닥의 상태는 예측하기 어렵기 때문이다. 바닥이 깊이 패어있거나, 개울이라면 여간 낭패가 아니다. 그러므로 겉으로는 한가로워 보이지만, 여기는 여전히 예측불허의 고비 사막이다.

때로는 엊저녁에 내린 비로 멀쩡하던 길이 끊길 때도 있다. 길이 끊긴 상태는 갑자기 나타나기 때문에 매우 조심해야 한다. 방심하면 큰 사고로 번질 수도 있다. 길이 좋지 않으면 때로는 멀찍이 한 바퀴 돌아서 간다.

오전 내내 북쪽으로 달려왔으니 음느고비의 바양작과는 이제 많이 멀어졌다. 이곳 돈드고비 지역은 음느고비와는 기후에서도 차이가 많은 것 같다. 음느고비 지역은 매우 건조했다. 그런데 이곳은 엊저녁에 비가 내린 모양이다. 가끔은 물이 가득 찬 수렁을 만나기도 한다. 그러면 수렁에 갇혔던 차가 한동안 헛바퀴를 돌리다가 간신히 수렁을 벗어난다. 차바퀴가 수렁 속에 빠진다면 일행은 모두 차에서 내려 꽁무니를 밀어야 할 것이다. 고비 사막에서라면 누구라도 이런 정도의 각오는 하고 다녀야 한다.

마침내 사막의 비포장 길을 벗어난다. 툴툴거리던 소음은 뚝 그치고 매끄러운 소리로 바뀐다. 드디어 우리는 포장도로에 들어선 것이다. 도로 상태가 좋으니 폭풍이 지나간 듯 차 안이 조용하다. 수염이 덥수룩하던 산적이 문득 도시로 행차한답시고 말끔하게 면도를 한 듯한 느낌이다. 그래서 갑자기 찾아온 조용함이 조금은 낯설기도 하다.

이 길은 우리가 얼마 전에도 지나간 길이다. 차강소브라가에서 욜린암을 찾아가기 위해 지나간 길인데, 울란바타르에서 음느고비 아이막의 주도인 달란자가드까지 곧게 이어져 있다. 지나갔던 길을 다시 만나니 오랜만에 친구를 다시 만난 듯 반갑다.

비포장 사막길에서 우당퉁탕 북새통을 피웠으니 소화가 빠르다. 더구나 나는 배탈이 나서 아침도 거른 빈속이다. 다행히 뱃속은 편안하여 화장실에 갈 일은 없었다. 뱃속은 이제 '한 고비'를 넘긴 듯하다. 우리가 지나온 '고비'는 이렇게 가장 중요한 대목, 또는 넘기 어렵거나 힘든 과정을 의미하는 한국어이기도 하다.

한동안 길을 달려 작은 솜 지역을 만난다. 우연하게도 이곳은 우리가 아침을 먹은 곳이기도 하다. 길가의 식당을 찾아 들어간다. 이 식당도 다시 들르는 곳이어서 낯이 익다. 우리는 고기만두와 수태차를 주문한다. 또한 이 음식도 먹어본 적이 있다. 그래서 맛도 잘 알고 있다. 뼈를 푹 고아 담백하게 우려낸 국물에 양고기로 가득 채운 만두를 한가득 담아주는데 양도 넉넉했다. 그리고 수태차의 맛도 잊을 수 없다.

식당에는 우리보다 앞서 들어온 대여섯 명의 젊은이들이 주문한 음식을 기다리고 있다. 식당 앞에 대형 트럭들이 늘어선 것을 보면 이들은 운전사인 것 같다. 우리는 이들의 옆자리에서 주문한 음식을 기다리며, 심심한 참이어서 이들에게 말을 걸어본다. 우리와 청년 사이의 통역은 툴가가 맡는다.

우리가 예상한 것처럼 이들은 트럭을 운전하는 사람들이다. 이 사람들과 이런저런 잡담이 이어진다. 이들은 음느고비 아이막의 광산에서 울란바타르까지 트럭에 석탄을 실어 나른다. 울란바타르와 음느고비 사이라면 거리가 꽤 멀어서 며칠이나 걸리느냐고 물었더니, 왕복하는 데에는 3일이 소요된다고 한다.

몽골은 지하자원이 풍부한 나라이다. 그중에서도 음느고비 아이막의 광산에서는 석탄이나 구리가 많이 생산된다. 특히 석탄은 수도인 울란바타르에서 겨울철의 연료로 많이 쓰인다. 이 젊은이들이 석탄을 울란바타르까지 운반하는 것이다.

음느고비의 광산에서 울란바타르까지는 트럭에 석탄이 실려 있으니 돈벌이가 된다. 그런데 돌아오는 길이 문제다. 때에 따라서는 화물이 있으면 실어 날라 돈벌이가 되지만, 그렇지 않으면 빈 차로 광산까지 되돌아가야 한다는 것이다. 그런데 그보다 더 딱한 것은 이들이 매일매일 뜨내기처럼 길 위에서 방랑생활을 하는 것이다. 운전사도 길 위를 돌아다닌다는 점에서는 유목민이나 마찬가지다. 이들은 얼마나 고단할까.

청년들의 음식이 먼저 나온다. 청년들은 다부진 몸매이며 음식도 맛있게 먹는다. 이어서 우리가 주문한 음식이 나온다. 이 식당의 만두는 속이 고기로 가득 차 있고, 국물도 고깃국이란 것을 잘 알고 있다. 몇 술을 떠먹는데, 청년들이 우리에게 묻는다. 음식이 입맛에 맞느냐는 것이다. 이들은 우리가 한국인이란 것을 알고 있으므로 몽골의 전통 음식에 대하여 평가해달라는 의미이기도 하다. 물음에 대한 대답으로 이 정도의 만둣국이라면 한국에서는 3만 원 정도는 할 거라고 했더니 매우 놀란다. 사실 만둣국이 그 정도의 값이 나갈 만큼 맛있기도 하다. 특히 고깃값이 비싼 한국에서는 이런 만두를 찾아보기도 쉽지 않다. 그렇지만 음식 맛과는 별개로 나는 배탈이 났기 때문에 만둣국이 조심스럽다. 정말 아쉬운 일이다.

* * *

우리가 지나가고 있는 돈드고비는 '중앙의 고비'라는 뜻이다. 돈드고비 아이막의 주도는 만달고비이다. 돈드고비 아이막의 전체 인구는 4만 5천 명인데, 만달고비에만 1만 5천 명이 살고 있다고 한다. 이 정도의 인구라면, 우리나라와는 달리 몽골에서 큰 도시에 해당한다. 과연 만달고비는 사람이 많이 사는 지역답게 번듯한 건물도 들어서 있고 식당이며 가게도 많다.

우리는 만달고비에 들르기로 한다. 이전에도 만달고비를 거쳐간 적이 있다. 그때는 고비 사막으로 들어가면서 이곳의 슈퍼마켓에서 식료품과 잡동사니를 샀다. 그리고 이번에도 또 들어왔으니, 만달고비는 우리에게 고비 사막의 관문인 셈이다. 그래서 시내로 들어서는 감회가 새롭다.

우리는 지난번 이곳에서 침낭도 빌렸다. 고비 사막의 밤은 기온이 급격하게 내려가 춥다고 하여 침낭을 인원수에 맞추어 빌린 것인데, 지금까지 사용한 적은 한 번도 없었다. 고비 사막의 여름밤은 서늘하기는 했으나 침낭 속에 몸을 숨겨야 할 정도는 아니었다. 이제 만달고비에 도착했으니 빌린 침낭도 돌려줘야 한다.

만달고비에 도착하여 맨 먼저 은행을 찾아간다. 몽골 화폐로 환전하기 위해서이다. 은행에 들러 우리 돈 20만 원을 건네니, 47만 투그릭을 내어준다. 두툼한 돈다발을 받아들고 기분이 좋아진다. 그러나 즐거움은 잠시뿐이라는 것을 잘 안다. 생각했던 것보다 몽골의 물가가 비싸서 이 돈이 수중에서 빠져나가는 것은 금방일 것이다. 몽골에 도착하여 우리는 공항에서 50만 원을 환전했다. 이 정도면 몽골의 고비 사막을 여행하는 비용으로 충분하리라 생각했다. 그랬건만 이 돈을 다 써버려 또다시 환전하는 것이다.

초원에서 양이며 말은 흔하게 보인다. 지천으로 널린 것이 가축이다. 그래서 툴가에게 가축의 가격을 물어본 적이 있다. 양은 한 마리 가격이 한국 돈으로 10만 원 정도이고, 말은 양의 열 배인 100만 원 정도라고 한다. 가축의 가격은 그다지 비싼 편은 아니다. 이 지역의 토산물이라 할 수 있는 동물의 가격은 비교적 싸다고 할 수 있다.

그러나 식료품이나 공산품은 그렇지 않다. 이들이 벌어들이는 수입에 비하면 가공품의 가격은 매우 비싸다. 슈퍼마켓의 진열대에는 낯익은 한국산의 식료품도 많이 보인다. 한국 제품은 음료와 과자, 그리고 즉석식품까지 종류도 다양하다. 한국산의 공산품도 눈에 띈다. 그런데 한국산은 이들에게는 수입품이라는 것이 문제다. 이곳에 진열된 한국산 제품의 가격은 한국과 큰 차이가 없다. 그러니 몽골인들에게 가공식품은 매우 비싼 편이다.

가공식품인 커피의 가격도 마찬가지로 비싸다. 몽골에서는 원두커피가 흔치 않다. 이들은 인스턴트커피를 많이 마신다. 그런데 가게에서 파는 인스턴트커피 한 봉지가 5천 투그릭이다. 이는 한국 돈으로 환산하면 2,300원인데, 인스턴트 커피가 이 정도의 가격이라면 한국보다 더 비싼 편이다.

청년들의 평균적인 한 달 수입은 50만 원 정도라고 했다. 홍고린 엘스에서 만난 초등학교 초임 교사의 월급이 100만 투그릭이라고 했으니, 이 돈을 환산하면 대략 50만 원 정도이다. 이만한 월급으로 슈퍼마켓의 장바구니에 이런저런 물건을 집어넣으면 지갑은 금세 텅 빌 것이다. 몽골 사람들은 물가가 비싸서 벌어들이는 수입으로는 살아가기 어렵겠다는 생각이 든다.

* * *

만달고비에서 울란바타르 방면으로 포장도로를 한동안 잘 달리던 차량은 델게르촉트 솜부터는 비포장길로 들어선다. 여기서부터 바가 가즐링 촐루까지는 내내 비포장길이다. 이제부터 또다시 힘겨운 주행이 시작된다.

비포장길로 접어들자, 바로 돌탑인 어워를 만난다. 어워는 우리의 서낭당 역할을 하는 것으로 몽골의 민간 신앙 중 하나이다. 그런데 남쪽의 고비 사막을 돌아다닐 때는 어워를 별로 보지 못했다. 아마도 남쪽에는 사람들이 많이 살지 않아서 어워를 만나기가 쉽지 않았던 것 같다.

어워는 델게르촉트 솜이 훤히 내려다보이는 언덕 위에 있다. 모

처럼 어워를 만났으니 이곳에서 잠시 쉬어가기로 한다. 툴가는 어워 가까이에 차를 세운다. 바람이 선선하게 분다. 더위도 훨씬 누그러졌다. 사막을 돌아다닐 때는 어쩔 줄 모를 만큼 더위가 심하였는데, 이곳에서는 그새 기후가 바뀐 것 같다. 햇살도 한결 부드럽다.

주변은 새파란 풀밭이다. 남쪽에서 돌아다닐 때는 거의 꽃을 보지 못했다. 그곳은 기후가 건조하여 풀조차 귀한 사막이었기 때문이다. 그런데 이곳은 곳곳에 갖가지 꽃들이 피어있다. 꽃은 색깔도, 모양도 다양하다. 하얀색도 있고 노란색도, 분홍색도 있다. 그러나 꽃의 크기는 대체로 작다. 자잘한 꽃들이 어워 주변의 풀밭에 여기저기 흩어져 피어있다. 얼마나 행복한 일인가. 이렇게 꽃구경을 한다는 것이. 비록 야생화이지만 꽃들이 사랑스러워 하나하나 눈여겨 살펴본다.

그리고 지금은 마침 여름이다. 몽골은 겨울이 길고 여름은 짧다고 하였다. 그러니 야생초에게는 짧게 주어진 여름날이 아쉬울 법도 하다. 꽃들은 이 귀한 시간을 맞아 활짝 꽃피우고 있다. 주변에 핀 꽃들은 우리나라에서 흔히 볼 수 있는 꽃이 아니다. 그래서 이름을 알아맞히기는 어렵다.

선선하게 부는 바람에 코끝을 간지럽히는 풀 향기도 좋다. 어떤 풀에서 나는 향기가 이토록 쌉싸름한 향기를 내뿜고 있는 것일까. 한국에서 흔히 맡을 수 있는 풀 향기는 아니다. 이곳 고유의 풀에서 나는 향내임이 틀림없다.

어떤 풀이 이토록 강한 향을 뱉어내고 있는지 궁금하여 툴가에게

물어본다. 도시에서 주로 생활하는 툴가에게서 올바른 답변을 기대하지는 않은 질문이다. 그런데 툴가는 망설이지 않고 들판에서 야생하는 파 때문이라고 한다. 그래서 확인했더니 정말 주변에는 파가 자라고 있다. 생김새도 영락없이 우리가 먹는 실파와 똑같이 생겼다. 그런데 파의 냄새는 우리 것보다 훨씬 강하다.

어쩌면 이곳은 사람들이 그토록 찾아 헤맨 낙원일지도 모른다. 살랑살랑 선선한 바람이 분다. 그리고 풀밭은 끝없이 펼쳐져 있다. 바람결에 풀 향기가 전해져 코끝을 스치며 지나간다. 햇살은 알맞게 따사롭다. 그러니 햇살이 다정한 친구 같다. 이런저런 것들이 잘 갖추어져 있으니 어느 하나 아쉬운 것이 없다. 이런 곳에서 산다면 참 행복할 것 같다. 더구나 사랑하는 사람이 곁에 있다면 얼마나 좋을까.

* * *

나는 이곳의 근사한 분위기에 취해 잠시 상상에 빠진다. 어쩌면 이곳이 나의 고향인 듯하다. 풀 향기 가득한 이곳이 내가 태어난 곳이다. 내 나이가 스무 살 정도라면 딱 좋을 것 같다. 아니면 한두 살 정도는 더 어려도 좋다.

그리고 가까운 이웃에는 내가 오래전부터 좋아하는 여자애가 있다. 양 갈래로 머리를 묶은 여자애는 언제나 얼굴이 붉다. 여자애도 안다. 내가 자기를 좋아한다는 것을. 여자애는 나를 좋아한다고 말하지는 않았지만, 아마도 나와 마찬가지일 것이다.

그리고 오늘, 나는 여자애를 이 언덕에서 만난다. 나는 말을 타고 있고, 여자애도 그렇다. 우리는 말을 타고 이 세상의 끝까지 달려볼 작정이다. 약속은 하지 않았어도, 표정은 여자애도 그러길 바라고 있다. 우리는 세상의 끝에서 땅바닥에 코를 박고 풀 향기를 진하게 맡아보고 싶다.

여자애가 앞장선다. 바람처럼 빠르게 앞서 달려 나간다. 나도 여자애를 뒤따른다. 얼마를 달려야 세상의 끝에 다다를 수 있을까. 그리고 그 끝에는 무엇이 우리를 기다리고 있을까. 말갈기에 땀이 축축하게 배어난다. 한참을 더 달려 우리는 돌무더기 언덕을 발견한다. 약속이라도 한 듯이 우리는 말을 세운다.

이 세상에는, 하늘과 땅 사이에는 우리밖에 없다. 그리고 꼽아놓은 올가가 하늘을 향한다. 나는 여자애를 끌어안고 두 팔에 힘을 준다. 여자애가 순순히 내 품에 안긴다. 여자애의 냄새를 맡아본다. 풀 냄새가 난다. 익히 알고 있는 초원의 냄새다.

이런 상상을 하면서 나는 종이에 글을 끄적인다.

> 그대여 말을 달리자.
> 저 아득히 먼 초원의 끝까지
> 돌산이 나타날 그곳까지
> 푸른 하늘과 뭉게구름이 맞닿은 그곳까지
> 하늘과 땅이 철썩 만나는 그곳까지
> 델 자락 펄럭이며
> 머리카락 나부끼며
> 말을 달리자.

풀꽃 같은 그대여
이슬 같은 그대여
사랑을 알뜰히도 살찌울 그곳까지
바람처럼 말을 달리자.

* * *

꽃들이 아름답게 피어있는 어워를 뒤로 하고 우리는 바가 가즐링 촐루로 길을 잡는다. 여기에서도 역시 이정표는 눈에 띄지 않는다. 그저 '저기쯤이면 갈라지는 길이 있고, 오른편으로 길을 잡아, 얼마만큼 더 가서 언덕을 넘으면…', 이런 식으로 길을 찾아간다. 그러니 이곳에서는 멈칫거리며 망설이기보다는 무모하다 할지라도 일단 나서는 것이 먼저이다.

차창을 열어놓는다. 포장된 길은 아니지만 주변에 초원이 펼쳐져

있어서 먼지가 일어나지는 않는다. 초원의 풀은 무릎길이로 자라 무성한 풀숲이다. 더구나 풀 향기가 너무 좋다. 이런 초원에서 말들은 한가롭게 풀을 뜯고 있다. 말들도 자유를 누리고 있다. 어린 망아지는 어미 뒤를 졸졸 뒤따른다. 평화롭고 넉넉한 풍경이다.

우리가 찾아가는 바가 가즐링 촐루까지는 초원이 계속된다. 그런데 이정표가 없으니 슬슬 답답해지기 시작한다. 오로지 툴가만 믿을 뿐이다. 그런데 한참을 달리던 툴가의 표정이 어두워지기 시작한다. 길을 잘못 들었다는 것이다. 그러나 우리는 툴가의 말을 대수롭지 않게 듣는다. 우리는 그동안 고비 사막을 돌아다니며 길을 잃은 적이 한두 번이 아니었다. 그때마다 툴가는 용케도 다시 길을 찾아 무사히 목적지에 도착하곤 했다.

그런데 가만히 생각해 보면, 남쪽의 고비 사막에서는 구릉지가 거의 없어 먼 거리까지 볼 수 있었기 때문에 쉽게 길을 찾았던 것 같다. 그러나 이곳은 구릉지대여서 먼 거리까지 내다보기가 어렵다. 그래서인지 몽골 태생이며 여러 해 동안 운전과 가이드 일을 한 툴가도 길 찾기가 어려운 모양이다. 어쩌다 보니 우리는 지나간 길을 또다시 지나가고 있다. 우리는 한 곳에서 빙글빙글 돌았던 것이다. 이쯤 되자, 일행의 얼굴은 점차 일그러지기 시작한다. 이 길에서 이정표는 기대할 수 없다. 지금까지 우리는 이정표가 없는 길로 다녔고, 이정표가 없어도 잘 다녔다. 그런데 이곳은 그곳과는 또 다르다. 툴가는 차를 세운다. 난처한 표정이다. 이곳이 초행인 우리는 더 난감하다.

때마침 우리는 오토바이를 타고 지나가던 할아버지를 만난다. 초원에서 이런 일은 흔치 않다. 그러니 툴가는 구세주라도 만난 것처럼 할아버지를 반긴다. 그런데 할아버지의 차림이 예사롭지 않다. 몽골 전통 복장인 델을 입었고, 신발도 전통 신발인 고탈을 신었다. 몽골 사람들이 대부분 그러하듯 이 할아버지도 풍채가 좋다. 할아버지는 모래가 심하게 날릴 때 쓸 것 같은 낡은 안경을 이마에 고무줄로 붙들어 매어 걸치고 있다.

툴가는 할아버지에게 길을 묻는다. 길을 잃어 고생하고 있다는 하소연도 하는 것 같다. 할아버지는 우리더러 따라오라고 하면서 앞장선다. 할아버지는 가야 할 길이 따로 있었을 것이다. 그런데도 우리를 위하여 기꺼이 앞장을 선다. 얼마나 다행스러운 일인가. 할아버지가 아니었다면 우리는 길을 잃고 무척 헤매었을 것이다. 어쩌면 우리는 다람쥐 쳇바퀴 돌듯이 이곳에서 뱅글뱅글 돌았을지도 모른다. 우리는 안도의 한숨을 내쉰다. 할아버지는 한참 동안 앞장서서 우리를 이끌어주다가 오토바이를 세운다. 그러면서 가야 할 방향을 가리킨다.

그런데 할아버지가 일러준 방향으로 아무리 차가 달려도 목적지는 나타나지 않는다. 다만 사진에서 본 목적지의 지형과는 서로 비슷하다. 할아버지가 가리킨 곳이 이쯤일 것 같은데, 목적지인 바가 가즐링 촐루는 아니다. 할아버지가 잘못 알려준 것은 아닐까. 문득 의심이 든다. 할아버지를 고맙다고 생각한 것이 조금 전이건만 사람의 마음은 이처럼 간사하게 금세 뒤바뀐다.

그러면서도 주변의 풍경에서 눈을 거두기는 쉽지 않다. 이곳은 남쪽의 고비 사막과는 확연히 다른 분위이다. 초원에는 향기로운 풀들이 여전히 가득하다. 더욱이 이곳은 야트막한 산이 오밀조밀 많은데, 산은 대부분 아기자기한 돌들로 이루어진 바위산이다. 멋지게 꾸며진 돌산의 경치에 눈을 뗄 수가 없다.

여차하면 오늘 저녁은 길 위에서 잠을 잘 수도 있을 것이라고 농담처럼 이야기한다. 그러면서 그것이 실제로 벌어진다면 어떻게 할지 상상해 본다. 다행히 차 안에는 가스레인지가 있으니 음식을 끓일 수는 있다. 그리고 식수도 있다. 라면까지 가지고 있으니 간단한 요리도 가능하다. 가만히 헤아려보니 우리에게는 즉석 밥이며 과자, 초콜릿도 있다. 이쯤 되면 비상시에는 차에서 잠을 자며 야영도 할 수 있을 것 같다.

이렇게 후미진 곳에서 잠을 잘 수도 있다고 생각하니 한편으로는 께름칙하기도 하다. 차에서 잠을 자다가 한밤중에 화장실을 가기 위해 차량의 문을 연다. 그런데 가까이에 늑대가 있다. 늑대가 갑자기 공격한다면 피할 재간이 없을 것 같다. 기절초풍할 일이다. 이런 일을 당하지 않으려면 어서 목적지를 찾아야 한다.

일행은 모두 창밖을 바라보며 두리번거린다. 그러나 눈을 부릅뜨고 찾으려 해도, 한 번도 가보지 않은 곳이 찾아지겠는가. 설상가상 날도 저물기 시작한다. 기울어지기 시작한 해는 서쪽 하늘을 뻘겋게 물들이고 있다. 얼마 후면 해는 지평선으로 들어갈 것이다.

한참을 돌아다닌 끝에 마침내 바가 가즐링 촐루를 찾아낸다. 일행은 툴가에게 박수를 보낸다. 툴가도 스스로가 대견하다는 듯 어깨를 으쓱한다. 마음을 졸이며 얼마나 걱정했는지 모른다.

그런데 이곳은 우리가 찾아내기 어려웠던 것이 당연했는지도 모른다. 우리가 묵을 바가 가즐링 촐루의 캠프는 하필이면 야트막한 산속에 숨기라도 하듯이 자리 잡고 있다. 캠프에 도착하니 이미 해는 저물어 어둑어둑하다.

더위도 한풀 꺾여서, 기온은 초가을 날씨처럼 서늘하다. 바람도 선선하게 분다. 캠프의 샤워장에는 물도 시원스럽게 잘 나온다. 찬물로 몸을 씻었더니 오싹 한기가 느껴진다. 남쪽의 고비 사막과는 차이가 크다. 그렇지만 기분 좋은 차이다. 노는 데에는 더울 때보다는 서늘할 때가 훨씬 좋다.

샤워를 마치고 대충 짐도 정리한 후에 저녁을 먹으러 식당으로 향한다. 오늘은 아침을 걸렀고, 점심도 신통치 않았건만 배고픈 줄 모르고 하루를 보낸 것 같다. 저녁을 먹으며 우리는 오늘 겪은 일들을 이야기한다. 그중에서도 대표적인 얘깃거리는 이곳 바가 가즐링 촐루로 오는 길을 찾지 못해 쩔쩔맨 일이다. 그러면서 돌이켜 생각해도 꼭꼭 숨어있는 캠프를 찾아낸 것이 큰일을 해낸 듯 자랑스럽게 느껴진다.

그래서 오늘 저녁엔 모처럼 호기롭게 보드카를 주문한다. 지금까지 우리는 캠프에서 별도로 술을 주문한 적은 없었다. 몽골의 전통주는 아이락이다. 아직 아이락을 마셔보지 않아서 이 술이 어떤지는 알 수 없다. 그런데 몽골은 독한 술인 보드카도 유명하다. 러시아의 영향 때문이다. 그리고 몽골은 워낙 추운 곳이기 때문에 사람들이 술을 많이 마신다. 특히 보드카처럼 독한 술을 몽골 사람들이 선호한다고 한다. 내친김에 술안주로 양고기 수육도 주문한다. 그랬더니 술과 안주 값으로 받아 가는 돈이 10만 투그릭이다.

우리가 묵는 캠프에는 몽골 사람들도 많다. 고비 사막과는 달리 초원 지역이고 주변의 경관도 아름답기 때문일 것이다. 우리의 앞쪽 게르에는 몽골의 젊은이들이 묵는 것 같다. 이들은 한창 신났는지 왁자지껄 시끄럽다. 젊은이들이 지쳐 잠들기를 기다리려면 자정을 훌쩍 넘겨야 할 것 같다. 그러는 사이에 내가 먼저 까무룩 잠에 빠진다. 오늘 밤에는 말을 타고 바람처럼 초원을 달리는 꿈을 꿀 것만 같다.

15

바가 가즐링 촐루

게르 천장으로 떨어지는 빗소리가 요란하여 한밤중에 잠에서 깬다. 게르는 천장이 낮고, 감싸고 있는 천막도 얇아서 빗소리가 더 가까이, 그리고 크게 들린다. 시계를 들여다보니 새벽 네 시다. 비가 내리기 때문인지 기온은 뚝 떨어져 서늘하다. 그러니 저절로 두툼한 겨울 이불을 얼굴까지 끌어올리게 된다. 빗소리는 쉽게 그치질 않는다. 새벽 네 시라면 일어나기에는 너무 이른 시간이어서, 빗소리를 들으며 다시 잠을 청한다.

아침에 일어나 바깥으로 나와 하늘을 쳐다보니 비는 그쳤지만, 아직도 구름이 잔뜩 끼어있다. 간밤에 내린 비로 캠프 주변에는 군데군데 물웅덩이가 생겼다. 그리고 풀들은 빗물을 감당하지 못하고 축 늘어졌다. 생각보다 비가 많이 내린 모양이다. 그렇다면 오늘 우리가 돌아다니는 길이 불편하지는 않을까 걱정이다.

하룻저녁을 묵은 이곳의 이름은 바가 가즐링 촐루이다. '바가

(baga)'는 몽골어로 '작은'이란 뜻이다. 또한 '가즐링(gazryn)'은 '땅'을 의미하며, '촐루(chuluu)'는 '돌멩이'를 뜻한다. 즉 바가 가즐링 촐루는 '돌멩이가 많은 작은 땅'이란 의미이다.

우리는 어제 해 질 무렵 이곳에 도착했기 때문에 캠프 주변을 살펴볼 여유가 없었다. 그래서 아침식사 후에는 산책 삼아 주변을 둘러보기로 한다. 캠프는 야트막한 바위산 아래에 자리 잡고 있다. 바위는 높지 않아서 병풍처럼 캠프를 둘러싼 듯하다. 바위산 덕분에 캠프가 더욱 아늑하게 느껴진다.

지금까지 우리가 묵었던 캠프는 모두가 평지에 자리 잡고 있었다. 그런데 이곳은 비스듬하게 경사진 비탈에 자리하고 있다. 캠프의 맨 위쪽에는 식당과 샤워장이 있고, 경사지를 따라 게르가 펼쳐진다. 이곳에 세워진 게르는 20여 동이다. 그리고 맨 아래쪽에는 주차장이 있다.

캠프 주변으로는 아기자기한 돌멩이들이 마치 정원석처럼 군데군데 널려 있다. 그래서 '신들의 정원'이라는 이곳의 별칭과 잘 들어맞는다. 어제 우리는 이곳을 찾느라 무척 애먹었다. 그렇지만 힘들여서 찾아온 보람이 있다. 여기는 어느 곳보다 멋진 캠프다.

오늘 오전의 일정은 바가 가즐링 촐루를 구경하는 것이다. 구경을 마치면 테렐지 국립공원으로 갈 것이다. 이곳에서 출발하는 시각은 정해놓지 않았다. 우리가 지금까지 그랬던 것처럼 일이 되어가는 상황을 보아가면서 출발하면 된다. 여기서 거기까지의 거리는 280킬로미터라고 하니, 이동하는 데에는 어림잡아 4시간 남짓 소요될 것이다.

테렐지 국립공원은 수도인 울란바타르와 가깝다. 그뿐만 아니라 경치도 수려하여서 몽골의 대표적인 휴양지로 알려져 있다. 우리는 울란바타르에서부터 여행을 시작하였다. 그러므로 여행의 시작은 울란바타르에서 점차 멀어졌고, 이제는 울란바타르와 조금씩 가까워지고 있다. 우리의 몽골 여행도 서서히 마무리할 때가 되어가는 듯하다.

* * *

어젯밤을 지낸 이곳 캠프는 바가 가즐링 촐루라는 넓은 지역에 포함된 곳이다. 캠프 주변 구경을 마치고 짐을 꾸려 캠프를 떠난다. 이곳은 신들의 정원이라고 하였다. 인간의 영역이 아니라는 뜻이다. 그러므로 여기는 천국, 또는 선계란 말과도 같다. 그만큼 이곳의 비경이 아름답다는 의미이다. 과연 얼마나 근사한 지역이면 이런 표현을 붙였을까.

바가 가즐링 촐루는 천천히 걸어보는 것이 좋을 듯하다. 그리고 깊이 숨을 들이마시는 것도 좋을 듯하다. 걱정거리가 있다면 잠시 내려놓고 바위며 하늘을 바라보는 것도 좋을듯하다.

여기는 새파란 풀들이 벌판을 가득 채우고 있다. 그리고 풀 향기도 썩 마음에 든다. 간밤에 내린 비 때문일까, 아니면 새벽이슬 때문일까, 풀들은 촉촉하게 물기를 머금고 있어 더욱 싱그럽다. 자세히 들여다보면 풀 중에는 꽃이 핀 녀석도 있는데, 꽃이 작을 뿐이지 색깔은 무척 곱다. 꽃들은 이 멋진 여름을 환희 속에서 즐기고, 뽐내고 있는 중이다. 주변의 바위도 근사하다. 동글동글한 바위들이 포근하게 나를 감싸주는 듯하다. 더욱이 기온이 서늘하여 돌아다니기에도 적당하다. 풀이며, 바위며, 향기며, 기온마저 나를 저절로 웃음 짓게 만든다.

우리는 그동안 먼지를 뒤집어쓰면서 거친 고비 사막을 돌아다녔다. 강렬한 태양 아래에 드러난 황무지, 그리고 그것이 바람이나 빗물에 깎인 장면을 구경하고 다녔다. 그곳은 가도 가도 사막뿐이었다. 그런데 이곳에 와서야 우리가 얼마나 거친 들판을 돌아다녔는지 실감하게 된다. 이곳과 그곳은 극적으로 비교된다.

그렇다고 우리가 돌아다닌 고비 사막을 깎아내리고 싶지는 않다. 고비 사막은 거칠기는 하지만 야성적인 멋이 있었다. 모래바람이 불

고, 태양이 강렬하고, 신기루가 어른대는 세상이었지만 그곳에도 사람은 살고 있었다. 거친 땅에 기대어 동물들도 살아가고 있었다. 다만 그곳은 무엇이든 조금씩 부족할 뿐이었다. 그래서 아껴 쓰며 살아야 하는 세상이었고, 그것이 불편할 뿐이었다. 섬세한 바가 가즐링 촐루가 여성적이라면, 거칠고 메마른 바양작은 남성적이라고 할 수 있다. 하기야 이 세상은 조물주가 빚어낸 작품이니, 이 세상 어느 것 하나라도 아름답지 않은 것이 있겠는가.

이곳에 풀밭이 펼쳐져 있어서 좋은 점은 또 있다. 풀밭 위에는 자동차가 지나간 흔적이 선명하게 새겨진다. 자동차의 양쪽 바퀴가 밟고 지나간 두 줄이 그것이다. 이 흔적을 따라다니면 바가 가즐링 촐루의 볼거리를 쉽게 찾을 수 있다. 바퀴자국이 길을 안내하고 있는 셈이다. 바퀴자국은 바위산을 돌아서 사라지기도 하고, 아득히 먼 곳에서 희미하게 사라지기도 한다.

사람이 가지고 있는 오감 중에서 여행과 관계된 것은 단연 볼거리이다. 먹고 듣는 것보다 볼거리가 얼마나 풍성한가에 따라 여행의 질이 달라지기도 한다. 그런데 볼거리에도 종류가 있다. 반짝반짝 빛나는 보석을 눈이 빠지도록 자세히 들여다볼 것인가, 아니면 광활하게 펼쳐진 푸른 초원이나 드넓은 바다를 넋 놓고 바라볼 것인가의 차이이다. 그런데 이곳은 현란한 구경거리가 있는 것은 아니다. 그저 마음을 편안하게 하는 덤덤한 볼거리가 있을 뿐이다.

이곳에는 칭기즈칸이 말에게 풀을 먹였다는 전설이 전해지는 지역도 있다. 그리고 어떤 바위에는 주먹만한 크기의 구멍이 있는데,

구멍 안에는 항상 물이 고여있고, 이 물로 눈을 씻으면 시력이 좋아진다고 한다. 이 정도의 시시껄렁한 이야기에 여행자들이 만족할 수 있겠는가. 주먹 크기의 구멍을 보기 위해 사람들이 이곳까지 찾아오겠는가.

그래서 이곳에서는 인간이 지어낸 이야기가 아닌 자연의 이야기에 귀를 기울이는 것이 더 나을 듯하다. 분주하던 몸짓을 잠시 멈추고 귀를 기울인다. 그러면 자연의 이야기가 들린다. 나뭇가지로 스쳐 지나가는 바람의 웅얼거림, 혹은 키는 작아도 노란 색깔이 선명하게 드러난 야생화를 바람이 건드려 생겨난 옹알이, 꽃들을 탐하여 이곳저곳 날아다니는 꿀벌들의 잉잉거리는 날갯소리, 이곳에서는 이런 소리를 들어야 한다.

또는 자연의 손길을 구경하는 것도 멋진 일이다. 자연의 손길은 하도 커서 특별히 마음먹지 않을 때를 제외하고는 대부분 빗자루로 글씨를 쓴 것처럼 크고 웅대하다. 그래서 가까이 다가가서 들여다보면 알아보기란 쉽지 않다. 가까이가 아닌, 멀찍이 떨어져 바위산을 구경한다. 그리고 풀밭도 먼 곳으로 떨어뜨린다. 그러면 대자연의 파노라마가 웅장하게 펼쳐진다.

자연의 목소리를 듣고, 자연의 손길을 구경하는 데에는 반드시 마음이 열려있어야 한다. 아무런 빗장도 없는, 모두 열린, 혹은 생각조차 비워둔 멍한 상태라야 자연을 올바르게 마주할 수 있다. 바가 가즐링 촐루에서라면 특히 더 그렇다.

* * *

바가 가즐링 촐루에는 예전에 스님들이 기거했다는 절터가 다 무너져 내리기는 했어도 아직까지 남아있다. 그런데 평원의 한가운데에 솟아오른 암석 지대에 절터가 숨듯이 자리 잡고 있다. 더욱이 껍질이 하얀 자작나무들이 절터를 가리고 있어 찾아내기도 쉽지 않다.

절의 규모는 제법 크다. 절의 뒤쪽에는 거대한 바위가 버티고 있고, 좌우에도 바위들이 서있어서 이것에 의지하여 절을 지었다. 그리고 바위 사이를 적절히 이용하여 벽이나 방을 만들었다. 흙벽은 대부분 무너져 내렸으나 일부는 아직도 남아있는데 언제라도 무너져 내릴 듯 덜렁거린다.

이 절은 몽골에서 불교가 탄압받던 시기인 스탈린 시대에 스님들이 숨어 살던 곳이라고 한다. 그러나 지금은 스님들이 모두 떠났고 건물은 돌보는 사람도 없어 많이 훼손되었다.

절터의 뒤쪽으로는 꼭대기로 오를 수 있는 폭이 좁은 길이 있다. 이곳의 자잘한 돌을 계단처럼 밟고 오르면 어렵지 않게 바위산 꼭대기에 이른다. 바위산은 그다지 높지 않은 편이다. 그런데 바위 꼭대기에 올라서니 의외로 넓다. 바닥도 편평하여 백여 명도 거뜬히 받아들일 수 있을 것 같다. 그리고 발아래로는 주변이 시원스럽게 내려다보인다. 절의 앞쪽으로는 초원이 펼쳐져 있고, 뒤쪽에는 무수한 바위들이 협곡을 이루고 있다. 협곡을 바라보고 있으면 여기는 지구가 아닌 외계의 행성처럼 느껴진다.

스님들이 그랬듯이, 나도 이런 곳에 게르 한 채 지어놓고 한 달가량을 살아보면 어떨까, 이런 생각을 해본다. 그러는 사이에 내 마음속에서는 벌써 이곳에 게르가 세워지고, 나는 이미 이곳에서 살고 있다. 이렇듯 근사한 상상이 끝없이 이어지다가, 불현듯 나는 오만 가지 걱정에 휩싸인다.

밤이면 얼마나 무서울까. 외진 산골이라면 낮에도 무서울 텐데 한밤중엔 어떻게 버텨낼 수 있을까. 그리고 얼마나 심심할까. 이곳은 텔레비전도 없고, 인터넷도 없고, 전화도 걸려 오지 않는다. 내가 가진 것이라고는 밤하늘의 별뿐이다. 친구나 가족은 얼마나 보고 싶어질까. 그리고 이런 곳에서 갑자기 병이라도 생긴다면 어쩌나. 저절로 나아질 때까지 참아야 할 텐데, 잘 버텨낼 수 있을까. 두고 온 우리 집에선 전기요금을 내지 않았다고 체납고지서가 날아왔을 것 같은데, 전기가 끊어지면 어쩌나. 남들은 이곳에서 이러고 있는 나를 어떻게 평할까. 나는 이렇게 걱정투성이 속에서 하루하루를 보낼 것만 같다.

두고 온 세상에 대하여 미련을 버리지 못한 탓이다. 터전을 지키기 위해 안간힘을 쓰고 변화를 거부하는 완고한 정주민의 피가 내 몸속에 흐르고 있기 때문이다. 그러니 이곳에서 짧게나마 한 달을 산다고 해도 나의 삶은 행복할 것 같지는 않다. 그것은 오히려 고통일 것 같다.

내가 두고 온 정주민의 사회는 견고한 성으로 지어진 철벽같은 불변이며, 만 년 동안의 유지이며, 대대손손 이어지는 갑옷처럼 단단한 보수의 세계다. 그곳이 내가 사는 세상이다. 그러니 나는 유목민이 되기는 글렀다. 이곳이 아무리 신선이 사는 곳이라지만, 내가 지금 이곳에서 살기에는 부담스러운 곳이라고 결론을 내린다. 그러니 이곳의 삶을 사양하는 수밖에 없다. 이곳에서 행복을 찾기에는 아직 준비가 덜 된 탓이다.

이쯤 생각에 이르니 이영산이 나를 호통치는 것만 같다. 이영산은 〈지상의 마지막 오랑캐〉에서 사내의 행복은 초원에 있다고 힘주어 말하고 있다.

> 사내의 행복이란 혹독한 추위와 엄청난 더위를 이기고, 백 년 동안의 고독을 이기고 얻은 것이다. 비겁한 사내들이나 조금 덜 추우려고, 조금 덜 더우려고, 조금 덜 외로우려고 초원을

떠나고, 도시에 모여 작게 산다. 넓은 대지를 버리고 좁은 곳에 끼어 부대낀다. 몰려 사는 게 죄다. 그리워야 사람 귀한 줄도 알지 부대끼니까 서로 경쟁하게 되고 어깨 부딪칠 때마다 싸워야 한다. 편안히 숨 쉬고 살지 못하고 가슴을 동여매고 사는 꼴이다.

이영산은 정주민보다는 유목민을 추켜세우고 있다. 그의 주장도 한편으로는 일리가 있다. 현대를 살아가는 우리는 도시에 모여 북적거리며 작은 일에도 화를 내고, 작은 이익에도 욕심내며 살아가고 있으니 말이다. 그리고 가슴 졸일 일은 또 얼마나 많은가. 물가만큼 오르지 않는 월급 때문에 가슴 졸이고, 아랫사람이 나를 앞질러 진급하니 주눅이 들고, 자식에 대해서라면 우물가에 내놓은 듯 걱정이다. 현대의 도시인들은 가슴을 동여매고 사는 인생이다. 정주민이기 때문에 숙명처럼 백여 가지의 걱정들을 머리에 이고 살아야 한다.

* * *

신들의 정원을 한 바퀴 둘러보았으니 이제는 이곳을 떠나야 한다. 나오는 길목에는 잘 가라고 인사라도 건네듯 낮은 바위산이 손을 흔들어 준다. 바위산은 동글동글한 바위들이 옹기종기 달라붙어 있는데, 바위 하나하나는 호떡을 층층이 쌓아 올린 모양새다. 그래서 나는 이 바위를 호떡 바위라고 이름을 짓는다. 신들은 이 정원에서 저만큼의 호떡을 쌓아두고, 호떡을 맛있게 먹어가며, 아무런 걱정도 없이 이곳에서 쉬고 있을 것이다.

그런데 그와는 반대로 저 호떡 바위처럼 나는 켜켜이 걱정을 쌓아놓고 있다. 어디 나뿐일까. 들추지 않아서 그렇지 저만큼의 근심이 없는 사람이 어디 있겠는가. 나는 언제쯤이면 저만큼의 평안을 쌓아두고 세상을 여유롭게 바라볼 수 있을까.

평안을 찾자고 신들의 정원을 찾았건만, 내가 가진 불안을 확인하며 바가 가즐링 촐루를 떠난다.

16

유목민과 양고기

바가 가즐링 촐루를 떠난 뒤로도 아담한 크기의 바위와 초록의 풀밭들은 한동안 나의 뒤를 따라온다. 어쩌면 내가 이들을 마음속에서 데리고 가고 있는지도 모른다. 그러다가 점차 하나둘 떨어져 나간다. 마치 하나하나와 긴 작별 인사를 건네기라도 하는 듯하다.

바가 가즐링 촐루는 관광지이다. 그래서 유목민의 게르는 볼 수 없었다. 그런데 이곳을 떠나 얼마 동안 초원을 달리니 띄엄띄엄 게르가 나타난다. 대부분의 게르에는 하얀색의 덮개를 씌운다. 그러므로 푸른 초원에서 흰색 게르는 선명하게 도드라진다. 덕분에 게르가 멀리 떨어져 있어도 쉽게 찾아낼 수 있다.

차창으로 언뜻 살펴보니 어떤 게르에서 양을 잡고 있다. 큰 구경거리라도 만난 것처럼, 일행의 눈길은 한꺼번에 그곳으로 쏠린다. 유목 국가인 몽골을 돌아다니며 지금까지 양은 숱하게 보았어도, 양을 도살하는 광경은 처음이기 때문이다. 그래서 우리는 내친김에 그

것도 구경해보기로 한다.

그런데 게르의 앞에는 커다란 개가 버티고 있다. 뿐만 아니라 우리를 보고 엄청나게 짖어댄다. 곰처럼 덩치도 크고 숯처럼 시커먼 녀석이다. 툴가는 차창을 조금 내리고 얼굴만 빼꼼히 내밀어 주인에게 개를 좀 붙잡아 달라고 부탁한다. 주인은 방문객인 우리를 보더니, 개에게 몇 번 소리친다. 그제야 개는 충직하게도 주인의 명령에 따라 우리에 대한 경계를 풀고 고분고분해진다.

몽골의 개는 사납기로 유명하다. 거친 환경을 살아가면서 주인과 가축을 보호하는 직분이 맡겨졌기 때문일 것이다. 그리고 개는 그것을 잘 지키는 동물이기도 하다. 동물과 함께 살아가는 인생이 유목민의 운명이라면, 그 운명의 길동무는 개라고 할 수 있다.

양은 이미 숨이 끊어져 고개를 축 늘어뜨리고 있다. 주인은 칭기즈칸 시대의 법률인 대자사크(Yeke Jasag)에 나타난 바와 같이 고통 없이 양을 죽였을 것이다. 양의 사지를 묶고 단박에 숨통을 조여, 양은 죽는 줄도 모르면서 죽었을 것이다. 주인은 칼을 들어 양의 가죽을 벗겨낸다. 어지간히 시간이 걸릴 줄 알았는데, 능숙한 솜씨여서 가죽 벗기는 일이 금세 끝난다. 털가죽을 벗겨내니 도톰하던 양은 앙상하게 살만 드러난다.

툴가가 우리에게 묻는다. 양의 내장으로 여기서 점심을 때워보겠느냐는 것이다. 양을 잡았으니 당연히 내장이 생길 것이고, 그것을 우리에게 요리해 줄 수 있겠느냐고 주인에게 묻겠다는 뜻이다. 우리는 기다렸다는 듯이 흔쾌하게 그러자고 대답한다. 툴가가 주인과 몇 마디 주고받는다. 주인이 허락하여 갓 잡은 양의 내장을 우리에게 삶아주겠다고 한다. 물론 우리는 돈을 낼 것이다. 이 또한 몽골 여행의 좋은 체험이 될 것이다.

이제 주인은 양의 내장을 들어낼 차례다. 누군가 앞다리가 하늘로 향하도록 잡아주어야 내장을 들어내기가 수월할 것 같다. 주인은 주변을 둘러보더니 하필이면 나를 지목한다. 엉겁결에 나는 양의 앞다리를 붙잡는다.

주인은 능숙한 솜씨로 배를 가른다. 주인의 칼끝이 지나가자, 맙소사, 양의 뱃속에 이렇게나 많은 내장이 들어있다니. 금방이라도 바깥으로 터져 나올 듯 내장이 빼곡하다. 처음 구경하는 동물의 뱃속이라서 비위가 상하기는 하지만 몸집에 비하여 가득 들어있는 내장을 보고 놀란다. 특히 위가 유난히 크다. 양이 초식동물이기 때문인 것 같다.

양은 죽은 지 얼마 되지 않아서 내장의 여러 부위는 따뜻하고 말랑말랑하다. 내장을 꺼내면 피가 많이 나올 줄 알았는데 뜻밖에 많지 않다. 아마도 양을 도살한 뒤에 얼른 피를 뺐기 때문일 것이다. 그래도 혹시 옷에 피가 튀면 어쩌나 걱정했는데, 솜씨 좋은 유목민 아저씨는 피 한 방울 흘리지 않고 말끔하게 일을 해치운다. 밥그릇으로 등 쪽에 고인 약간의 피를 긁어모으면 일은 깔끔하게 마무리된다.

아저씨는 이렇게 양을 도살하고, 내장을 꺼내는 일이 유목민으로서 양 떼를 몰고 초원을 찾아다닌 날 만큼이나 많았을 것이다. 그래서 대수롭지 않은 일이라는 듯이 능숙하게 일을 끝낸다. 물론 아저씨의 일이 모두 끝난 것은 아니다. 벗긴 가죽은 펼쳐서 햇볕에 말려야 한다. 그리고 양고기를 적당한 크기로 잘라놓아야 한다. 내장을 손질하는 일도 남아있다.

내장의 손질은 부인 몫의 일인 듯하다. 주인에게서 그릇을 넘겨받은 부인이 이번에는 내장 씻을 준비를 한다. 나는 부인을 도와줄 요량으로 내장을 물그릇에 넣으려고 했더니 부인이 깜짝 놀란다. 그러면서 그릇을 기울여 바닥으로 물을 조금씩 흘리라는 시늉을 한다. 내가 따라 했더니 부인이 졸졸 흐르는 물에 내장을 씻는다. 그런데 이렇게 해서 냄새나는 양의 내장이 깨끗하게 씻어질까 걱정스럽다.

그렇지만 나는 자칫하면 칭기즈칸의 법률에 어긋나는 행동을 할 뻔하였다. 몽골은 물이 부족한 나라이다. 그래서 무엇을 씻을 때는 물그릇 속에 손을 넣거나 씻을 물건을 넣지 않는다. 물그릇을 기울여 졸졸 따라 아껴가면서 물을 쓴다. 나는 양고기를 얻어먹기는커녕 곤장만 실컷 얻어맞고 이곳에서 쫓겨날 뻔하였던 것이다.

* * *

주인 내외는 양고기를 정리하랴, 내장을 끓이랴 분주하다. 우리는 내장이 요리되는 시간 동안 게르 주변을 구경하기로 한다. 게르 뒤편 가까이에는 펑퍼짐한 언덕이 있다. 언덕에 오르면 주변이 더 잘 보일 듯하다. 언덕 주변에는 돌이 군데군데 무더기로 모여있다. 그리고 바람이 거칠게 대지를 훑고 지나간다. 부는 바람에 풀은 이리저리 흔들리고 있다. 여름의 한낮이건만 햇볕은 부드럽고 따사롭다. 양들은 여기저기 흩어져서 풀을 뜯고 있다. 이것이 일상적으로 만나는 유목민의 생활 환경일 것이다.

박 선생님은 어느새 주인아저씨의 손자들과 친해져 장난을 친다. 그러면서 자기 집처럼 서슴없이 게르를 드나든다. 내가 게르의 입구에서 삐죽이 안을 들여다보고 있으니 주인이 손짓으로 들어오라고 한다. 주인은 고기 정리하는 일을 벌써 마친 모양이다. 그제야 나는 용기를 내어 게르 안으로 들어간다.

게르 안에는 생활 용구들이 가지런히 정돈되어 있다. 우리가 지금까지 묵은 게르는 여행자용의 게르였다. 그래서 가재도구는 침대가 전부였다. 그런데 이곳의 게르에는 침대 두 개가 좌우에 놓이고, 그 곁에는 작은 장롱도 세워져 있다.

게르의 안에서 눈에 띄는 살림살이는 역시 가전제품이다. 냉장고도 있고 텔레비전도 있다. 바깥에서는 태양광을 이용하여 발전하고, 이 전기를 배터리에 모아 가전제품에 사용하는 것이다. 전화까지 갖추어져 있으니 외부와 통화하기도 어렵지는 않을 것 같다. 이 정도의 가전제품이라면 문명의 이기를 빠짐없이 갖추었다고 해야 할 것 같다. 심지어 안에는 가스레인지도 놓여있는데, 게르의 바깥에 있는 가스통과 연결되어 있다. 이들은 게르의 서까래인 우니도 알뜰하게 활용하고 있다. 우니의 틈새에는 종잇조각이나 끈과 같은 소소한 물건들이 끼워져 있다.

몽골은 1년 중에서 두서너 달을 제외하면 매우 춥고 건조한 나라다. 그러므로 몽골은 농사짓기가 힘든 자연환경이다. 이와 같은 기

후 때문에 몽골에서는 한곳에 정착하여 생활하는 것보다는 가축을 키우며 초지를 찾아 이동하는 유목생활이 정착되었다고 볼 수 있다. 게르는 유목생활에 적합한 주거 형태이다. 유목생활을 하려면 자주 옮겨 다녀야 하므로 쉽게 집을 짓고, 쉽게 해체할 수 있어야 한다. 그리고 가벼워야 한다. 이런 조건에 맞아떨어지는 주거형태가 바로 게르이다.

게르의 건축 재료는 모두 자연에서 얻는다. 그리고 전혀 못을 쓰지 않는다. 게르는 간단한 재료로 만들면서도 겨울철의 난방과 여름철의 환기, 그리고 강한 바람과 거센 눈보라에도 견딜 수 있는 구조이다.

게르 내부의 이곳저곳을 살펴보는 나를 주인은 가족사진 앞으로 데리고 간다. 액자 속에는 가족들의 사진이 빼곡하다. 살아가면서 어느 중요한 날을 기념하는 사진일 것이다. 이 집의 식구들이 지금까지 살아온 내력이 액자 속에 고스란히 담겨있다.

그리고 주인은 잘생긴 젊은이를 가리키며 흐뭇한 표정인데, 아마도 아들인 것 같다. 그러면서 내가 잘 알아듣지도 못하건만 아들과 딸 자랑을 주렁주렁 늘어놓는다. 툴가에게 통역해 달라고 했더니 주인은 더욱 신이 나서 자식들의 이야기에 열을 올린다. 자식이 귀엽고 자랑스러운 것은 어느 부모나 마찬가지일 것이다. 아저씨의 딸도 예쁘다. 얼굴이 검게 그을린 이곳 주인 내외도 젊었을 때는 이렇게 멋지고 예뻤을 것이다. 늙은 부모를 보고 자식을 상상하는 것이 아니라, 젊은 아들딸을 보고 부모의 젊은 시절을 상상하게 된다.

* * *

게르에 앉아있으니 아주머니가 고기며 내장이 담긴 쟁반을 들여온다. 음식을 한참 기다렸으므로 우리는 쟁반 주위로 둥그렇게 둘러앉는다. 고기는 양이 많아 쟁반 위에 산처럼 소복하다. 그리고 푸짐하고 먹음직스럽다. 그렇지만 우리가 이걸 다 먹을 수 있을지 걱정이다.

쟁반에 담긴 것들

의 생김새는 모두 다르다. 그러므로 양 한 마리의 내장이 이 쟁반에 모두 담긴 듯하다. 부인이 고깃덩이를 먹기 좋게 썰어준다. 고기 맛은 담백하다. 고기는 별다른 양념을 하지 않은 것 같다. 그리고 조금 전에 잡은 고기여서 싱싱하다.

아쉬운 것이 있다면 채소다. 부인이 가져온 쟁반 위에는 고기만 수북할 뿐 채소는 단 한 가지도 없다. 우리나라에서라면 상추라거나 깻잎이 차려질 것이다. 그리고 우리나라에서라면 고기보다 채소가 훨씬 더 푸짐하게 상을 차지할 것이다. 그런데 이곳에는 곁들여진 반찬이라야 잘게 저며놓은 마늘 조각이 전부다.

간이나 콩팥은 냄새도 나지 않고 맛있어서 먹을만하다. 그러나 문제는 내장이다. 내장을 집어먹었더니 음식에서 역겨운 냄새가 난다. 부인이 물을 아낀다는 핑계로 내장을 깨끗이 씻지 않았기 때문이다. 그렇지만 주인 부부나 이곳의 아이들은 아랑곳하지 않고 내장을 잘 먹는다. 이들을 보면서 내가 너무 유난을 떤 것 같아서 무안하다.

주인은 몽골의 전통주인 아이락을 꺼낸다. 우리나라에서는 이 술이 마유주로 알려져 있다. 말젖을 발효시켜서 만들었기 때문이다. 아이락은 색깔이 우리나라의 막걸리와 비슷하다. 그러나 도수는 막걸리보다 떨어지고, 맛은 조금 더 시큼하다. 아이락에 대한 화답으로 우리는 이들 부부에게 소주를 건넨다. 주인은 꽤 술꾼인 듯하다. 소주를 받아들며 얼굴에는 화색이 돈다.

결국 우리는 부인이 내놓은 삶은 고기를 다 먹지 못하고 남긴다.

우리는 뱃속에 밥이 들어가야 편안하다. 그래서 양고기와 내장으로만 배를 채우는 것은 부담스럽다. 양고기 요리에 대한 감사의 뜻으로 우리가 가지고 있던 커피와 둥굴레차를 부인에게 선물로 건넸더니 장롱 속에 소중히 보관한다.

이제는 이들과 작별할 시간이 다가오고 있다. 작별 인사를 하는 중에 언뜻 게르의 지붕을 바라보니 하얀 덩어리들이 널려있다. 무엇인지 궁금해하는 나에게 부인은 그것을 한 덩어리 집어준다. 그러면서 먹어보라고 한다. 맛이 어떨지 몰라 조금 떼어 입에 넣었더니 시금털털한 맛이다. 그리고 치즈 맛도 난다. 툴가는 이것의 이름이 아롤이라고 가르쳐준다. 아롤은 우유에서 치즈 성분을 걸러내어 말린 음식이다.

아롤을 한국으로 가져가서 식구들에게 맛보게 할 생각으로 부인에게 만 투그릭을 내민다. 그랬더니 부인은 인심도 넉넉하다. 이걸 어찌 다 먹을 수 있을까 싶을 정도도 넉넉하게 아롤을 봉지에 담아준다. 너무 많다고 손사래를 쳐도 막무가내로 더 담는다.

유목민 부부와 헤어지기 전에 나누어야 할 것이 한 가지 더 남아 있다. 그것은 바로 담배이다. 이들 부부는 담배를 꽤 좋아하는 것 같다. 그런데 이들의 담배는 매우 독해 보인다. 그래서 우리가 피우는 담배를 한 갑씩 선물로 내민다. 주인보다 부인이 선물을 받아들고 더 좋아한다.

* * *

유목민 내외와 작별하고 생각해 보니, 마치 오래전의 이웃집 아저씨와 아주머니를 만났던 것처럼 푸근하게 느껴진다. 오늘의 유목민 내외는 40년이나 50년 전쯤의 우리 이웃들을 닮았다. 그때의 우리도 지금의 이들처럼 옷은 낡아 헤졌고, 손톱에는 시커멓게 때가 끼었으며, 냄새나는 곱창을 맛있게 먹었다. 그리고 우리도 그 시절에는 어려운 생활 속에서 웃음을 잃지 않았고, 이웃과 더불어 정을 나누었으며, 서로 의지하며 살았다.

그런데 우리는 무엇을 얻기 위하여 이런 소중한 옛것들을 헌신짝 버리듯 내던졌을까. 그래서 지금 우리는 과연 얼마나 행복하게 살고 있는 것일까.

그러나 오늘 우리가 받아든 결과는 창피스럽기만 하다. 젊은이들은 취직하기 막막하고, 살기 힘드니 혼인도 포기한다. 설령 혼인을 했어도 아이 낳기를 거부한다. 앞날이 지금보다 나은 세상으로 바뀔 가망이 없다고 생각하기 때문이다. 자살률은 세계 최고인데, 출산율은 세계 꼴찌이다. 어디가 문제고, 어디에서 꼬인 것일까. 이 엉킨 매듭이 풀어지기는 하는 것일까.

행복은 돈으로 환산할 수 없다. 돈은 행복으로 환산되지도 않는다. 돈은, 혹은 재물은 행복과는 전혀 상관이 없건만, 장사치들은 돈과 행복은 비례한다고 자꾸만 강조한다. 덩달아서 여러 사람이 그렇다고 아우성치니 정말 그런 것처럼 들리기도 한다.

윤재근은 〈먼 길을 가려는 사람은 신발을 고쳐 신는다〉에서 행복에 대하여 다음처럼 말하고 있다.

생활을 간명하게 하면 행복은 저절로 가까워진다. 무엇을 원하거나 갖고 싶어 하면 그만큼 행복은 멀어진다. 돈이 많아야 행복하다고 생각하면 행복은 아예 멀리 달아난다. 행복은 살 수 있는 것이 아니다. 행복을 사려고 하면 오히려 불행을 사들이게 된다. 행복은 팔 수 있는 것도 아니다. 행복하게 해준다고 말하지 말라. 원망을 사는 짓에 불과하다. 진실은 수수하다. 겸허하면 검소하다. 당당하면 떳떳하다. 깨끗하면 씻어낼 것이 없다. 행복은 이런 것이다. 돋보이게 하자면 꾸며야 한다. 꾸미는 것은 숨길 것을 부른다. 숨길 것이 있다면 감추는 것이다. 이런 것들이 불행을 불러온다. 행복하고 싶은가? 그렇다면 간명하게 처신하고 간결하게 매듭지어라. 그러면 사는 일이 얽히지 않는다. 이것이 행복의 비결이다.

언뜻 보기에 유목민 부부는 번거롭고 불편하게 사는 듯이 보인다. 그러나 유심히 살펴보면 이들의 웃음은 우리보다 훨씬 건강하다. 우리는 많은 것을 소유해야 행복할 것이라고 말하지만, 이들은 윤재근의 말처럼 간결하게 소유하고도 즐겁게 살고 있다.

행복하게 사는 데에는 많은 것들이 필요치는 않은 것 같다. 오히려 지금 내가 가진 것을 덜어내야 더 행복할 듯하다. 재물이 나를 즐겁게 하는 것이 아니라, 재물이 나의 생활에 자꾸만 간섭하려 들기 때문이다.

17

푸르른 테렐지, 그리고 밤하늘

바가 가즐링 촐루에서 동쪽으로 한 시간 정도 초원을 지나오면 잘 닦인 포장도로를 만난다. 이곳에서 오늘의 목적지인 테렐지까지는 모두 포장된 길이다. 포장도로에 올라서자, 이제 고생은 다 끝났다며 툴가가 우리를 위로해 준다. 앞으로는 모든 길이 포장되었다는 것이다. 툴가의 랜드크루저가 매우 조용해진다. 이 차가 지금처럼 조용할 때가 있었던가. 여태까지 타고 다녔으면서도 왠지 낯설게 느껴진다.

창밖을 쳐다보면 주변의 모습도 조금씩 변해가고 있다. 돌이 쌓여있던 야트막한 언덕은 점차 더 높은 산으로 바뀌고 있는 중이다. 산세도 제법 웅장해진다. 산을 바라보니 우리가 울란바타르에 도착했던 첫째 날의 느낌이 되살아난다. 산에는 여전히 나무가 없다. 민둥산에 풀만 자란 모습이다.

어느 사이에 우리는 툽에 들어와 있다. 툽은 몽골 중부에 있는 아이막이다. 몽골어 툽은 '중앙'을 뜻한다. 그러므로 툽은 몽골의 중앙이고, 다시 툽의 중앙에는 수도인 울란바타르가 있다. 즉 툽은 울란바타르를 감싸고 있는 주이다. 그래서 툽 주는 우리나라로 친다면 경기도에 해당할 것이다. 툽은 북쪽으로는 셀렝게, 동쪽으로는 헹티, 그리고 남쪽으로는 돈드고비, 서쪽으로는 으브르항가이와 불강을 접하고 있으니 그야말로 몽골의 지리적인 중심이다.

툽에 들어온 것을 환영이라도 하듯 툴가의 휴대전화로 문자 메시지가 쏟아져 들어온다. 몽골에서는 아무 곳에서나 통화가 가능한 것이 아니다. 어느 지역에서는 휴대전화의 안테나 표시가 아예 죽어버리는 곳도 있다. 휴대전화가 통화권을 벗어나는 일은 흔하게 발생한다. 그러다가 통화가 가능한 지역으로 들어서면 밀려있던 문자 메시지가 지금처럼 한꺼번에 들어오는 것이다.

내가 마지막으로 집에 전화했던 때를 헤아려본다. 아마도 울란바타르에서 마지막으로 전화했던 것 같다. 그러므로 나는 지금까지 고비 사막을 돌아다니면서 집으로는 아무런 연락도 하지 않았다. 그에 대한 핑계로는 사막에서는 통화가 안 된다거나, 국제전화 요금을 아낀다는 것이었다. 그러나 속내는 노느라고 시간 가는 줄 몰랐기 때문이다.

오늘은 모처럼 아내에게 문자메시지를 보낸다. 나는 잘 지내고 있다는 이야기와, 그동안 잘 지냈느냐는 물음, 그리고 고비 사막에서는 문자메시지조차 보내기 어려웠다는 어쭙잖은 핑계까지, 오랜만에 보내는 사연이어서 메시지가 길다. 기다렸다는 듯이 잠시 후에 아내에게서 답장이 도착한다. 걱정했다는 이야기, 그리고 무사하다니 다행이라는 이야기다. 문자메시지 한 통을 주고받았을 뿐이건만 밀렸던 숙제를 마친 듯 꺼림칙하던 마음이 확 풀어진다.

* * *

이제 울란바타르가 더 가까워진다. 그러나 테렐지로 가는 길은 울란바타르를 통과하는 것보다는 동남쪽으로 돌아가는 것이 지름길이다. 다만 지름길은 제법 높은 고개를 넘어야 한다. 고개는 밋밋하지만 꾸준히 올라간다. 아마도 높다란 산맥을 넘어가는 것 같다. 고개를 넘는 느낌이 영락없이 우리나라의 대관령이다. 그리고 대관령처럼 고갯마루에는 휴게소가 있다.

어느 지역이건 고갯마루는 쉬어가는 것이 보통이다. 이곳에서도 마찬가지다. 몽골을 돌아다닐 때, 나는 길가에서 휴게소를 본 적이 거의 없었던 것 같다. 그런데 이 고갯마루에는 휴게소가 있다. 우리는 잠시 쉬어갈 겸 휴게소에 멈춘다. 커피도 마시고 과자도 먹으며 이곳에서 쉬기로 한다.

휴게소 주변에는 무엇이 있는지 살피던 중에 가까이에 있는 어워를 찾아낸다. 어워는 새로 만들기라도 한 것처럼 말끔하다. 지금까지 몽골을 돌아다니며 살펴본 바로는, 어워의 주변은 늘 어수선하였다. 사람들이 이것저것을 가져다 놓아 너저분한 느낌도 들었다. 그러므로 이렇게 깨끗하고 온전한 어워는 처음이다.

어워는 산이나 물에 대한 자연 신앙의 한 종류라고 할 수 있다. 이것의 형태는 돌무더기를 쌓고, 그 위에 나무를 높이 세우며, 주변에는 천을 걸어둔다.

아주 오랜 옛날, 원시인들은 천둥이나 번개, 가뭄이나 홍수, 폭우나 폭설 등 자연의 힘을 보고 놀랐을 것이다. 이런 힘은 인간으로서는 도저히 따라 할 수 없는 힘이었기 때문이다. 사람들은 그것을 하늘만이 가능한, 즉 신령의 힘이라고 믿었을 것이다. 또한 이들은 자연재해를 당하거나 병을 얻게 되면 산천의 신이 분노하여 재앙을 내렸다고 생각했을 것이다. 그럴 때면 분노한 신을 달래주고 위로해 드려야만 했다. 그러자면 위로해 드릴 방법이 필요하고, 장소도 필요해졌다. 위로해 드릴 방법은 아마도 주술이나 굿이었을 것이다. 그리고 장소는 이곳 어워였을 것이다. 즉 지금의 어워는 고대인들이

제사를 지내던 자연 신앙의 표시였다.

어워는 사람들이 많이 지나가는 길목에 세운다. 특히 어워는 먼 곳에서도 잘 보이도록 언덕 꼭대기에 만든다. 이렇게 잘 드러나게 함으로써 여행자들은 어워를 보고 방향을 가늠할 수 있게 된다. 그뿐만이 아니다. 때로는 낯선 곳을 지난다거나, 사람이 귀한 곳을 여행한다면, 여행자는 두렵기도 하고 외롭기도 할 것이다. 이때 여행자가 어워를 만난다면 틀림없이 안심이 되고 의지가 될 것이다.

어워의 돌무더기 한가운데에는 나무가 세워져 있다. 이와 같은 나무를 신목이라고 한다. 샤머니즘의 세계에서 신목은 하늘에서 신령이 내려올 때 이용하는 나무다. 즉 신목은 하늘과 지상을 연결하는 통로라는 상징성을 지닌다. 또한 하늘에서 내려온 신령이 신목에 머물러 있다고 믿기도 한다. 신목은 대체로 버드나무를 이용하는데, 버드나무는 물과 생명을 의미하기 때문이다.

어워가 있는 이곳은 언덕배기여서 바람이 많이 분다. 어워에 매어둔 천이 너풀거린다. 어워에 걸어두는 신성한 천 조각을 하닥이라고 한다. 하닥으로 이용하는 천의 색깔은 하얀색이나 파란색이다. 하얀색의 하닥은 신성의 상징이고, 파란색은 하늘을 상징한다.

이영산은 〈지상의 마지막 오랑캐〉에서 어워에 대하여 다음과 같이 말하고 있다.

> 어워는 유목민들의 마음 하나하나가 모인 신성한 장소다.
> 먼 길을 떠나는 여행객들, 전장으로 출정하는 병사들은 살아서

> 돌아오길 바라며 버드나무가 꽂힌 어워에 돌멩이를 얹는다. 피붙이를 떠나보내는 아낙네와 자식들도 가족의 무사 귀환을 기원하며, 또 한 움큼의 돌을 얹는다. 머무르는 자의 불안도 있겠지만, 떠나는 자의 공포는 더욱 클 것이다. 어워에 비는 것은 공포와 불안을 덮는 자기 위안이다.

몽골의 어워는 언제부터 시작된 것인지 그 시원을 알 수 없다. 어워는 아주 오랜 옛날부터 전해져 내려온 민간신앙이기 때문이다. 이런 몽골의 민간신앙이 오늘날까지 끊어지지 않고 이어진다는 것이, 그리고 이들이 전통문화를 잘 지켜나가는 것이 부럽기만 하다. 우리와 비교하면 더욱 그렇다.

우리에게도 이와 같은 민간신앙이 있었는데, 바로 서낭당이 그것이다. 그러나 우리는 미신이라며 서낭당을 모두 없애버렸다. 박정희 대통령이 집권하던 시절로 기억한다. 그 당시에는 서낭당을 포함하여 토속신앙은 그저 미신일 뿐이었다. 그리고 미신은 한꺼번에 쓸어버려야 할 쓰레기였다. 전통문화보다는 보릿고개를 넘겨야 하는 다급함이 우선이었다. 경제를 일으켜 국민이 먹고사는 문제를 해결해야 하는 절박함이 무엇보다도 먼저였다. 옛것을 버리고 새것을 받아들여야 세계인과 나란히 설 것이라고 철석같이 믿었다.

옛날의 문화를 지금의 가치 판단 기준으로 재단한다는 것은 매우 불합리하다. 또한 전통문화에서 현대의 과학적인 요소를 찾아내라고 한다면 난감할 뿐이다. 옛것은 지금의 관점에서는 얼토당토않은 이야기들이 대부분이기 때문이다. 달나라에서 토끼가 방아를 찧고 있다면 믿겠는가. 호랑이가 담배를 피운다면 믿을 수 있겠는가. 도깨비라거나 물귀신이 등장한다면 믿음이 가겠는가. 모두가 거짓말 같은 이야기일 뿐이다.

이처럼 신화나 전설 속에서는 믿지 못할, 미신적인 요소들이 대부분이다. 하룻저녁에 대군을 막아낼 성을 쌓았다느니, 두 손으로 산을 번쩍 들어 옮겼다느니 하는 이야기들은 과학의 관점에서는 거짓말일 뿐이다. 동굴 속에서 100일 동안 마늘만 먹고 살았다는 곰의 이야기를 믿으라면 믿을 수 있겠는가.

그러나 전설과 신화 속에는 그 시대를 살았던 사람들이, 겉으로는 드러내지 않았지만, 마음속에 간직했던 생각들이 고스란히 반영되어 있다. 그 속에 담긴 것은 그 시대의 문화이며 세계관이다. 가치관이고 우주관이다. 그래서 요즈음에는 신화를 거짓말이라고 함부로 내팽개치지는 않는다. 오히려 그동안 신화나 전설을 홀대했던 사람을 무지한 사람이라고 말한다.

어워에 펄럭이는 하닥을 한동안 바라보면서, 우리가 홀대했던, 우리가 천시했던, 과거의 정신세계가 새삼 귀중하게 느껴진다. 그 속에는 선조들이 생각했던 우주가 고스란히 투영되어 있었을 것이다. 그런데 그것을 잃었으니 우리는 바탕 없는 민족이 되어버린 것은 아닐까. 뿌리가 깊이 박힌 나무는 바람에 쓰러지지 않는다고 했건만, 우리는 스스로 뿌리를 잘라낸 꼴은 아니었을까. 과학만이 만능이라고, 경제 개발만이 살길이라고 말하지 말고, 우리의 핏속에 흐르는 정신세계의 원류도 소중함을, 문화 자원도 소중함을 깨달아야 하지 않을까.

* * *

고갯마루 휴게소를 떠나 한동안 내리막길을 내려오니 서서히 마을이 나타나기 시작한다. 우리는 이제 정주민이 사는 지역으로 들어선 것이다. 기찻길도 있다. 몽골에서는 처음으로 만나는 기찻길이다.

이제 울란바타르가 가까운 모양이다. 주택이 빽빽하게 모여있는 지역도 만나고 고가도로도 만난다. 사막을 돌아다니다 이곳에 이르니 별천지다. 차량은 꼬리를 물고 달리고, 내 길을 방해하지 말고 어서 비켜나라고 경적을 울리기도 한다. 사람들은 바쁘고 시끄럽다. 이제 유목민의 세계와는 멀어진 듯하다.

그러다가 다시 시골을 만나고, 강물을 마주한다. 강변 주변에는 나무들도 무성하다. 나무 한 그루 볼 수 없었던 세상에서 강물이 흐르고, 나무들이 우거진 강변의 숲을 만나게 되니 이것도 구경거리가 된다. 우리가 마주하고 있는 강은 투울강이다. 울란바타르로 향하는 이 강은 폭도 넓고 물의 양도 넉넉하다.

지금까지 몽골을 돌아다니며 우리는 강을 건넌 적이 한 번도 없었다. 강이라니, 사막을 다니며 강을 기대하다니, 정말 가당치 않은 바람이다. 물은 고사하고 사막에서는 손바닥만한 나무 그늘조차 없었다. 물이 부족한 몽골에서는 강이 대단히 귀한 자산이다. 그래서 강줄기를 옆에 끼고 있다는 것은 하늘이 내려준 은혜를 입는 것과 같다.

강가의 풍경은 한결 여유롭다. 강가에서 쉬는 사람들도 보인다. 이들의 모습은 무척 평화로워 보인다. 몽골의 수도인 울란바타르를 색깔로 표현하라고 한다면 회색이나 검은색 정도일 것이다. 고비 사막은 붉은색이거나 노란색이다. 그렇다면 이곳 투울강은 초록색이나 파란색이 적당할 것 같다.

강을 건너 우리는 드디어 오늘의 목적지인 테렐지(Terelji) 국립공원에 도착한다. 울란바타르 북동쪽에 있는 이곳의 정식 명칭은 고르히-테렐지 국립공원이다. 이곳은 1964년부터 관광지로 개발되었다고 한다. 그러므로 꽤 오래된 관광지다. 아직도 사람들이 테렐지를 많이 찾는 이유는 해발 고도가 높아 시원하고, 물이 넉넉하며, 멋진 산들이 주변에 널려있어서 아름답기 때문일 것이다. 테렐지는 몽골의 어느 지역보다 산세가 아름답다는 것을 많은 사람들이 알고 있다. 또한 울란바타르에서 여기까지는 거리가 가까워 찾아오기 쉽다는 것도 이곳의 장점이다.

그래서 이곳은 사람들로 붐비는 편이다. 승용차가 줄지어 지나가고, 대형버스도 꼬리를 물고 따라간다. 좁은 길에서 마주 오는 차량이라도 만나면 상대방더러 먼저 비켜나라고 버티는 때도 있다. 몽골에서는 찾아보기 어려운 장면들이다.

고비 사막에서는 캠프를 찾기가 무척 힘들었다. 길은 비포장이었고, 사막이었다. 움푹 팬 길을 만나면 멀찍이 길을 돌아서 가야 했고, 웅덩이를 만나면 자동차는 헛바퀴를 돌리며 한바탕 승강이를 벌

인 뒤에야 겨우 벗어나기도 했다. 막연하게 캠프는 '저기쯤'에 있다고 했다. 그러나 '저기쯤'에 있다던 캠프는 좀처럼 나타나지 않았다.

그런데 여기서는 그와는 반대다. 캠프와 캠프 사이가 가깝다. 그리고 우리가 묵을 캠프를 너무 쉽게 찾아낸다. 우리보다 앞서 캠프에 도착한 사람들이 고기를 굽거나 술을 마시며 왁자지껄 떠드는 모습도 눈에 띈다. 테렐지의 캠프로 들어서며 왠지 사람이 사는 세상에 들어선 느낌이다.

* * *

우리가 묵게 될 캠프는 초록의 풀밭 위에 세워져 있다. 캠프의 뒤로는 멋진 바위산이 호위라도 하듯 장군처럼 캠프를 감싸고 있다. 그 품속에 하얀색의 게르가 마치 둥지 속의 새알처럼 옹기종기 모여

있다. 이 캠프는 경사지에 세워졌다. 뒤쪽은 높고 아래는 낮으며 경사는 약간 가파르다. 그래서 게르 앞에는 높직한 나무 발판이 설치되어 있는데, 이것이 마치 테라스처럼 보인다.

우리가 묵게 될 게르를 배정받고 안을 살펴보니 난로가 설치되어 있다. 한여름이건만 사람들은 난로를 피우는 모양이다. 그러면서 어지간히도 호들갑을 떤다고 생각하게 된다. 그런데 어제저녁에도 난로를 피운 듯하다. 난로 주변에는 나무를 태운 듯 재의 흔적이 군데군데 남아있다. 그러면서 새삼 게르 안이 썰렁하다고 느낀다. 초겨울 날씨처럼 으슬으슬 싸늘하다. 그래서 서둘러 짐 속에서 점퍼를 꺼내어 입는다. 지금까지 지냈던 고비 사막과 여기는 기온차가 심하다. 여기는 게르에 난로를 피우고 점퍼를 입어야 할 정도이다. 사람들이 호들갑을 떤 것은 아니었던 모양이다.

샤워장에는 따뜻한 물이 나온다. 수도꼭지에서 쏟아져나온 온수 때문에 유리에는 뿌옇게 김이 서린다. 짐 정리도 마치고, 샤워도 마쳤건만 저녁 먹을 때까지는 아직도 시간이 남아 캠프 주변을 구경해 보기로 한다. 캠프 가까이에는 언덕도 있고 커다란 바위도 있어서 올라갈 작정이다. 과연 이곳은 국립공원이라는 이름에 걸맞게 멋진 산세를 지니고 있다.

캠프 뒤쪽의 언덕에 올라서니 뜻밖에도 에델바이스가 있다. 가만히 살펴보니 에델바이스는 여기저기에 많이 흩어져있다. 에델바이스는 추운 지역에서 자라는 꽃이다. 그만큼 이 지역이 춥다는 뜻이다. 이 꽃은 쑥색 나뭇잎에 자잘한 솜들이 뽀송뽀송 돋아나 있다.

주변에는 각양각색의 꽃들이 피어있다. 꽃들은 올망졸망 크기는 작지만, 종류도 많고 꽃의 색깔도 화려하다. 마치 봄철을 맞아 산언덕에 올라온 듯 느껴진다. 그래서 꽃들을 사진 찍느라 바쁘다. 하나도 놓치지 않고 사진 찍으려고 땅바닥에 주저앉기도 한다. 꽃들에게는 주어진 여름날이 이제 얼마 남지 않았을 것이다. 나에게 주어진 하루도 마찬가지다. 저녁을 먹기 전까지 사진을 찍으려면 서둘러야 한다. 그래서 해가 질 때까지 발아래의 꽃들을 구경하느라 분주하다. 어둑어둑 땅거미가 내린 뒤에야 아쉬운 마음으로 언덕에서 내려온다.

* * *

오늘 저녁식사에는 특식이 나오는데, 몽골의 전통요리인 허르헉이라고 한다. 그래서 허르헉의 생김새는 어떨까 궁금하기도 하고, 얼마나 맛이 있을지도 기대된다. 몽골에서는 이 음식을 귀한 손님에게 대접한다고 알려져 있다. 그 정도로 허르헉은 몽골의 특별한 음식이다.

허르헉은 조리하는 과정이 번거로워서 쉽게 먹을 수 없었던 음식인 것 같다. 허르헉을 조리하려면 먼저 돌을 불에 뜨겁게 달군다. 고기도 적당한 크기로 잘라둔다. 그리고 통 속에 고기와 뜨거운 돌을 함께 넣는다. 뚜껑을 덮고 한참이 지나면 돌의 열기 때문에 통 속의 고기가 익게 된다.

허르헉은 먹는 것보다 조리하는 과정을 구경하는 것이 더 볼만할 것 같다. 그런데 아쉽게도 캠프의 식당에서는 우리에게 그 과정을 보여주지는 않는다. 그저 주방 안에서 음식을 조리하여 내준다. 아마도 허르헉은 고기를 익히는 시간이 길어서, 우리가 이곳에 도착하기 전에 이미 조리를 시작했기 때문일 것이다.

드디어 기다리던 고기가 식탁 위에 차려진다. 한 사람당 한 접시가 놓이는데, 담겨있는 고기의 양이 꽤 많다. 고기를 집어 얼른 입속에 넣었더니 생각했던 것보다 훨씬 부드럽다. 보통 방목한 가축의 고기는 질기기 마련이다. 그리고 몽골의 가축은 대부분 방목한다. 목초지에서 가축을 키우면 움직임은 많아지고, 육질은 단단해진다. 그런데 이렇게 허르헉으로 조리하면 훨씬 부드러워지는 것 같다. 그리고 밀폐된 통 속에서 고기가 익었기 때문에 육즙이 풍부하고 맛도 있다. 과장한다면, 맛있는 고기가 씹기도 전에 입안에서 사르르 녹는 느낌이다. 이렇게 훌륭한 맛 때문에 사람들이 허르헉을 좋아하는 것 같다. 고기의 양이 많아 이걸 어찌 다 먹나 걱정했는데 고기가 맛있기 때문일까, 어느새 빈 접시가 된다.

저녁식사 후에는 식당에서 음악공연이 이어진다. 뜻밖의 공연이어서 한아름 선물을 받은 기분이다. 공연은 마두금 연주와 몽골의 노래, 그리고 전통춤의 순이다. 공연의 참가자들은 모두 몽골의 전통 복장을 하고 있다.

먼저 젊은이 두 명이 마두금을 연주한다. 마두금 연주는 바양작에서 이미 감상했다. 연주 솜씨는 이곳 테렐지가 더 나은 것 같은데, 고비 사막의 마두금 연주가 자꾸 아련하게 떠오른다. 바양작에서는, 그곳이 사막이라는 거친 환경이었고, 그곳에 이르기까지의 고단한 여정 때문에 마두금 소리가 더 절절했는지도 모른다. 그러나 이곳의 연주도 훌륭하다. 또한 이곳 젊은이들의 마두금 연주는 현대적으로 변형한 듯하다. 그러므로 같은 마두금 연주이지만, 마치 다른 악기의 연주를 듣는 것 같다.

다음 차례는 노래다. 앞서 마두금을 연주하던 젊은이들이 노래의 반주도 맡는다. 마두금 연주자 사이에 한 명의 여자 가수가 서더니 노래를 부른다. 마두금 소리의 오르내림은 변화무쌍하다. 그래서 마두금에 맞추어 노래하기란 쉽지 않을 것 같다. 그렇지만 가수는 마두금의 음이 높아져도 훌륭하게 잘 따른다. 그리고 노래에는 마두금처럼 기교도 많이 들어간다. 가수의 노래는 우리나라의 창을 듣는 것처럼 들리기도 한다.

가수는 얌전한 모습으로 뻣뻣하게 서서 노래를 부른다. 그렇기 때문인지 노래를 들어도 쉽게 홍이 오르지는 않는다. 마두금 연주에 비하면 노래는 시들하다.

* * *

나는 몽골의 고비 사막에서 밤하늘의 별들을 날마다 구경하였다. 그런데 이곳 테렐지의 별구경은 좀 특별하다고 할 수 있다. 별자리를 소개해 주는 사람이 있기 때문이다.

저녁식사를 마치고, 전통음악공연도 끝나고, 잠시 쉬었다가 어둠이 깊어질 무렵, 우리는 다시 식당으로 모인다. 강사의 별자리 강의를 듣기 위해서이다. 모이는 사람들은 모두 한국인이다. 별자리 강사가 한국인이기 때문이다. 언뜻 보기에 강사의 나이는 예순을 겨우 넘겼을 듯하다. 그런데 자신을 소개하면서 나이가 여든이라고 하여 모두들 깜짝 놀란다. 강사는 나이보다 훨씬 정정해 보인다.

이분은 중학교의 교장선생님으로 정년퇴직하였다고 한다. 과목이 과학이어서 별자리에 관심이 많았고, 퇴직한 후에는 봉사활동 삼아서 여름철이면 몽골에서 별자리를 소개한다고 한다. 이렇게 사는 것도 멋진 삶일 것 같다. 교장선생님을 보면서 나도 나중에 퇴직하면 남들에게 도움이 될만한 봉사활동을 하면서 지내야겠다고 생각해 본다.

식당에서는 별자리에 대한 간단한 강의가 진행된다. 별자리를 길게 설명하면 자칫 천문학으로 흘러 지루할 텐데, 강사는 간략하게 설명하고 학습을 마친다. 그리고 밖에서 별자리를 관찰하기로 한다. 강사는 천체망원경도 준비하였다. 우리에게도 천체망원경으로 별을 보여주겠다고 하여 솔깃해진다.

밖으로 나와서 밤하늘을 쳐다보니 보석을 흩뿌려놓은 듯 별들이 가득하다. 천체망원경이 없어도 국자 모양의 북두칠성은 쉽게 찾아낼 수 있다. 그리고 국자의 끄트머리에서 다섯 배의 길이를 이으면 북극성이 있다. 북두칠성이나 북극성은 별빛이 선명하므로 찾기 쉬운 별이다. 북두칠성의 맞은편에 있는 카시오페이아도 마찬가지로 밝다. 특히 카시오페이아는 알파벳의 W자 모양이어서 얼른 찾을 수 있다. 별자리를 구경하는 중에도 종종 별똥별이 길게 꼬리를 이으며 떨어진다.

나의 관심은 견우성와 직녀성를 찾아보는 것이다. 견우와 직녀에 관한 이야기는 많이 들었다. 그러나 정작 어느 별이 견우성이고, 어느 별이 직녀성인지는 알지 못한다. 견우와 직녀에 관한 이야기는 은하수와 더불어 머릿속에 아직도 선명하게 남아있다.

비단을 깔아놓은 듯, 시원한 물줄기인 듯, 은하수가 흐르고 있었다. 이 은하수를 사이에 두고 두 남녀가 마주 바라보고 하염없이 그리워하고 있었다. 이들은 견우와 직녀였다. 견우는 소를 끌고 농사를 짓는 총각이었다. 그리고 직녀는 옥황상제의 딸로서 베를 짜는 처녀였다. 둘은 은하수에 가로막혀 만날 수가 없었다. 옥황상제가 이들의 만남을 허락하지 않았기 때문이다. 그래서 둘은 하염없이 바라보며 애만 태울 뿐이었다.

그렇지만 둘은 너무도 그리워했기에 옥황상제일지라도 무턱대고 떼어놓을 수만은 없었다. 그래서 일 년에 딱 한 번 날을 정하여, 칠월 칠석날에만 둘이 만나는 것을 허락하였다. 견우와 직녀는 칠석날이 돌아오기만을 손꼽아 기다렸다. 마침내 칠석날이 돌아오고, 견우와 직녀는 서둘러 만나려고 하였지만 그럴 수가 없었다. 여전히 은하수가 둘 사이를 가로막고 있었기 때문이다. 이들의 딱한 사연을 들은 까마귀와 까치는 견우와 직녀가 만날 수 있도록 은하수 위에 다리를 놓았으니, 이름을 오작교라고 하였다.

강사의 도움으로 견우성과 직녀성을 찾아낸다. 두 별은 다른 별보다 밝아서 찾기도 어렵지 않다. 이야기에서처럼 견우성과 직녀성은 은하수를 사이에 두고 조금 떨어져 있다. 그런데 이렇게 손쉽게 찾을 수 있는 별을 어쩌면 지금까지 까맣게 모르고 지냈을까. 이제야 견우성과 직녀성을 찾았으니, 비록 늦기는 했지만 가슴 뭉클한 감동이 느껴진다.

강사는 천체망원경을 펼친다. 그러면서 토성을 향한다. 일행은 한 명씩 돌아가면서 망원경을 이용하여 토성의 고리를 관찰한다. 그리고 남두육성과 전갈자리, 궁수자리까지, 여름철 북반구의 밤하늘에서 볼 수 있는 별자리를 하나하나 찾아본다. 그러면서 여름밤은 점차 깊어간다.

겉에 점퍼를 걸쳤건만 별자리를 구경하면서 오싹 한기가 느껴진다. 이제 별자리 구경도 마무리된다. 친절하게 설명해 주어서 고맙다는 인사를 드리고, 서둘러 게르로 향한다. 맙소사, 게르도 마찬가지로 춥다. 그래서 난로에 장작을 집어넣고 불을 지핀다. 불붙은 장작에서 타닥타닥 튀는 소리가 이어지고 어느새 난로는 훈훈한 열기를 내뿜는다. 지금은 7월이다. 한참 더운 계절인데, 이곳 몽골의 테렐지에서는 춥다고 난리를 피우며 난로를 피운다.

* * *

이곳 캠프에서는 한밤에도 온수가 끊이지 않는다고 한다. 그리고 전기도 밤새 들어온다. 고비 사막의 캠프와는 비교할 바가 아니다. 그리고 오늘 밤은, 게르에서 잠을 자는 마지막 밤이 될 것이다. 내일은 울란바타르의 호텔에서 잠을 잔다. 그렇다고 호텔이 기대되는 것은 아니다. 게르에서 지내보니 이제는 이런 생활도 제법 익숙해졌다.

잠자리에 누워서도 밤하늘의 별자리가 어른거린다. 눈을 감아도 별똥별이 길게 꼬리를 물고 떨어진다. 아주 어린 시절, 여름밤이면 마당에 멍석을 깔고 누워있곤 했었다. 그때도 지금처럼 별은 쏟아질 듯 총총했었다. 어느샌가 나는 그 시절로 돌아간 듯하다. 어디선가 맑은 목소리로 어린이의 노래가 들려오는 듯하다. 나지막하게 부르기 때문에, 가만히 귀를 기울여 들어야 한다.

푸른 하늘 은하수 하얀 쪽배에
계수나무 한 나무 토끼 한 마리.
돛대도 아니 달고 삿대도 없이
가기도 잘도 간다. 서쪽 나라로.

18

초원의 칭기즈칸

게르의 안은 아직 침침하다. 동이 트려면 조금 더 기다려야 할 것 같다. 그런데 게르 안에서 부스럭거리는 소리가 들리는 듯하다. 게슴츠레 살펴보니 캠프에서 일하는 젊은이 한 명이 우리 게르로 들어와 난로에 장작을 넣고 불을 지피는 중이다. 젊은이는 날씨가 추우므로 게르마다 일일이 돌아다니며 난로를 피우는 모양이다.

난로의 온기는 좀 더 기다려야 할 것 같다. 게르 안은 여전히 공기가 차가워 얼굴이 썰렁하다. 그리고 일어나기엔 아직은 이른 시간이다. 이불을 이마까지 끌어올리고 다시 잠을 청해본다. 그러나 한번 달아난 잠은 다시 돌아오기 어려울 듯하다. 밖에서는 부지런한 사람들의 두런거리는 소리가 나지막하게 들린다.

이불 속에서 뒤척거리느니 차라리 바깥에 나가 바람이라도 쐬는 것이 나을 것 같다. 그러나 바깥은 추울 것이다. 게르에 난로를 피워야 할 정도라면 바깥은 늦가을이거나 초겨울 날씨일 것이다. 그래서 가방 속에서 옷을 꺼내어 주섬주섬 겹쳐 입는다. 그랬더니 겨울철의 옷차림처럼 제법 두툼하다.

게르의 바깥은 싸늘하다. 얼굴에 찬물을 끼얹은 것처럼 정신이 번쩍 차려지는 이른 아침이다. 아침 해를 보려면 조금 더 기다려야 할 것 같다. 우리가 묵은 테렐지의 캠프는 사방이 산으로 둘러싸여 있다. 그래서 사막에서 맞이하는 아침처럼 지평선에서 해가 떠오르지는 않을 것이다. 또한 아침 해도 평소보다 조금 늦게 떠오를 것이다.

캠프 뒤쪽으로 올라갔더니 산자락을 목도리로 두르듯 구름이 포근하게 감싸고 있다. 기압이 낮기도 하고 이곳의 고도가 높아서 구

름이 내려앉은 것이다. 주변은 골짜기마다 구름이 들어차 신비스럽다. 몽환적인 아침 풍경이다. 풀밭은 이슬이 내려 축축하고, 어제저녁에 보았던 꽃들도 여전하다.

오늘 일정은 테렐지 공원을 더 둘러보고, 여기서 멀지 않은 곳에 있다는 칭기즈칸 기마상도 구경할 계획이다. 테렐지의 일정이 마무리되면 울란바타르로 옮겨가는데, 점심은 그곳에서 먹을 작정이다. 오늘 점심은 샤부샤부 요리이다. 그리고 오후에는 수흐바타르 광장과 간단 사원을 구경하기로 한다.

울란바타르의 일정이 마무리되면, 오늘 저녁은 호텔에서 잠을 잔다. 이 호텔은 우리가 몽골에 도착한 첫째 날에 잠을 잤던 곳이기도 하다. 그리고 내일은 새벽 다섯 시 비행기를 타고 몽골을 떠날 예정이다. 그러므로 실질적인 몽골 여행은 오늘이 마지막이다.

게르로 따진다면 어제저녁을 보낸 이곳이 몽골에서 묵은 마지막 게르였다. 게르를 떠나기 전에 빠뜨린 물건은 없는지 뒤돌아본다. 그리고 게르에 대해서는 미련이 남아있기도 하여 더 주춤거린다. 게르는 유목민의 소박한 주거 공간이었다. 게르의 살림은 잡다한 것들을 빼내버려 단출하였다. 그러면서도 게르는 생각했던 것보다 아늑하였다. 아마도 천장이 낮고 공간이 작기 때문일 것이다. 그리고 우리가 게르에서 보낸 계절이 겨울이 아니어서 다행이라고 생각한다. 겨울이었다면 게르의 생활은 매우 추웠을 것 같다. 한동안 게르의 구석구석을 찬찬히 살펴보다가 짐을 챙겨 게르와 작별하고 캠프를 떠난다.

* * *

우리는 어제저녁에 이곳에 도착하였으므로 테렐지 공원을 미처 구경하지 못하였다. 그래서 이른 아침에 공원을 더 둘러보기로 한다. 테렐지 공원은 멋진 경치를 지니고 있어 몽골의 대표적인 관광지이다.

공원은 여전히 구름과 안개가 끼어있어 신선이 사는 듯한 분위기이다. 구름 사이로 솟아오른 산봉우리는 뾰족뾰족 지느러미가 달린 물고기의 등허리 같기도 하다. 몽골에도 이런 비경이 있었다니. 차강소브라가, 욜린암, 홍고린 엘스, 바양작, 바가 가즐링 촐루도 몽골의 대표적인 볼거리였다. 그러나 규모로 비교하자면, 이곳이 단연 으뜸이다. 국립공원이기 때문에 차지하고 있는 지역은 매우 넓고 수용할 수 있는 인원도 상당히 많다. 그리고 눈이 휘둥그레질 만큼 근사한 경치들도 많다. 멋진 바위가 있고, 그 아래에는 바위를 향하여 손뼉을 쳐주기라도 하듯이 꽃들이 활짝 피어있다.

이제 테렐지 공원을 떠나 칭기즈칸 기마상을 구경하기로 한다. 공원에서 기마상까지는 그다지 멀지 않다. 울란바타르의 외곽인 천진벌덕 지역은 벌판이 넓게 트여있어서 가슴까지 시원해지는 곳이다. 이 벌판에 칭기즈칸의 은빛 기마상이 우뚝 서있다. 기마상은 햇살을 받아 더욱 반짝인다. 칭기즈칸은 말에 올라 위엄이 가득한 자세로 금빛 채찍을 들고 있다. 특히 이 기마상은 벌판에 세워진 조형물이어서 멀리에서도 두드러진다.

이 지역에는 칭기즈칸의 전설이 전해지고 있다. 칭기즈칸은 이곳을 지나가다가 말채찍을 주웠다고 한다. 유목 민족에게 말채찍은 상서로운 물건이다. 이런 전설이 전해지기 때문에, 여기에 칭기즈칸의 기마상이 세워진 것이다. 기마상은 몽골제국 800주년을 기념하여 2006년부터 건립을 시작하였고, 2010년에 완공하였다고 한다. 그러므로 이곳에 있는 칭기즈칸의 기마상은 근래에 조성된 현대적인 기념물이다.

칭기즈칸의 기마상은 기단 위에 세워져 있다. 기단의 높이가 10미터이고, 그 위에 40미터인 기마상을 올렸으므로 전체 높이는 50미터이다. 그래서 아래에서 올려다보면 까마득히 높아 전체적인 모습은 눈에 다 담기도 어렵다. 거대한 기마상 앞에 서면 누구라도 그 크기에 압도당할 것 같다.

칭기즈칸 기마상은 내부는 물론이고 꼭대기까지 오를 수 있다. 안으로 들어서면 기마상의 아래쪽인 기단 부분이다. 몽골의 전통 신

발인 고탈이 먼저 시선을 잡아끈다. 그 크기가 사람 키의 다섯 배 정도여서, 비록 장식용 고탈이지만 그 앞에서 기념사진을 찍으면 사람이 오히려 왜소하게 보인다. 또한 이곳에서는 칭기즈칸과 유목민의 생활상을 전시하거나 기념품을 팔고 있다.

칭기즈칸 기마상의 꼭대기까지는 엘리베이터를 타고 오를 수 있다. 엘리베이터를 타고 올라오면 말의 머리 부분과 연결된다. 여기서 아래를 내려다보면 주변의 초원 지역이 시원스럽게 드러난다. 그리고 이곳에서는 칭기즈칸처럼 나의 시선도 초원을 발아래에 두고 멀리까지 바라볼 수 있어서, 칭기즈칸과 나는 같은 곳을 바라보고 있다는 일체감을 느낄 수 있다.

꼭대기에서는 칭기즈칸의 얼굴도 가까이에서 마주하고 살펴볼 수 있다. 원래 칭기즈칸은 뭉툭하고 투박한 이미지의 얼굴이다. 웃음기라곤 하나도 없는 딱딱한 표정이다. 정복자라는 이미지가 겹쳐서 더 거칠게 느껴질 것 같기도 하다. 더욱이 이곳에 있는 칭기즈칸의 기마상은 재질이 강철이다. 그래서일까, 칭기즈칸의 얼굴을 보면 강인함이 더욱 두드러진다.

칭기즈칸의 눈길은 먼 곳을 향하고 있다. 그의 눈길이 머무는 곳은 여기에서 멀찍이 떨어진 곳이다. 칭기즈칸의 눈길을 따라가면 그의 어머니인 후엘룬 부인의 동상을 만날 수 있다. 그런데 부인도 이곳을 향하고 있다. 어머니와 아들이 서로 마주 보고 있는 것이다.

* * *

칭기즈칸의 이름 앞에 붙는 수식어는 매우 다양하다. 대륙의 호걸이라고도 하고, 세계의 지배자, 또는 정복자라고도 한다. 그리고 위대한 영웅이라고도 추켜세우기도 한다.

그에게는 좋은 수식어가 붙기도 하지만, 부정적인 면을 드러낸 표현도 많을 것 같다. 왜냐하면 영토를 확장하는 과정에서 칭기즈칸이 보여주었던 무시무시한 무력에 대하여 주변에서는 두려움에 찬 눈빛으로 그를 바라볼 것이기 때문이다.

한 사람의 일생 동안 칭기즈칸처럼 세계를 드넓게 주름잡은 사람도 흔치 않을 것 같다. 알렉산더나 칭기즈칸, 나폴레옹이 이에 해당하며 숫자는 겨우 다섯 손가락으로 꼽을 수 있을 정도이다. 그중에서도 칭기즈칸은 죽은 후에도 세계 곳곳에 오랫동안 크게 영향을 끼쳤으니 단연 으뜸이다. 몽골 이외의 지역에서 어떻게 평하건 간에, 몽골인들에게 칭기즈칸은 가장 자랑스러운 민족의 영웅이며 존경하는 인물일 것이다.

칭기즈칸의 이름은 테무친이다. 테무친의 출생 연대는 1162년으로 추정한다. 기록을 잘 남기지 않는 유목민의 특성 때문에 테무친의 출생은 정확하지 않을 수도 있다. 출생지는 몽골의 헨티 아이막 다달 솜이며 인근에는 오논강이 흐르고 있다. 아버지는 보르지긴 가문의 예수게이이며, 키야트 부족의 한 족장이었다. 어머니는 후엘룬 부인이다. 테무친은 이들 부부의 장남으로 태어났다. 또한 테무친에게는 카사르, 카치온, 테무게라는 두 살씩 터울인 동생이 있었다.

테무친이 태어날 당시의 몽골 초원에는 부족 사이의 전쟁이 끊이질 않았다. 몽골 초원에는 여러 부족들이 힘을 내세워 서로를 견제

하고 있었다. 북쪽 바이칼호 주변에는 메르키트족이 세력을 형성하고 있었고, 알타이산 주변에는 나이만족이 강성하였다. 몽골 중앙에는 케레이트족이 있었고, 동쪽은 타타르족의 영역이었다. 키야트 부족의 일파였던 테무친의 부족은 케레이트와 타타르의 중간에 끼어있었고, 두 부족 사이에서 끊임없이 시달림을 당하는 약소 부족이었다.

테무친은 9살에 부르테라는 소녀와 혼인하였다. 처가는 외가이기도 한 올코노이드 사람들이었다. 아내는 테무친보다 한 살 더 많은 열 살이었다. 당시 몽골의 혼인 풍습에서는 사위가 처가에서 일정 기간 동안 살아야 했다. 즉 데릴사위로 살아야 했다. 그래서 아들의 혼인을 보기 위해 따라왔던 아버지 예수게이는 테무친만 혼자 남겨두고 집으로 떠났다.

예수게이는 홀로 집으로 돌아가는 길에 어떤 잔치에 참석하였다. 그런데 예수게이가 먹은 음식 속에는 독이 들어있었다. 타타르 사람들의 짓이었다. 그들은 예수게이의 세력이 커지는 것을 두려워하고 있었다. 그래서 음식에 독을 탔던 것이다. 예수게이는 온몸에 독이 퍼져 세상을 떠났다.

당시 몽골 부족은 예수게이 가문인 키야트족과 타이치우드족, 그리고 몇몇 씨족으로 분열되어 있었다. 예수게이가 죽자, 그의 부족 사람들은 타이치우드의 사주를 받아 후엘룬 부인과 테무친을 포함한 자녀들을 부족에서 추방하였다. 이로써 테무친은 아버지를 잃었고, 부족도 잃었다. 그렇지만 테무친은 점차 모진 시련을 극복해 나갔다.

그 후에 테무친은 아내 부르테를 맞아들였지만, 또다시 시련이 찾아왔다. 옛날에 있었던 칠레두의 일로 그 일파가 테무친을 공격하였다. 예전에 메르키트 사람이던 칠레두가 후엘룬과 혼인하였는데, 예수게이가 칠레두에게서 후엘룬을 보쌈하여 빼앗아간 것을 앙갚음한 것이다. 그때 다른 사람들은 다 도망쳤지만, 테무친의 부인인 부르테는 적에게 사로잡히고 말았다. 칠레두의 아우인 칠게르가 부르테를 맡았다.

테무친이 세력을 키워 부르테를 다시 데려온 것은 훗날의 일이다. 그때 테무친이 원수들에게 갚은 보복이 얼마나 처절했는지는 〈몽골 비사〉에 잘 나타나 있다.

> 친척의 친척에 이르기까지
> 재로 날리도록 없애버렸다.
> 그들의 남은 처자는
> 품을 만한 것들은
> 품어 자기 여자로 만들었다.
> 집에서 부릴만한 것들은
> 자신의 가내 노비로 만들어 버렸다.

〈몽골 비사〉의 내용에 따르면, 친척의 친척에 이르기까지 모두 태워서 재로 날려버릴 정도로 없애버렸다면, 숫제 씨를 말렸다는 표현이 더 적절할 것 같다. 그는 적을 배후에 남겨놓는 일이 절대로 없었다. 테무친은 반란을 일으킬 위험이 있으면 모두 처형하였다. 그리고 평민은 노예로 삼았다.

테무친은 점차 세력을 확장해나갔다. 아버지 예수게이와 의형제였고 케레이트 부족의 한 족장이었던 토그릴 완칸의 도움도 많이 받았다. 세력을 확장하는 중에는 절친했던 친구인 자무카의 도움도 있었다. 마침내 테무친은 키야트 부족의 부족장이 되었다. 그리고 테무친은 주변의 세력을 점차 동맹으로 묶어나갔다. 테무친의 강력한 동맹 세력은 드디어 초원의 강자로 자처하던 메르키트 부족을 굴복시켰다.

* * *

메르키트를 패퇴시킨 후에는 주변의 부족들이 테무친에게 점차 몰려들기 시작하였다. 그리고 그들은 테무친을 지도자로 옹립하자는 움직임이 일어나기 시작하였다. 마침내 추종하는 무리에 의하여 테무친은 칸으로 추대되었다. 이후로 테무친의 영도력으로 키야트 부족은 날로 강성해져 갔다.

그런 중에 오랜 친구였던 자무카와는 점차 사이가 멀어졌다. 자무카는 자호르 부족이었다. 특히 타타르의 남은 세력, 메르키트족, 같은 키야트족이었던 타이치우드족이 연합하여 자무카를 칸으로 추대하고 테무친을 공격하였다. 그러나 그 세력은 테무친의 적수가 되지 못하였다. 테무친은 주변의 세력들을 힘으로 눌러 차례로 복속시켰다.

쿠릴타이는 몽골의 최고 정책 결정기관이다. 테무친은 쿠릴타이를 소집하였다. 쿠릴타이에서 족장들은 테무친을 칭기즈칸으로 추대하였다. 몽골어 '칭기즈'는 '위대하다'는 의미이다.

'칸'은 몽골어로 왕을 의미한다. 센덴자빈 돌람은 〈몽골 신화의 형상〉에서 칸의 어원을 설명하고 있다. 몽골어의 어근 '카(Kha)'는 '분리하다', 혹은 '독립하다'를 뜻한다. 여기에 어미 'ㄴ(n)'이 붙으면 명사형의 '칸(Khan)'이 된다. '칸'은 '독립적인 것', 혹은 '주인'이라는 뜻이다. 즉 '칸'은 주군이며 왕의 의미이다.

'칸'이라는 단어에서 모음인 'ㅏ(a)'를 길게 발음한 것이 '카안(Khaan)'이다. '카안'은 '칸'을 반복한 것이며, 이렇게 같은 낱말을 반복함으로써 그것의 힘이 더욱 증대된다고 본다. 즉 강조하는 말이 되는 것이다. '카안'은 '칸'을 강조한 말로, '왕 중의 왕', 즉 제왕을 의미한다.

테무친이 칭기즈칸으로 즉위할 때, 그를 따르는 부하들은 충성을 맹세하였다. 부하들이 칭기즈칸에게 다짐하는 내용은 〈몽골 비사〉에도 잘 드러나 있다.

> 많은 적에게 앞장서 달려들어
> 용모가 빼어난 처녀와 귀부인,
> 궁궐과 집,
> 외방 사람들의 볼이 고운 귀부인과 처녀를,
> 엉덩이 튼튼한 거세마를,

달음질쳐 데려다 드리리.

칭기즈칸의 부하들은 전쟁이 벌어지면 누구보다도 앞장서서 적들을 공격하고, 승리하겠다고 다짐한다. 그리고 전쟁에서 승리하여 많은 전리품을 가져오겠다고 약속한다. 전리품은 처녀와 귀부인이라는 인적인 자원과, 궁궐과 집이라는 물적인 자원이다. 그리고 전쟁에 이용할 수 있는 거세마도 얻을 수 있다. 부하들은 이러한 전리품에 전혀 눈독 들이지 않고 이 모든 것들을 서둘러 칭기즈칸에게 넘겨주겠다고 다짐한다. 부하들은 또한 다짐한다.

전쟁의 날에
그대의 공격 명령을 어기면
우리의 모든 비복들에게서,
여자와 아내들에게서 떼어내어
우리의 검은 이마를
땅바닥에 버리고 가시라.

평화의 날에
그대의 마음을 어지럽히면
우리의 모든 속민들에게서,
아내와 자식들에게서 떼어내어
주인 없는 땅에 버리고 가시라.

전쟁 중에 가장 절박하게 지켜야 할 것은 군율이다. 공격 명령에는 모두가 힘을 모아 공격해야 하고, 후퇴 명령에는 일사불란하게 물러나야 한다. 만일 부하들이 칭기즈칸의 공격 명령을 어긴다면, 지금 가지고 있는 모든 것, 즉 노예나 처자식을 포기할 것이며, '검은 이마를 땅바닥에 버리고' 가도 좋다고 한다. 이 말은 명령을 어긴다면 자신을 죽여도 좋다는 의미이다. 또한 목숨 걸고 싸우겠다는 다짐이기도 하다.

그뿐만 아니다. 전쟁이 그치고 평화가 찾아왔을 때는 칭기즈칸의 마음을 어지럽히지 않겠다고 약속한다. 칭기즈칸의 마음을 어지럽히는 짓이라면 흉계를 꾸민다거나, 멀쩡한 사람을 비방하는 따위일 것이다. 만일 이 약속을 어긴다면 주변 사람과 처자식으로부터 떼어내어 사람들이 살지 못하는 외진 곳으로 귀양살이를 보낸다고 해도 그 벌을 달게 받겠다고 다짐한다. 그러니 얼마나 충직한 부하들인가.

칭기즈칸은 몽골 전역으로 세력을 넓혀 나갔다. 칭기즈칸이 초원에서 활약할 때, 곁에는 용맹스러운 장수들이 있었다. 네 마리의 준마와 네 마리의 개로 일컬어지는 여덟 명의 장수가 그들이다. 이들을 사준사구四駿四狗라고 부른다. 그중에서 수베에테이는 네 마리의 개에 속하는 충직한 신하였다. 〈몽골 비사〉에는 칭기즈칸이 부하인 수베에테르에게 전장에 나가 싸우기를 명하는 내용이 기록되어 있다.

그들이 날짐승이 되어
하늘로 날아오르면
그대 수베에테르는 송골매가 되어
날아가서 잡도록 하라.

땅굴 토끼가 되어
발톱으로 땅을 파고 들어가면
그대는 쇠 지렛대가 되어
두드려가며 찾아내서 잡아 버려라.

물고기 되어
바다로 들어가면
그대 수베에테르는 투망이 되어
건져 올려 잡도록 하라.

적군이 어떠한 전술을 펼치더라도 그것을 능가하는 전술로 적군을 섬멸할 것을 칭기즈칸은 명령하고 있다. 적군이 숨을 수 있는 곳은 하늘도, 땅도, 바다도, 그 어디에도 없다. 하늘로 숨으면 몽골의 병사들은 송골매처럼 대들어 공격할 것이며, 땅으로 숨으면 지렛대로 땅을 쳐대듯이 공격할 것이다. 칭기즈칸에 맞서는 적군은 아무리 살려고 발버둥 쳐도 패배만 따를 뿐이다.

칭기즈칸은 수많은 전투를 치렀다. 영토는 점차 넓어져 몽골 초원을 넘어 이제 아시아 전체를 아우르게 되었다. 그러면서 초원의 영웅인 칭기즈칸도 이제 점차 늙어갔다.

칭기즈칸과 보르테 사이에는 주치, 차가타이, 우구데이, 테무게. 툴루이라는 아들이 있었다. 그뿐 아니라 칭기즈칸의 부인은 여럿이어서 보르테가 낳은 아들 이외에도 다른 아들도 많았다. 더욱이 칭기즈칸이 나이를 먹었을 무렵에는 손자까지 장성하여 전장을 누비며 전공을 세우고 있었다.

칭기즈칸의 사후에 몽골제국은 어찌 되었을까. 몽골제국은 중앙집권적 형태를 지속할 수는 없었다. 그러기에는 이미 나라가 너무 방대하게 컸기 때문이다. 칭기즈칸이 죽은 후에, 아들과 손자들 간에는 권력 투쟁이 벌어졌다. 이로 인하여 몽골제국은 네 개의 권역으로 나뉘게 되었다. 이주엽은 〈몽골제국의 후예들〉에서 이들 권역을 다음과 같이 밝히고 있다.

첫 번째 권역은 지금의 몽골과 중국, 그리고 티벳으로 묶인 대원제국이다.

두 번째 권역은 차가타이 울루스이다. 지금의 중국 신장 지역과 우즈베키스탄, 톈산산맥 북쪽의 초원 지역을 지배하던 세력이다. 이들 세력은 이합집산하면서, 티무르제국이나 무굴제국, 모굴칸국과 같은 나라로 새로 태어나고 사라지기를 반복하였다.

세 번째 권역은 일 칸국이다. 일 칸국의 강역은 지금의 이란과 이라크, 아프가니스탄과 터키 지역이었다. 오스만제국은 서아시아의 패권을 장악한 일 칸국의 일파였다.

네 번째 권역은 주치 울루스이다. 주치 울루스는 킵차크 초원 지대와 지금의 러시아 지역을 지배하였다. 모스크바 대공국과 크림 칸국, 카자흐 칸국, 우즈베크 칸국이 주치 울루스의 계승 국가들이다.

이로써 본다면, 칭기즈칸의 후예들이 차지한 강역은 인류 역사에서 전무후무한 넓이가 된다. 칭기즈칸의 영향은 그만큼 넓고 컸다. 이후에도 칭기즈칸의 후예들은 칸이나 술탄으로 왕의 칭호가 달라졌을 뿐, 여전히 지배계층으로 이어졌다. 그리고 딸들은 지배층의 황후로서 오랫동안 명맥을 이어갔다.

* * *

칭기즈칸의 이야기는 끝없이 이어질 듯하다. 그와 관련된 역사, 전설, 소문 등을 모은다면 그 양은 아마도 어마어마할 것이다. 그만큼 칭기즈칸이 휩쓸고 지나간 지역은 넓었고, 다른 사람들에게도 큰 영향을 끼쳤다. 그가 지나간 자리에는 반드시 새로운 주인이 등장하였고, 새로운 역사가 시작되었다. 그러니 수백 년이 지났어도 사람들은 칭기즈칸을 잊지 않고 기억하는 것이다.

그런데 나는 칭기즈칸을 만난다면 묻고 싶은 질문이 있었다. 그리고 오늘 칭기즈칸의 기마상을 마주하였으므로, 마음속으로 그에게 질문을 던진다.

칭기즈칸, 그대는 손안에 막강한 권력을 쥐고 있었으면서도 더 많은 것을 갖고자 하였다. 날아가는 새도 떨어뜨릴 수 있는 무소불위의 권력이었다. 그런데도 그대는 정복 전쟁을 결코 멈추지 않았다. 무엇을 위하여, 무엇을 더 차지하고자 그대는 평생 전쟁을 일삼았던

가. 어찌하여 그대는 말 위에서 죽어야 했던가. 그만큼 넓은 땅을 차지하고서도 그대는 끝없이 영토를 넓히고자 하였다. 몽골의 초원을 넘어 중원과 서역 만 리로 강역을 넓혔건만, 어째서 전쟁을 멈추지 않았던가. 그대는 죽음을 맞았기에 정복을 멈추었을 뿐이다. 그렇지 않았더라면 오늘도 말채찍을 휘두르며 초원을 내달리고 있을 것이다. 무엇 때문에 그토록 전쟁을 벌였는가. 전쟁에서는 피를 뿌려야 한다. 소수의 명예와 이익을 위하여 그토록 많은 사람의 눈에서 피눈물을 뽑아야 했던가. 무엇 때문이었나. 그대는 대답하라.

그러나 기마상은 대답이 없다.

* * *

인류의 역사는 전쟁의 역사다. 역사책을 한 장 넘길 때마다 한 건의 전쟁이 벌어진다. 전쟁의 명분도 다양하다. 경제적인 이유와 종교적인 이유, 그리고 이념과 정치적인 갈등 때문에 인류는 전쟁을 벌여왔다.

전쟁은 대부분 거창한 명분을 내걸고 그럴싸한 구호를 외친다. 적은 항상 무찔러야 하는 악이다. 적은 멸망시켜야 마땅한 집단이다. 그에 비하여 나는 항상 정의롭다. 나는 올바르고 바람직하다. 이처럼 나와 적은 선명하게 대비되는 선과 악의 관계다. 그러나 사실 이것은 포장에 불과하다. 전쟁의 명분은 허울뿐이다. 그리고 이것은 전쟁의 속성이기도 하다. 나도 옳고 너도 옳다면, 다툼도 생기지 않을 것이다.

초기의 전쟁 형태는 약탈이었을 것이다. 남의 것을 빼앗아 나의 주린 배를 채우기 위해서는 전쟁을 벌여야 한다. 그래야만 살아남는 원시 사회에서 전쟁은 이렇게 시작되었을 것이다. 내가 살아남기 위해서는, 내가 좀 더 편안하게 지내기 위해서는 남을 죽여야 한다. 이성은 이런 행동이 부도덕하다고 판단한다. 그러나 인간에게는 이성보다 본능과 감정이 우선이다. 본능은 남의 것을 빼앗도록 자극하고 충동질한다.

그런데 칭기즈칸의 정복 전쟁은 이것으로는 설명할 수 없다. 칭기즈칸은 먹을 것이 부족하여 전쟁하지 않았다. 칭기즈칸의 경우에는 종교적인 이유, 그리고 이념이나 정치적인 갈등도 전쟁의 원인은 아니다.

칭기즈칸이 전쟁을 벌인 이유에 대한 대답은 그가 아니어도 들을 수 있을 것 같다. 존 K 페어뱅크는 〈동양문화사(East Asia, tradition and transformation)〉에서 칭기즈칸이 벌인 전쟁의 동기에 대하여 다음과 같이 설명하고 있다.

> (칭기즈칸은) 뛰어난 능력의 소유자였지만, (정복의) 동기는 매우 단순하였다. 전해지는 바에 따르면, 대장부의 가장 큰 즐거움은 승리, 즉 적을 정복하고 추격하여 그들의 소유물을 빼앗고, 그들이 사랑하는 사람들을 울리고, 그들의 말에 올라타서 그들의 아내와 딸들을 품에 안는 데 있다고 (칭기즈칸은) 말하였다고 한다.

페어뱅크의 말에 따르면, 칭기즈칸이 전쟁을 벌인 이유는 매우 단순하다. 그저 집권자 개인의 정복욕일 뿐이다. 혹은 칭기즈칸으로 대표되는 집단의 욕심일 뿐이었다.

어찌 보면 칭기즈칸의 전쟁은 유희에 가깝다. 싸워서 이기는 즐거움을 맛보기 위해 전쟁을 벌였다면, 순전히 적을 괴롭히기 위해 전쟁을 벌였다면, 칭기즈칸의 전쟁은 괴기스러운 면도 있다. 오랑캐의 전쟁놀이일 뿐이다. 그만큼 칭기즈칸의 전쟁은 경제적인 목적도, 정치적인 목적도 없었다는 것이다. 전쟁을 위한 전쟁, 승리의 쾌감을 맛보기 위한 전쟁일 뿐이었다.

페어뱅크의 말에 동조라도 하듯 〈왜 사람들은 싸우는가?(Why men fight?)〉에서 버트런드 러셀도 맞장구를 치고 있다.

> 전쟁을 부르는 근본적인 사실은 경제적인 것이나 정치적인 것이 아니다. 인류의 대부분이 화합보다는 충돌을 지향하는 충동을 가지고 있다. 이것은 개인의 생활에서뿐 아니라 국가 간의 관계에서도 적용된다. 대부분의 사람들은 자신의 힘이 충분히 강할 때, 자신을 남들로부터 사랑받는 존재보다는 남들이 두려워하는 존재로 드러내려는 활동을 시작한다.

러셀은 전쟁이 충동적이라고 말한다. 인간은 이성적이기보다는 충돌을 좋아하고, 일시적 감정인 충동에 따라 행동한다고 강조한다. 또한 남들을 겁주기 위해 전쟁을 벌인다고 한다.

그렇다면 칭기즈칸이 전쟁을 벌인 이유도 어렴풋이 드러난다. 칭기즈칸을 포함하여 우리 모두는 이성적으로 살아가는 듯하지만 그것은 착각이다. 사실은 감정적이다. 인간은 여전히 감정에 따라 행동하는 동물이며, 감정에 따라 울고 웃는 짐승이다. 인간은 근사한 옷으로 치장하고 있다. 그러나 한 꺼풀 장식을 벗겨내면 누구라도 예외 없이 보잘것없는 알몸뚱이가 드러난다. 문명이라는 껍데기를 벗겨내면, 인간은 언제든 야만으로 돌아간다.

인간은 현명한 듯하지만 우매하기 한이 없고, 집착과 탐욕은 끝이 없다. 영웅이나 호걸이라고 칭송하는 사람들도 속내를 살펴보면 허점투성이이다. 칭기즈칸도 예외는 아니다.

칭기즈칸의 기마상을 바라보다가 이런저런 상념에 싸여 자리를 떠난다.

19

울란바타르를 걷다

우리가 몽골에서 보낸 날들이 며칠이나 지났을까. 잘 헤아려지지 않는다. 날짜가 길어서 그런 것은 아니다. 몽골에서 겪은 일들이 이것저것 뒤죽박죽 뒤섞여 있어서 혼란스러울 뿐이다. 날짜를 헤아리느니 차라리 게르에서 보낸 저녁을 꼽아보는 것이 더 나을 것 같다. 차강소브라가, 욜린암, 홍고린 엘스, 바양작, 바가 가즐링 촐루, 테렐지까지 손가락으로 꼽아본다. 홍고린 엘스에서는 이틀 밤을 묵었다.

몽골의 고비 사막을 즐겨보자고 시작한 여행이지만 이쯤 되면 지칠 때도 되었다. 더욱이 우리 일행은 젊지도 않은 나이들이다. 거친 고비 사막을 쏘다녔으니 몸은 고단하고, 새로운 것들을 경험하고 받아들이느라 마음은 날카롭고 예민해졌다. 많은 볼거리는 정신을 피곤하게 만들기도 한다. 우리는 고비 사막에서 알게 모르게 많은 기운을 쏟으며 보냈던 것 같다.

울란바타르 시내로 들어서면서 신호등이 자꾸만 나의 길을 빨간색으로 가로막는다. 그동안 고비 사막을 돌아다닐 때는 신호등은 고사하고 이정표조차 없었다. 신호등이 있어야 혼란스럽지 않은 사회, 사람들로 북적거리는 사회에 들어섰음을 비로소 실감하게 된다.

사막을 돌아다니다 이렇게 세상이 문득 도시로 바뀌면 처음에는 낯설다. 고비 사막에서는 랜드크루저에 몸을 싣고 한나절을 돌아다녀도 겨우 사람 한 명 만날 둥 말 둥 하였다. 그리고 보이는 것이라곤 듬성듬성 풀이 자란 사막과 어쩌다 만나는 게르뿐이었다. 울란바타르로 들어오니 건물은 높고 차량이 많으며 사람들도 바삐 돌아다닌다. 일상적인 도시의 풍경이다. 슈퍼마켓도 있고, 이발소도 있고, 식당도 있고, 옷 가게도 있다. 이런 것들이 있다는 것이 신기할 정도로 그동안 우리는 거친 땅을 헤집고 다녔다.

그러나 도시의 삶이 그다지 궁금하지는 않다. 그 속의 소시민들은 오늘도 노닥거리며 밥을 먹을 것이고, 킬킬거리며 수다를 떨거나, 무심하게 담배를 피울 것이다. 누구는 물건값을 흥정하느라 잔머리를 굴릴 것이며, 어떤 사람은 바가지 쓴 줄도 모르고 좋은 물건을 잘 샀다며 좋아할 것이다. 누구라도 정치 뉴스에 대해서는 한 마디쯤 참견하고 싶을 것이고, 환율이며 주식에 대해서도 아는 척하고 싶을 것이다.

한 나라의 수도라면 구경거리도 제법 많을 것이다. 몽골의 수도인 울란바타르도 마찬가지다. 그러나 우리는 지쳤다. 아무리 근사한 곳으로 데려다준다 해도 몸이 나른하면 그것은 눈에 들어오지 않는다. 그리고 여행의 끝 무렵이면 누구라도 착각에 빠지기 쉽다. 가서 보지는 않았지만, 지금까지 보았던 것과 아마도 비슷할 것이라고 지레짐작하는 것이다. 즉 신기하거나 새로운 일, 색다른 모험은 더 이상 벌어지지 않을 것이라고 단정한다.

더구나 우리에게는 시간도 넉넉하지 않다. 점심을 먹고 나니 어느새 오후 한 시를 넘겼다. 겨우 한나절 동안 울란바타르에서 무엇을 구경한다는 말인가.

특히 오늘은 출국 전에 코로나 검사도 예약되어 있다. 늦기 전에, 오후 다섯 시 경에는 검사를 받아야 한다. 그래서 울란바타르 시내에서는 수흐바타르 광장과 간단 사원, 그리고 국영백화점을 구경하고 숙소로 돌아가기로 한다. 우리가 숙소에서 기다리고 있으면 병원에서 방문하여 코로나 검사를 해주겠다고 한다.

* * *

수흐바타르 광장은 울란바타르 시내의 중심에 있다. 도심 한복판에 광장이 넓게 자리를 차지하고 있다. 그리고 주변에는 제법 현대식 건물들이 광장을 호위하듯 에워싸고 있다. 광장의 북쪽에는 국가궁이 있다. 또한 광장 주변에는 국립박물관, 칭기즈칸 국립박물관, 국립현대미술관, 오페라극장, 몽골 대학 등이 있다. 울란바타르 은행 본사와 중앙 우체국까지, 몽골의 중요한 기관들이 이곳에 오밀조밀 모여있다. 그러나 건물들이 빽빽하게 들어선 것은 아니다. 듬성듬성 떨어져 있어서 한결 여유가 있다.

하루 중에서 가장 더운 오후 시간이건만 광장은 많은 사람들로

북적거린다. 수흐바타르 광장을 구경하러 온 사람도 있을 것이고, 이곳에서 누군가를 만나기로 약속한 사람도 있을 것이다. 이 광장은 약소 장소로 정하기에도 좋을 것 같다. '수흐바타르 기마상 주변에서 만나자'라고 약속한다면, 먼저 온 사람은 기다리는 것이 심심하지 않아서 좋을 것 같고, 늦게 온 사람은 만나려는 사람을 찾기 쉬워서 좋을 것 같다.

그러나 한낮의 열기는 강렬하다. 광장의 바닥은 대부분 블록을 깔아 열기는 하늘뿐만 아니라 바닥에서도 올라온다. 더구나 광장에는 나무 한 그루조차 찾아보기 어렵다. 그렇다. 이곳은 공원이 아니라 광장이다. 땡볕 아래에서 땀을 흘려가며 수흐바타르의 기마상을 구경해야 하고, 강렬한 햇볕 아래에서 만나려는 사람을 기다려야 한다.

이곳은 몽골의 공산 혁명가이자 독립운동가였던 담딘 수흐바타르를 기념하기 위하여 만든 광장이다. 광장 중앙에는 수흐바타르의 기마상이 세워져 있다. 그런데 의아하게 느껴질 만큼 수흐바타르는 젊다. 몸매도 호리호리하다. 그는 몽골 사람들의 일반적인 덩치보다 작은 체형이다. 그것은 아마도 그가 젊은 나이에 요절하였기 때문에 이렇게 만들었을 것이다.

수흐바타르는 몽골 건국의 아버지라고 불릴 정도로 몽골 독립에서는 빼놓을 수 없는 중요한 사람이다. 그는 1920년 몽골 인민당을 결성하였고, 소련의 레닌과 회담하여 1921년 몽골 인민 의용군 총사령관이 되었다. 1921년 7월, 중국으로부터 독립선언을 하고 인민 정부를 수립하여 스스로 국방장관이 되었다. 이로써 몽골은 러시아에 이어 세계에서 두 번째로 공산주의 국가가 되었다. 그러나 수흐바타르는 30세이던 1923년 결핵으로 요절하였다. 그가 갑작스럽게 죽었기 때문에 사람들은 혹시 피살당한 것은 아닌지 의심하기도 한다.

1946년, 이 광장은 몽골의 사회주의혁명 25주년을 맞아 만들었다. 그리고 중앙에 그의 기마상을 세웠다. 기마상의 기단에는 '우리 전체가 단합하여 같은 목표를 위해 노력한다면 세상에서 이루지 못할 것은 없다'라고 수흐바타르가 한 말이 기록되어 있다.

이 광장에는 수흐바타르가 타고 다니던 말에 관한 이야기가 전해진다. 수흐바타르가 이 도시로 말을 타고 개선하였을 때, 그가 타고 있던 말이 오줌을 쌌다고 하는데, 그곳이 하필 여기라는 것이다. 몽골에서는 말이 오줌싸는 것을 길조로 여긴다. 그래서 사람들은 수흐바타르의 말이 오줌싼 자리에 말뚝을 박아 표시해 두었는데, 도시를 정비하는 중에 말뚝이 발견되었다. 바로 그 자리에 수흐바타르 기마상을 세우고 주변을 광장으로 만들었다고 한다.

공산주의 체제에서 수흐바타르는 꽤 중요한 인물이었던 듯하다. 그러나 공산주의 정권이 무너지고 민족주의가 강조되면서 몽골에서는 수흐바타르보다는 칭기즈칸을 더 중요시하는 분위기로 변하였다. 그래서 한때 이 광장을 칭기즈칸 광장으로 이름을 바꾸자는 의견이 있었고, 실제로 그렇게 바꾸어 부르기도 했지만, 우여곡절 끝에 수흐바타르 광장이라는 원래의 이름으로 다시 돌아왔다.

오늘날 몽골에서 역사적으로 중요한 인물을 꼽으라면 칭기즈칸과 수흐바타르를 내세울 수 있다. 칭기즈칸이 영광스러운 과거라면, 수흐바타르는 사회주의 체제인 오늘이다. 이와 맞물려 두 사람은 몽골의 지폐에 새겨져 있다. 500투그릭 이상의 고액권 화폐에는 칭기즈칸이, 100투그릭 이하의 소액권 화폐에는 수흐바타르가 그려진다.

* * *

광장에서 북쪽을 바라보면 밋밋하면서도 약간은 위압감이 느껴지는 건물이 세워져 있다. 딱딱한 느낌으로 보아 관공서임을 부정하기는 어려울 것 같다. 이 건물은 국회의사당을 겸하여 정부 청사로

도 이용된다. 그뿐만 아니라 총리와 대통령 집무실까지 겸하고 있다. 그러므로 건물의 명칭을 국회의사당이라고 하기보다는 쓰임새를 뭉뚱그려 국가궁이라는 이름이 더 잘 어울릴 것 같다. 행정부와 입법부가 한 건물에 있다는 것이 특이하다.

국가궁은 건축물이 아름다워서 유명한 것은 아니다. 공산주의 시대에 만들어진 건물로써 좌우 대칭이며 특이한 점이라곤 찾아보기 어려운 단조로운 건물이다. 그런데 이 건물이 주목받는 것은 정면의 중앙에 자리한 칭기즈칸 좌상 때문이다. 칭기즈칸이 위엄있게 앉아 있고, 좌우에는 사준사구四駿四狗인 보오르추와 무흘라이의 기마상이 있다. 사준사구는 네 마리의 말과 네 마리의 개란 뜻이다. 칭기즈칸이 정복 전쟁을 벌일 당시에 그와 생사를 함께했던 여덟 명의 충직한 신하를 일컫는다. 그리고 건물의 양쪽 끝에는 우구데이칸과 쿠빌라이칸이 있다. 우구데이칸은 칭기즈칸의 아들이며, 칭기즈칸의 뒤를 이어 칸에 오른 인물이다. 또한 쿠빌라이칸은 몽골제국의 다섯 번째 칸이며 원나라의 첫 번째 황제였다. 이들은 몽골의 대표적인 인물이며, 몽골인들이 드러내고 싶은 영광이며 자랑이기도 하다.

칭기즈칸의 동상은 원래부터 이 자리에 있었던 것은 아니라고 한다. 이 건물은 2006년에 리모델링을 하였는데, 처음에는 없었던 회랑을 추가하여 만들었다. 그때 칭기즈칸 동상이나 사준사구인 보오르추와 무흘라이의 기마상, 그리고 우구데이칸과 쿠빌라이칸의 동상이 추가되었다. 또한 게르 모양의 지붕도 그때 덧붙여 만들었다.

칭기즈칸은 사람들의 시선보다 약간 더 높은 위치에 있다. 그러므로 칭기즈칸이 위에서 나를 내려다보고 있다. 몽골인을 포함한 동아시아 사람들은 비교적 얼굴이 크고 넓은 편이다. 넙데데하다는 표현이 딱 어울린다. 그런데 칭기즈칸의 좌상은 그런 모습을 살짝 감추고 있다.

또한 칭기즈칸의 좌상을 바라보고 있으면 꽤 안정감이 느껴진다. 조형물이 상체보다는 하체를 더 강조하고 있기 때문이다. 좌상에서는 얼굴보다 하체를 강조하였기 때문에, 좀 더 묵직한 느낌을 준다. 그는 한껏 팔을 벌렸고, 다리도 넓게 벌린 채 의자에 앉아있다. 배부르게 밥을 먹은 듯한 포만감과, 그래서 더 너그러울 것 같은 인상이다. 따라서 좌상의 이미지는 세상을 벌벌 떨게 했던 칭기즈칸과는 차이가 있다. 좌상에서 칭기즈칸이 깔고 앉아있는 자리는 몽골제국의 점령지만큼이나 넓을 것 같다.

* * *

수흐바타르 광장을 떠나 이제 간단 사원을 둘러볼 차례다.

몽골은 칭기즈칸 이전부터 텡그리 신앙을 믿어왔다. 중앙아시아와 동아시아 유목민들이 믿었던 텡그리는 천신天神을 의미한다. 이는 흉노와 몽골, 튀르크족 등의 유목 민족이 믿었던 신앙이다. 그러나 이들에게 티베트 불교가 전해지면서 토속신앙이던 텡그리는 불교와 섞이기도 하고, 더러는 민간에 미약하게나마 남아 있는 등, 지금은 종교적인 세력이 많이 약화되었다고 한다.

오늘날 몽골인들의 주된 종교는 티베트 불교이다. 전체 국민의 절반이 넘는 수가 불교신자이다. 그런데도 몽골에서는 불교 사찰을 만나기란 쉽지 않다. 공산주의 정권 당시에 종교를 탄압하면서 불교 사찰도 대부분 파괴되었기 때문이다.

공산 정권은 종교를 '인민의 아편'이라고 몰아붙였다. 그때의 몽골에서는 전통적으로 전해져온 샤머니즘조차 숱한 탄압이 가해졌으므로 종교의 암흑기였다. 불교는 거의 뿌리가 뽑힐 정도로 심한 탄압을 받았다. 몽골에서 처이발상이 집권하였을 당시에는 2만 명에 가까운 승려가 처형당하거나 강제수용소로 끌려가 노역에 시달렸다고 한다. 1940년대 초까지 몽골에는 단 한 명의 승려나 신자도 없었고, 모든 사찰은 폐쇄되었다.

그런데 울란바타르의 한 가운데에 간단 사원이 자리 잡고 있다. 공산 정권 치하에서도 유일하게 종교활동을 보장받았던 사원이다. 물론 이 사원도 다른 사원과 마찬가지로 처음에는 큰 피해를 입었다. 승려들은 가차 없이 숙청되었고 사원은 파괴되었다. 그나마 남겨진 간단 사원의 건물들도 공산당원의 집무실이나 마구간 등으로 활용되었다.

그런데 1944년 미국의 부통령이 몽골을 방문하였다. 당시에는 처이발상이 집권하고 있었는데, 몽골에도 종교의 자유가 있음을 외국에 알리고 싶었다. 그래서 간단 사원을 황급히 정비하고 외빈에게 보여주었다고 한다. 그 뒤로 간단 사원은 몽골의 유일한 불교 사찰로 명맥을 이었다.

간단 사원의 정식 이름은 '온전한 기쁨을 주는 위대한 장소'라는 뜻의 간단테그치늘렌 사원이다. 한자로는 감단사甘丹寺로 쓴다. 간

단 사원은 현재 몽골에서 가장 크고, 대표적인 사원이다. 그러나 이 사원은 19세기 중엽에 건축되었다고 하니 역사가 그리 오래되지는 않았다. 더욱이 공산 정권에서 파괴되었던 사원을 1990년대 이후에 복구하였기 때문에 사원 건축물의 역사로는 매우 짧은 편이다.

공산권의 종주국이었던 소련이 무너지고 몽골에서도 공산 정권이 무너졌다. 이와 더불어 그동안 억압받았던 몽골의 티베트 불교도 부흥을 맞이하게 되었다. 파괴되었던 사원은 다시 건립되기 시작하였다. 국민의 대부분이 티베트 불교를 신봉하기 때문에 이 종교는 국교처럼 존중되었다. 이후에 간단 사원은 몽골의 티베트 불교 총본산 역할을 하고 있다.

몽골의 불교는 대승불교의 한 종파인 티베트 불교이다. 티베트 불교는 티베트와 네팔, 그리고 몽골의 주요한 불교 종파이며, 종교적인 스승인 라마를 중시하기 때문에 서양인들은 라마교라고도 부른다. 몽골의 티베트 불교는 원나라 때 쿠빌라이칸의 보호로 융성하기 시작하여 오늘날까지 전해지는 종파이다.

간단 사원은 울란바타르 시내의 평지에 세워진 사찰이다. 따라서 우리나라의 가람 배치와는 차이가 있다. 우리나라의 사찰은 일주문과 천왕문을 지나 한동안 언덕길을 올라가면 대웅전이 나타나는데, 여기서는 입구에서부터 중앙 통로가 곧게 뚫려 있고 좌우에는 부속 건물들이 배치되어 있다. 이들 건물은 승려들이 묵는 숙소나 불교대학 등으로 쓰인다. 그리고 중앙 통로의 북쪽에는 관음대불전이 자리잡고 있다. 우리나라로 본다면 대웅전이 있어야 할 위치이다.

관음대불전은 간단 사원의 가장 중요한 건물이며 안에는 중앙아시아에서 가장 큰 불상을 모시고 있다. 원래 이곳의 불상은 1911년에 조성되었다고 한다. 그 당시의 불상 높이는 25.6미터였다. 그런데 이 불상은 공산 정권 치하에서 분해되어 소련으로 운반되었고, 불상의 구리를 녹여서 총알을 만들었다고 한다. 사람을 사람답게 살게 하자고 세웠던 불상이건만, 사람을 죽이는 총알로 바뀐 것이다.

관음대불전을 들어서면, 불상이 하도 높아서 건물 내부를 가득 채운 듯한 느낌이다. 가까운 거리에서 대불을 바라보면 고개가 뻐근할 정도로 높이가 가파르다. 지금 세워진 불상은 1996년에 다시 조성한 것이다. 높이는 26.5미터이고 구리에 금박을 입혔다.

이곳의 대불은 우리나라의 불상과는 다르다. 우리나라의 대웅전에 모셔진 불상은 중생이 지은 죄를 모두 용서할 것 같은 자비로운 모습이다. 그러나 이곳의 불상은 인간의 잘잘못을 가려, 누구에게는 상을 주고, 누구에게는 벌을 줄 것 같은 근엄한 표정을 짓고 있다. 우리나라의 불상은 눈을 감은 듯 생각에 잠겨있지만, 이곳의 불상은 눈을 똑바로 뜨고 세상을 매섭게 감시하고 있는 듯하다.

불상 주변으로는 마니차가 설치되어 있다. 티베트 불교의 종교용품인 마니차는 원통형으로 만들고 표면에는 경문을 새겼다. 신자들은 마니차를 돌리며 지나가는데, 글을 읽을 줄 몰라 경전을 접하기 어려운 사람들이 이것을 한 바퀴 돌리면 마니차에 새겨진 불경을 한 번 읽은 것과 같은 공덕이 생긴다고 믿는다.

몽골의 관음대불전은 우리나라의 대웅전과는 사뭇 다른 분위기이다. 우리나라의 대웅전에서는 찬물을 한 잔 떠 마신듯한 정갈함이 느껴진다. 조용하고 엄숙하다. 그러나 이곳은 어수선하고 흐트러진 느낌이다. 주렁주렁 매달린 치장은 장엄이라기보다는 산만하게 느껴진다.

* * *

울란바타르도 여느 도시와 별로 다를 바 없다. 사람들로 북적거리는 국영백화점 앞의 대로변에 서면, 여기가 울란바타르인지 서울 시내 한복판인지 구분하기란 쉽지 않다.

구석진 곳에 쌓인 쓰레기 더미에서는 무언가 썩는 냄새가 난다. 음식이 썩을 때처럼 시큼한 냄새다. 어쩌면 차에 치인 동물을 내다 버렸는지도 모른다. 쓰레기 주변에는 내려앉을 자리를 찾는 날벌레들이 윙윙거리며 날아다닌다.

갑자기 고막을 찢을 듯 버스가 경적을 울린다. 그리고 다급하게 차를 세우는 소리가 들린다. 건널목을 건너던 노인이 꼼짝 못 하고 서서 혼비백산 놀란 표정으로 버스를 바라보고 있다. 노인의 얼굴도 신호등처럼 붉다. 버스 차창으로는 무심한 승객의 얼굴이 드러난다. 승객이 나를 바라보고 있는 것 같지만, 사실은 초점이 일치하지는 않는다. 버스는 몇 번 끄덕거리다 지금까지의 소동은 아랑곳하지 않고 가던 길을 간다.

건물과 건물 사이의 후미진 구석에는 담배꽁초가 나뒹굴고, 침까지 뱉어놓아 얼룩이 생겼다. 배가 불룩한 사내들이 여전히 그곳에서 담배를 피우고 있다. 이 사람들은 누런 이를 드러내고 시시덕거리며 한참 수다를 떠는 중이다. 그러면서 지나가는 여자에게서 눈을 떼지 못한다. 이 여자는 속옷이 보일 듯이 치마가 짧다. 여자의 발길을 따라 사내들의 눈길도 따라간다.

오토바이가 요란한 굉음을 내며 지나간다. 그 뒤로는 빠른 노랫말과 한 움큼의 매연이 통행료처럼 던져진다. 대형 간판 속의 잘 차려입은 아저씨는 횡단보도를 바삐 건너는 아주머니의 손을 슬그머니 잡아끌며 유혹하고 있는 중이다.

유리창 너머의 마네킹은 늘씬한 종아리를 뽐내며 고급 외투를 걸친 채 먼 하늘을 바라보고 있다. 아니다. 찬찬히 바라보니 마네킹의 눈은 생략되었다. 고개만 약간 들고 있을 뿐이다. 나는 그저 마네킹도 눈이 있을 것이라고 지레짐작했을 뿐이다.

도시에는 너무 많은 것들이 모여있다. 그리고 도시는 잡다한 욕망들이 한데 뒤엉켜 부글부글 끓는 중이다. 이렇듯 도시에서, 울란바타르에서 나는 눈을 뜨고도 감은 듯, 몽롱하게 세상을 바라보고 있다. 차라리 고비 사막에서 한 사나흘 정도 더 있었으면 좋았을 것을.

20

모래와 바람의 땅

몽골 고비 사막에 관한 나의 이야기도 이제 여기에서 마무리 지으려 한다. 나에게 몽골의 고비 사막은 모래와 바람의 땅이었다.

* * *

끝이 보이지 않는, 아득히 먼 지평선은 하늘과 맞닿아 있다. 그 끝은 하늘과 땅 사이의 어딘가로 슬그머니 자취를 감춘다. 그곳이 얼마나 먼 곳이냐고 묻는다면 대답하기가 곤란하다.

현대인들은 말귀를 알아듣지 못하는 귀머거리들이다. 그래서 이들에게는 구체적으로 답변해 주어야 한다. '멀다'라는 표현 대신에 59.72킬로미터라고 말한다면, 어느 정도는 알아들을 수 있을 것 같다. 13킬로그램의 무게, 혹은 8분 46초의 시간이라고 구체적으로 말해주어야 크기가 얼마인지 나름대로 가늠한다. 그래서 '멀리'에 지평선이 있다는 말은 틀림없이 이해하지 못할 것 같다. 그저 가슴으로 감당해야 하는, 먼 거리이기 때문이다.

그리고 그 안에는 자갈이라거나 모래, 어쩌다 듬성듬성 풀 무더기가 자라는 것이 전부인 세계가 있다. 조물주는 어쩌자고 이렇게 터무니없이 넓은 세상을 만들어 놓고, 어쩌자고 이리도 빈약한 장식으로 채워놓았단 말인가.

정지된 듯한 풍경은 태곳적부터 이어져 왔을 것이다. 움직이는 것은 좀처럼 나타나지 않는다. 온 천지가 적막하기만 하다. 정물화처럼 죽어버린 시간이 자꾸만 흘러가고 있다.

아무것도 가로막는 것은 없다. 저 너머에 대한 갈망 때문일까. 혹은 그곳까지 가보고자 하는 욕심 때문일까. 아니면 마음속으로 그곳을 상상하기 때문일까. 어쩌면 무엇인가 보이는 것 같기도 하다. 멀고 먼 저 너머의 끝에 가물가물 아지랑이처럼 환영이 보이는 것 같다. 그리고 그곳에는 물이 넘칠 듯 가득한 것 같다. 틀림없이 물이다. 실컷 마시고도 남을, 헤프게 몸을 씻어도 남을, 물살을 가르며 배가 지나가면 파도가 넘실댈 것 같은 넉넉한 물이다. 이것은 갈망하는 자에게만 나타나는 신기루다.

아득히 먼 곳에서 가끔 트럭이 달려오는 때도 있다. 해가림하고 바라보면, 풍뎅이처럼 작은 물체가 꼼지락거리며 다가온다. 트럭의 뒤로는 뽀얀 먼지가 여우의 꼬리처럼 길게 따라붙는다. 트럭은 무슨 소식을 전해다 줄까. 저 건너에 무슨 일이 일어난 것일까. 전쟁이 터졌을까, 아니면 평화가 찾아왔다는 소식일까. 그도 아니라면 처녀와 총각이 눈맞았다는 소식일까. 그러나 소식을 들을 수 있으려면 한참을 더 기다려야 한다. 저곳에서 여기까지는 까마득한 거리이다.

벌판에는 한낮의 햇볕을 가려줄 손바닥만한 그늘조차 없다. 모든 것을 하얗게 불태울 듯하다. 그러나 바닥의 자갈은 볕에 그을려 검은색이다. 어울리지 않는 흑백의 대비처럼, 낯선 오후가, 야생 동물이 그러하듯 화염에 놀라 이리 뛰고 저리 뛴다.

모래 때문일까, 혹은 흙먼지 때문일까. 목구멍에도 먼지가 쌓일 수 있을까. 마치 그러기라도 한 것처럼 컬컬하다. 시원한 냉수 한 그릇 벌컥벌컥 마셨으면 좋겠다. 그러면 흙먼지가 말끔하게 씻겨나갈 것 같다. 그런데 머리카락 한 가닥 한 가닥의 틈새에도 땀과 모래가 범벅이다. 이 답답함은 어디서 덜어내야 하는 걸까.

사막에서 살아가는 것은 풀만이 아니다. 염소도 있고, 양들도 풀을 뜯으며 살아간다. 그리고 거칠게, 사람도 산다, 오랑캐처럼. 짐승과 함께 먹고, 짐승과 함께 달리며, 짐승과 함께 잠을 자는, 야만이 있다. 시커먼 얼굴은 볕에 그을은 것인지, 한 계절을 씻지 않았기 때문인지는 모른다. 혹독한 추위를 견디고, 모진 더위에 버텨내는 돌처럼 딱딱한 사람들이다.

이들의 심장마저 딱딱할 거라고 생각한다면, 틀렸다. 이들의 가슴팍은 더없이 말랑말랑하다. 무엇이 이들의 심장을 말캉하게 만들었을까. 아마도 밤하늘의 별빛일 것이다. 혹은 아침의 해돋이, 아니면 붉은 저녁노을이 이 사람들의 심장을 붉게 물들이고 말랑말랑하게 만들지는 않았을까.

한바탕 탕아처럼 세상을 떠돌다 고향으로 돌아오는 길목에서 어워를 만난다면, 이들은 눈물을 흘릴 것이다. 살아서 돌아올 수 있게 해준 것에 감사하고, 피붙이를 다시 만날 수 있게 해준 것에 감사할 것이다. 삶은 모진 고통으로만 이어지는 것이 아니라, 때로는 봄날의 초원처럼 야생화가 흐드러지는 날들이 있음을 믿기에, 꽃향기에 취해 그만 까무룩 혼절하는 날들도 있음을 믿기에, 이들은 천지신명께 기도드리는 것이다. 내일도 꿈을 꿀 수 있게 해주십사 기원하는 것이다.

* * *

몽골의 고비 사막은 이런 곳이다. 오래도록 기억에 남을 것 같은 이곳은 고비 사막이다.

몽골 고비 기행

초판 인쇄 2024년 6월 10일
초판 발행 2024년 6월 17일

지 은 이 주병구
발 행 자 김동구
디 자 인 이명숙 · 양철민
발 행 처 명문당(1923. 10. 1 창립)
주　　소 서울시 종로구 윤보선길 61(안국동)
국민은행 006-01-0483-171
전　　화 02)733-3039, 734-4798, 733-4748(영)
팩　　스 02)734-9209
Homepage www.myungmundang.net
E-mail mmdbook1@hanmail.net

등　　록 1977. 11. 19. 제1~148호
ISBN 979-11-987863-2-6 (03980)

20,000원

* 낙장 및 파본은 교환해 드립니다.